AngularJS 高级编程

[美] Valeri Karpov
Diego Netto 著

王肖峰 译

清华大学出版社

北 京

Valeri Karpov, Diego Netto
Professional AngularJS
EISBN: 978-1-118-83207-3
Copyright © 2015 by John Wiley & Sons, Inc., Indianapolis, Indiana
All Rights Reserved. This translation published under license.

图书在版编目(CIP)数据

AngularJS 高级编程/(美)卡尔波夫(Karpov, V.)，(美)尼托(Netto, D.) 著；王肖峰 译. —北京：清华大学出版社，2016

书名原文：Professional AngularJS

ISBN 978-7-302-42866-4

Ⅰ. ①A… Ⅱ. ①卡… ②尼… ③王… Ⅲ. ①超文本标记语言—程序设计 Ⅳ. ①TP312

中国版本图书馆 CIP 数据核字(2016)第 028924 号

责任编辑：王　军　韩宏志
装帧设计：孔祥峰
责任校对：成凤进
责任印制：李红英

出版发行：清华大学出版社
　　　　网　　　址：http://www.tup.com.cn，http://www.wqbook.com
　　　　地　　　址：北京清华大学学研大厦 A 座　　　　邮　　编：100084
　　　　社 总 机：010-62770175　　　　　　　　　　　邮　　购：010-62786544
　　　　投稿与读者服务：010-62776969，c-service@tup.tsinghua.edu.cn
　　　　质 量 反 馈：010-62772015，zhiliang@tup.tsinghua.edu.cn
印　刷　者：清华大学印刷厂
装　订　者：三河市溧源装订厂
经　　　销：全国新华书店
开　　　本：185mm×260mm　　　　印　　张：22.25　　　　字　　数：528 千字
版　　　次：2016 年 2 月第 1 版　　　　印　　次：2016 年 2 月第 1 次印刷
印　　　数：1~3500
定　　　价：59.80 元

产品编号：062760-01

译　者　序

随着 JavaScript 社区的快速发展，AngularJS 在 2012 年 6 月发布 1.0 版本时横空出世。该 JavaScript 客户端框架是由 Google 开发的，它可以通过 MVC 框架帮助开发者实现设计优良的 Web 页面和应用。它提供了 MVVM、模块化、双向数据绑定、依赖注入等特性。正是这些特性，使它迅速成为 Web 开发领域的新宠，甚至被誉为 Web 开发世界中最激动人心的创新技术之一。

本书当之无愧地可以被称为 AngularJS 高级编程，除了讲解基础知识之外，它还包含了大量对 AngularJS 特性底层实现的描述，以及许多自动化构建工具和测试工具的应用。其中主要内容包括：

- 智能工作流和构建工具 Yeoman
- 文件依赖管理工具 RequireJS 和 Browserify
- 双向数据绑定、AngularJS 作用域和$digest 循环
- 嵌入指令
- 单页面应用和 Prerender
- 服务的内部实现
- 开源测试运行器 Karma 以及行为驱动开发测试框架 Mocha 和 Jasmine
- 集成 Twitter Bootstrap、Ionic 以及 Moment 和 Mongoose

本书还包含丰富的样例，而且每个章节的内容和样例都独立设计，如果你对特定知识领域感兴趣，可单独阅读某章内容。通过本书的学习，具有一定开发经验的读者可以了解更多 AngularJS 内幕信息，而初学者通过顺序阅读本书可以学到一套完整的 AngularJS 开发实践。

我非常高兴清华大学出版社准备引入本书，也非常欣慰自己能负责本书的翻译工作。通过这个过程，不仅可为大家带来一本真正的 AngularJS 开发秘籍，帮助你们快速掌握这门新兴技术，也可以让自己加深对 AngularJS 的理解。

另外，感谢清华大学出版社的编辑们为本书付出的心血。同样感谢妻子对我翻译工作的支持和鼓励。没有你们的支持和鼓励，本书就不可能顺利出版。

对于这本经典之作，译者对本书进行了严格审核，对其中一些具有争议的地方也进行了反复考证，但个人精力有限，难免有疏漏之处，敬请各位读者谅解。如有任何意见或建议，请不吝指正。本书全部章节由王肖峰翻译，参与本次翻译的还有杜欣、高国一、孙其淳、孙绍辰、徐保科、尤大鹏、张立红、邓伟、王蕊、王小红、马宁宁、韩丽威、王耀光。

最后，祝愿各位读者通过阅读本书可以快速掌握 AngularJS 的高级特性，在工作中发挥出它的强大作用。

作 者 简 介

Valeri Karpov是MongoDB的一位NodeJS工程师，他专注于维护流行的Mongoose ODM和其他众多与MongoDB相关的NodeJS模块。此外，他还是BookaLokal网站的一名技术专家、StrongLoop的博主和MEAN栈的命名者。从2010年发布的AngularJS v0.9.4开始，他一直在生产环境中使用AngularJS应用。最近，他还使用AngularJS构建了BookaLokal的移动网站，以及MongoDB内部持续集成框架的一个Web客户端。

Diego Netto是一位软件咨询师和开源技术讲师。他拥有众多工程师和企业家的不同称号。作为Los Angeles和Dallas开发商店的所有者，Diego为创业公司和企业创建Web和移动应用。作为IonicFramework Yeoman生成器的维护者，他使用最新的AngularJS和IonicFramework为www.aboatapp.com构建了Prop移动应用，并使用Famo.us/Angular为www.modelrevolt.com构建了移动应用。

技术编辑简介

Stéphane Bégaudeau 毕业于南特科学技术学院，目前是法国 Obeo 公司的 Web 技术专家和 Eclipse 模型咨询师。他已经为 Eclipse Foundation 的几个开源项目做出了贡献，并且还是 Acceleo 的领导者。他还从事 Dart Designer 的开发工作，这是 Dart 编程语言的一个开源工具。

致　谢

苏格拉底曾写道"教育不是填满一个瓶子，而是点燃一束火焰"。本着这种精神，我非常感激我的老师和导师，他们让我的一生充满激情，而不只是把工作当作一个职业。尤其是，我希望感谢普林斯顿大学的 Kernighan 教授和 Tarjan 教授，以及 Bergen County Academies 的 Nevard 博士、Sankaran 博士、Scarpone 和 Nodarse。另外，我希望感谢 Misko Hevery，他是我在 Google 实习时的导师，也是 AngularJS 的原作者，在短短 12 周的时间内，他教给我的软件工程相关的知识比在那个夏天之前所有时间内学到的知识还要多。

—Valeri Karpov

引用成功的企业家 Felix Dennis 说过的一句话："人不是忙着学习，就是忙着死亡。"这是一个谨慎的提醒，尤其是对于不断发展的软件工程来说，为了保持进步和成功，我们必须终生追求知识。我希望感谢 Virginia Tech 的 Tatar 和 Ribbens 教授，他们让我认识到了这一点。我还希望感谢 Addy Osmani，他帮助我发现了智能工具的重要性，并鼓励我为开源社区做出贡献。特别要感谢我的朋友和合作者 Valeri Karpov，他们早早就让我接触到了 AngularJS。

—Diego Netto

前　　言

作为 JavaScript 开发者，现在是一个激动人心的时刻。随着服务器端 JavaScript 开源社区的快速发展(在 2013 年 12 月，NodeJS 包管理器拥有 50 000 个包，而到了 2014 年 10 月这个数字增加了一倍)，下一代客户端框架的流行(例如 AngularJS)，完全基于 JavaScript 构建 Web 工具的公司数量不断增长，对 JavaScript 语言技能的需求也不断增多。现代工具允许我们使用一种语言构建复杂的、基于浏览器客户端的高度并发服务器，甚至是混合的原生移动应用。AngularJS 迅速成为主流的下一代客户端 Web 框架，它允许个人、小团队和大型公司构建和测试基于浏览器的复杂应用。

AngularJS 介绍

随着JavaScript社区的快速发展，AngularJS在2012年6月发布1.0版本时横空出世。尽管它是一个较新的框架，但它在构建应用时提供了强大的特性和优雅的工具，这使它成为许多开发者选择的前端框架。AngularJS最初由Google的测试工程师Misko Hevery开发，他发现现有的工具(例如jQuery)很难构建出需要显示大量复杂数据的浏览器用户界面(User Interface，UI)。Google现在有一个专门的团队用于开发和维护AngularJS以及相关的工具。一些活跃的Google应用也是使用AngularJS开发的，从DoubleClick Digital Marketing Platform到PlayStation 3上的YouTube应用。AngularJS的人气在迅速增长：到2014年10月，Quantcast Top10k网站中有143个都使用了AngularJS，并迅速超过了最接近的对手：KnockoutJS、ReactJS和EmberJS。

那么AngularJS特别之处在哪里呢？从https://angularjs.org/网站中借用一个对AngularJS特别简洁的描述："写更少的代码，早点去喝啤酒"。AngularJS的核心是一个称为"双向数据绑定"的概念，通过它可将超文本标记语言(Hypertext Markup Language，HTML)和层叠样式表(Cascading Style Sheet，CSS)绑定到JavaScript变量的状态。无论何时变量发生了变化，AngularJS都将更新所有应用了该JavaScript变量的HTML和CSS，如下面的代码所示：

```
<div ng-show="shouldShow" >Hello</div>
```

如果变量 shouldShow 被改为 false，AngularJS 将自动隐藏 div 元素。变量 shouldShow 并没有什么特殊之处：AngularJS 不要求在特殊类型中封装变量；变量 shouldShow 可以是一个普通的 JavaScript 布尔值。

尽管双向绑定是 AngularJS 的基础，但它只是冰山一角。AngularJS 提供了一个优雅的框架，可以通过一种最大化重用性和测试性的方式来组织客户端 JavaScript。另外，AngularJS 有一组丰富的测试工具，例如 Karma、protractor 和 ngScenario(参见第 9 章)，它们已经做了优化以便用于 AngularJS。AngularJS 专注于可测试的架构和丰富的测试工具，这使它成为关键客户端 JavaScript 的自然选择。它不仅可以使你快速编写复杂的应用，还提供了工具和结构，使应用的测试变得非常容易。事实上，Google 的 DoubleClick 团队将 AngularJS 的 "full testing story" 引用为将它的数字营销平台迁移到 AngularJS 的 6 个最重要原因之一。下面是对 AngularJS 特点的一些简单概述。

双向数据绑定

在许多较老的客户端 JavaScript 库(例如 jQuery 和 Backbone)中，我们希望自己操作文档对象模型(Document Object Model，DOM)。换句话说，如果希望改变 div 元素的 HTML 内容，需要自己编写必需的 JavaScript。例如：

```
$('div').html('Hello, world!');
```

AngularJS反转了这个模式，使HTML成为如何显示数据的明确来源。双向数据绑定的主要目的是将HTML或CSS属性(例如，div元素的HTML内容或背景颜色)绑定到JavaScript变量的值。当JavaScript变量的值改变时，HTML或CSS属性将随之更新。反之亦然：如果用户在input字段中输入，被绑定的JavaScript变量的值将被更新为用户输入的内容。例如，下面的HTML将问候输入字段中输入的名字。可以在相应章节的样例代码data_binding.html中找到该样例：简单地右击该文件，并在浏览器中打开它——不需要Web服务器或其他依赖！

```
<input type="text" ng-model="user" placeholder="Your Name">
<h3>Hello, {{user}} !</h3>
```

不需要使用 JavaScript！指令 ngModel 和{{}}简写语法将完成所有工作。在这个简单的样例中，AngularJS 体现出的优点非常有限，但在第 1 章构建一个真正的应用时，你将看到数据绑定将极大地简化 JavaScript。多亏了数据绑定，否则我们就很难将 800 行的 jQuery 意大利面条式代码简化成 40 行清晰的、独立于 DOM 的 AngularJS 代码。

DOM 作用域

DOM 作用域是 AngularJS 另一个强大的特性。你可能已经猜到，数据绑定并不是免费的午餐；代码复杂性一定会被转移到某个地方。不过，AngularJS 允许在 DOM 中创建作用域，它的行为类似于 JavaScript 和其他编程语言中的作用域。这将允许我们把 HTML 和 JavaScript 分割成独立的、可重用的块。例如，下面的样例实现的功能与之前样例的功能相同，但使用了两个不同的作用域：一个用于使用英文进行问候，另一个使用的是西班牙语。

```
<div ng-controller="HelloController" >
  <input type="text" ng-model="user" placeholder="Your Name">
  <h3>Hello, {{user}}!</h3>
```

```
  </div>

  <hr>
  <div ng-controller="HelloController" >
    <input type="text" ng-model="user" placeholder="Su Nombre">
    <h3>Hola, {{user}}!</h3>
  </div>

  <script type="text/javascript"
          src="angular.js">
  </script>
  <script type="text/javascript">
    functionHelloController($scope) {}
  </script>
```

指令ngController是一种创建新作用域的方式，通过它可将相同的代码为不同的目的进行重用。第 4 章包含了对双向数据绑定的全面概述，并对内部实现细节进行了讨论。

指令

指令是将HTML和JavaScript功能组装成一个可轻松重用的包的强大工具。AngularJS拥有大量内建指令，例如之前看到的ngController和ngModel，通过他们可在HTML中访问复杂的JavaScript功能。也可以编写自己的自定义指令。AngularJS允许将HTML与指令相关联，因此可以使用指令作为一种重用HTML的方式，以及一种将特定行为绑定到双向数据绑定的方式。编写自定义指令超出了该简介的范围，但第 5 章包含了该主题的全面概述。

模板

在双向数据绑定之上，AngularJS 允许根据 JavaScript 变量的状态替换页面的整个部分。指令 ngInclude 允许有条件地包含模板，根据 JavaScript 的状态在页面中注入 AngularJS HTML 片段。下面的样例演示了一个包含了一个 div 元素的页面，其中包含基于 myTemplate 变量值的不同 HTML。可在相应章节的样例代码的 templates.html 中找到该样例：

```
<div ng-controller="TemplateController">
  <div ng-include="myTemplate">
  </div>
  <br>
  <a ng-click="myTemplate = 'template1';"
     style="cursor: pointer"
     ng-class="{'selected': myTemplate === 'template1' }">
    Display Template 1
  </a>
  <a ng-click="myTemplate = 'template2';"
     style="cursor: pointer"
     ng-class="{'selected': myTemplate === 'template2' }">
    Display Template 2
  </a>
</div>
```

```
<script type="text/javascript"
    src="angular.js">
</script>
<script type="text/javascript">
  functionTemplateController($scope) {
    $scope.myTemplate = 'template1';
  }
</script>
<script type="text/ng-template" id="template1">
  <h1>This is Template 1</h1>
</script>
<script type="text/ng-template" id="template2">
  <h1>This is Template 2</h1>
</script>
```

第 6 章包含了 AngularJS 模板的完整讨论，包括如何使用它们构建单页面应用。

测试和工作流

提供一个框架用于编写可以进行单元测试的代码一直是 AngularJS 从首次发布开始的目标。AngularJS 包含一个优雅、复杂的依赖注入器，而且所有的 AngularJS 组件(控制器、指令、服务和过滤器)都是使用依赖注入器构造的。这将保证在测试时，如果需要我们可以轻松替换代码依赖。另外，AngularJS 团队已经开发了大量强大的测试工具，例如 Karma test runner 和 protractor 以及 ngScenario 集成测试框架。这些工具带来了复杂的多浏览器测试基础设施，这在之前只有大型公司可以实现，现在开发者个人也可以实现。

另外，AngularJS的架构和测试工具可与各种开源JavaScript构建和工作流工具优雅地进行交互，例如Gulp和Grunt。通过使用这些工具，我们可以无缝地执行测试、在测试执行中绑定代码覆盖和linting这样的工具，甚至从头开始搭建新的应用。核心AngularJS只是一个库，但是围绕它的测试和工作流工具使AngularJS生态系统成为一个整体，一种用于构建基于浏览器客户端的创新模式。第9章对可在AngularJS应用中使用的AngularJS测试生态系统和不同类型的测试策略进行了详述。

不适合使用 AngularJS 的场景

与任何其他库一样，AngularJS 非常适用于一些应用，而不太适用于其他应用。在下一节，将学习几个非常适用于 AngularJS 的用例。在本节，将学习 AngularJS 不太适用的一些情形，并了解 AngularJS 的一些限制。

需要支持旧版 Internet Explorer 的应用

AngularJS的这个限制对于一些用户来说可能非常重要，因为它不支持旧版Internet Explorer。AngularJS 1.0.x支持Internet Explorer 6 和 7，但是本书中将学习的版本AngularJS

1.2.x只支持Internet Explorer 8 以及更新版本。此外，AngularJS目前的实验版本AngularJS 1.3.x完全放弃了对Internet Explorer 8 的支持(它们只支持Internet Explorer 9 和更新版本)。如果你的应用需要支持Internet Explorer 7，那么使用AngularJS并不是正确之选。

不需要 JavaScript 服务器 I/O 的应用

AngularJS 是一个极其丰富和强大的库，狂热的用户通常会尝试在所有的应用中使用它。不过，许多情况下使用 AngularJS 都有点大材小用了，而且增加了不必要的复杂性。例如，如果需要在页面中添加一个按钮，当用户单击它时显示或隐藏一个 div 元素，那么使用 AngularJS 并不能帮助你，除非你需要持久化页面 URL 中或者发送到服务器的 div 状态。与此类似，选择使用 AngularJS 编写博客通常是一个糟糕的决定。博客通常以有限的交互方式显示出简单数据，所以使用 AngularJS 通常是不必要的。另外，博客要求与搜索引擎进行良好的集成。如果使用 AngularJS 编写博客的话，还需要完成一些额外的工作(参见第 6 章)，以保证搜索引擎可以高效地爬取博客内容,因为搜索引擎爬虫不执行JavaScript。

AngularJS 适用的场景

现在我们已经了解了 AngularJS 的一些限制,接下来将学习的是一些 AngularJS 非常适用的用例。

内部数据密集型应用

对于需要在浏览器 UI 中显示复杂数据的应用来说，AngularJS 是一个极其有用的强大工具，例如持续集成框架或产品仪表盘。为这些应用开发 UI 的挑战在于编写重要的 JavaScript，在每次数据改变时正确地渲染数据。通过使用双向数据绑定，我们不必再编写这样的胶水代码，就可以编写出更简洁和易于阅读的 JavaScript。当我们编写第 1 章展示的股票市场仪表盘时，将会看到通过双向数据绑定和指令构建出一个需要显示大量数据的应用是非常简单的。

移动网站

AngularJS为大多数常见的移动浏览器提供了扩展支持(Android、Chrome Mobile、iOS Safari)。而且，在第 6 章你将看到AngularJS有一些强大的动画支持和单页面应用(通过它，我们可以利用浏览器缓存来尽量减少带宽的使用)。这将使我们可以构建快速的、高效模拟原生应用的移动Web应用。另外，通过使用Ionic这样的框架，我们还可以构建混合移动应用：使用JavaScript编写应用(使用AngularJS)，但是通过Android和iPhone应用商店发布。

构建原型

一个在本书中多次出现的主题是使用双向数据绑定在前端 JavaScript 工程和用户界面/用户体验(UI/UX)设计之间创建有效的分离。通过双向数据绑定，前端 JavaScript 工程师可以公开一个应用编程接口，然后 UI/UX 设计师就可以在 HTML 中访问它们，从而使前端工程师和设计师都能在最佳环境中工作，而不必介入彼此的工作。在快速构建原型浏览器 UI 时，这尤其有用，因为我们可以高效地并行安排任务，使团队平稳地运行。另外，AngularJS 丰富的测试生态系统将使我们可以保证高测试覆盖率，从而确保在展示原型时不会出现明显的问题。

如何使用本书

现在你已经看到了 AngularJS 库变得如此流行的原因，接下来是对本书内容的概述，你将从中了解到从编写初级 AngularJS 到专业级 AngularJS 的所有内容。

可将本书看成学习 AngularJS 的一本"选择个人冒险"的书籍。如果你是一个 AngularJS 初学者，通过顺序阅读本书你将获得大量信息，因为这些章节提供了从头开始学习 AngularJS 的逻辑序列。不过，这些章节和它们的样例基本上被设计为相对独立的。如果你熟悉 AngularJS 并且在寻找拓展自己某个特定领域技能的知识，例如使用测试框架(第9章)，那么可以直接跳到合适的章节并忽略中间的章节。某些样例在章节之间是共享的，但每个章节都解释了样例的某块代码(假设你之前从未见过它)。而且，一些章节将引用其他章节的信息，但它们总是提供了所需概念的简略概述。无论你是刚刚开始学习 AngularJS 还是在寻找特定主题，本书都允许你直接跳到最有用的信息(不过，如果你是一个初学者，在跳到其他章节之前应该先阅读第 1 章)。下面对每章内容做一些简单强调。

第 1 章：构建简单的 AngularJS 应用

该章是面向初学者的。将使用 AngularJS 从头开始构建一个股票市场仪表盘应用，并获得对接下来章节所涵盖话题的高级概述。

第 2 章：智能工作流和构建工具

该章将讲解许多用于搭建 AngularJS 应用、自动化工作流、添加外部依赖的开源工具。该章将特别强调流行的搭建工具 Yeoman，它不仅能使我们可以快速启动新的 AngularJS 应用，还提供了管理工作流的强大工具。

第 3 章：架构

该章提供了构建 AngularJS 组件最佳实践的概述，包括如何在服务、控制器和指令之间传递数据。另外，该章浏览了不同规模应用的目录结构的最佳实践。最后，该章涵盖了两个管理文件依赖的流行工具：RequireJS 和 Browserify。

第 4 章：数据绑定

尽管 AngularJS 数据绑定非常优雅和直观，但是中级 AngularJS 开发者可以通过深入了解数据绑定的实际实现方式而获得进步。该章浏览了如何构建 AngularJS 作用域，以及

$digest 循环的实现细节，从而使我们可以避免常见的数据绑定陷阱。该章还包含了过滤器的概述，包括相关用例和常见的错误。

第 5 章：指令

该章的前半部分提供了如何编写自定义 AngularJS 指令的基本知识，并浏览了指令的各种用例。后半部分则专注于使用诸如嵌入(transclusion)的工具设计更高级的指令。

第 6 章：模板、位置和路由

该章的主要目的是提供如何使用 AngularJS 编写单页面应用的概述，这种应用允许用户在多个"视图"之间进行转换，而不必重新加载页面。为创建单页面应用，该章详述 AngularJS 模板、模板缓存和$location 服务。该章还提供了使用 AngularJS CSS3 动画的概述，以及介绍如何通过使用 Prerender 让单页面应用变得对搜索引擎友好。

第 7 章：服务、工厂和提供者

该章对使用 AngularJS 创建服务的各种不同方法进行了详尽描述。我们还将学习服务在底层是如何工作的，以及如何利用服务的内部实现。

第 8 章：服务器通信

该章将使用基本的服务和拦截器创建一个登录系统。另外，还将学习如何使用 StrongLoop 的 Loopback API 启动一个简单后端，并使用客户端 AngularJS 应用和 Loopback API 集成 Facebook 登录。

第 9 章：测试和调试 AngularJS 应用

该章包含了使用流行的开源测试运行器Karma为AngularJS应用构建单元测试和DOM集成测试(也称为halfway test)的详尽描述。该章还讨论了开源的行为驱动开发(Behavior-Driven Development，BDD)测试框架Mocha和Jasmine，并解释了如何在SauceLab的浏览器云中运行测试。

第 10 章：继续前行

该章包含了对几个流行开源模块的概述，通过它们，AngularJS 可以实现一些令人惊喜的事情。尤其是，将学习如何使用 Angular-UI Bootstrap 集成 Twitter Bootstrap 组件、如何使用 AngularJS 和 Ionic 框架构建混合移动应用，以及如何在 AngularJS 中集成两个流行的开源 JavaScript 模块 Moment 和 Mongoose，还将学习如何结合使用 ECMAScript 6 生成器和 AngularJS 的$http 服务。

如何使用本书的样例代码

本书的每章内容都有自己的样例代码，可以在 http://www.wrox.com/go/proangularjs 的代码下载部分获得。每章的开头都将提醒访问该 URL 以下载样例代码，因此不需要收藏这个页面。尽管每章都恰当地包含了文本形式的代码，但最好下载每章的样例代码并自己尝试这些样例。另外，也可以访问www.tupwk.com.cn/downpage，再输入中文书名或中文ISBN，下载源代码。

本书的样例代码被设计为拥有最小的外部依赖。每章开头都解释了运行样例代码所需的特殊依赖。对于本书的许多样例来说，只需要一个现代浏览器即可(这些样例主要是使用Google Chrome 37 和 Mozilla Firefox 32 开发的，但是 Internet Explorer 9 和 Safari 6 应该也足够使用)。这些样例都以.html 文件形式存在，可以通过右击文件并使用 file://协议在浏览器中打开该文件。例如，为查看样例代码中的 data_binding.html 样例，如果样例代码在目录/Users/user/Chapter 0 中，那么可以访问 file:///Users/user/Chapter%200/data_binding.html。除非特别指定，否则可以安全地认为可以在浏览器中打开本书样例代码的任意 HTML 文件。

本书的样例代码不要求使用特殊的集成开发环境(IDE)。尝试样例代码时使用文本编辑器(例如 vim 和 SublimeText)即可。如果喜欢，也可以使用诸如 WebStorm 的 IDE，但对于本书的样例来说，使用 IDE 的好处非常有限。

本书涵盖的许多概念都要求使用Web服务器。为使整个过程尽可能轻量级，本书将使用NodeJS和NodeJS包管理器npm来启动Web服务器。另外，你将在本书中学到许多工具，例如Grunt、Prerender和Yeoman，通过npm都可以轻松安装它们。为安装NodeJS，你应该访问http://nodejs.org/download，并按照对应平台的指令进行安装。NodeJS非常易于安装，并且几乎支持所有常见的桌面操作系统(包括Windows)；而且，npm被自动包含在了NodeJS中。不过，本书要求使用NodeJS的大部分样例都假定你正在使用bash shell。Linux和OS X用户可以使用它们的默认终端。在Windows中，如果你希望运行命令行指令，那么应使用git bash(http://msysgit.github.io)，这是Windows的一个bash终端(记住，NodeJS并未正式支持Cygwin，所以不推荐使用它)。每章都将演示如何安装额外的依赖，并在必要时提醒你安装NodeJS。

勘误表

尽管我们已经尽了各种努力来保证文章或代码中不出现错误，但是错误总是难免的，如果你在本书中找到了错误，例如拼写错误或代码错误，请告诉我们，我们将非常感激。通过勘误表，可以让其他读者避免受挫，当然，这还有助于提供更高质量的信息。

请给 wkservice@vip.163.com 发电子邮件，我们就会检查你的反馈信息，如果是正确的，我们将在本书的后续版本中采用。

要在网站上找到本书英文版的勘误表，可以登录 http://www.wrox.com/WileyCDA，通过 Search 工具或书名列表查找本书，然后在本书的细目页面上，点击 Errata 链接。在这个页面上可以查看到 Wrox 编辑已提交和粘贴的所有勘误项。完整的图书列表还包括每本书的勘误表，网址是 www.wrox.com/WileyCDA/id_105077.html。

p2p.wrox.com

要与作者和同行讨论，请加入 p2p.wrox.com 上的 P2P 论坛。这个论坛是一个基于 Web 的系统，便于你张贴与 Wrox 图书相关的消息和相关技术，与其他读者和技术用户交流心得。该论坛提供了订阅功能，当论坛上有新的消息时，它可以给你传送感兴趣的论题。Wrox 作者、编辑和其他业界专家和读者都会到这个论坛上来探讨问题。

在 http://p2p.wrox.com 上，有许多不同的论坛，它们不仅有助于阅读本书，还有助于开发自己的应用程序。要加入论坛，可以遵循下面的步骤：

(1) 进入 p2p.wrox.com，单击 Register 链接。

(2) 阅读使用协议，并单击 Agree 按钮。

(3) 填写加入该论坛所需要的信息和自己希望提供的其他信息，单击 Submit 按钮。

(4) 你会收到一封电子邮件，其中的信息描述了如何验证账户，完成加入过程。

注意：

不加入 P2P 也可以阅读论坛上的消息，但要张贴自己的消息，就必须加入该论坛。

加入论坛后，就可以张贴新消息，响应其他用户张贴的消息。可以随时在 Web 上阅读消息。如果要让该网站给自己发送特定论坛中的消息，可以单击论坛列表中该论坛名旁边的 Subscribe to this Forum 图标。

关于使用 Wrox P2P 的更多信息，可阅读 P2P FAQ，了解论坛软件的工作情况以及 P2P 和 Wrox 图书的许多常见问题。要阅读 FAQ，可以在任意 P2P 页面上点击 FAQ 链接。

源代码

在读者学习本书中的示例时，可手动输入所有的代码，也可使用本书附带的源代码文件。本书使用的所有源代码都可从本书合作站点 http://www.wrox.com/ 或 www.tupwk.com.cn/downpage 下载。登录到站点 http://www.wrox.com/，使用 Search 工具或使用书名列表就可以找到本书。接着单击 Download Code 链接，就可以获得所有的源代码。既可选择下载一个大的包含本书所有代码的 ZIP 文件，也可以只下载某个章节中的代码。

注意：

由于许多图书的标题都很类似，因此按 ISBN 搜索是最简单的，本书英文版的 ISBN 是 978-1-118-83207-3。

在下载代码后，只需用解压缩软件对它进行解压缩即可。另外，也可以进入 http://www. wrox.com/dynamic/books/download.aspx 上的 Wrox 代码下载主页，查看本书和其他 Wrox 图书的所有代码。

目 录

第 1 章 构建简单的 AngularJS 应用 ····· 1

1.1 构建目标 ················· 1

1.2 学习内容 ················· 3

1.3 步骤 1：使用 Yeoman
搭建项目 ················· 4

   1.3.1 安装 Yeoman ··········· 4

   1.3.2 搭建项目 ············· 5

   1.3.3 浏览应用 ············· 6

   1.3.4 清理 ················· 7

1.4 步骤 2：创建监视列表 ······· 8

   1.4.1 应用模块 ············· 8

   1.4.2 Watchlist 服务 ········· 10

   1.4.3 监视列表面板指令 ····· 12

1.5 步骤 3：配置客户端路由 ····· 18

   1.5.1 Angular ngRoute 模块 ····· 18

   1.5.2 添加新的路由 ········· 19

   1.5.3 使用路由 ············· 20

   1.5.4 模板视图 ············· 20

1.6 步骤 4：创建导航栏 ········· 22

   1.6.1 更新 HTML ··········· 22

   1.6.2 创建 MainCtrl ········· 23

1.7 步骤 5：添加股票 ··········· 25

   1.7.1 创建 CompanyService ····· 25

   1.7.2 创建 AddStock 模态框 ····· 26

   1.7.3 更新 WatchlistService ····· 27

   1.7.4 实现 WatchlistCtrl ····· 29

   1.7.5 修改监视列表视图 ····· 30

1.8 步骤 6：集成 Yahoo Finance ····· 31

   1.8.1 创建 QuoteService ····· 31

   1.8.2 从控制台调用服务 ····· 33

1.9 步骤 7：创建股票表格 ··········· 34

   1.9.1 创建 StkStockTable 指令 ····· 34

   1.9.2 创建 StkStockRow 指令 ····· 35

   1.9.3 创建股票表格模板 ····· 37

   1.9.4 更新监视列表视图 ····· 38

1.10 步骤 8：内联表单编辑 ····· 39

   1.10.1 创建 contenteditable 指令 ····· 39

   1.10.2 更新 StkStockTable 模板 ····· 41

1.11 步骤 9：格式化货币 ········· 42

   1.11.1 创建 StkSignColor 指令 ····· 42

   1.11.2 更新 StockTable 模板 ····· 43

1.12 步骤 10：为价格变动
添加动画 ··········· 44

   1.12.1 创建 StkSignFade 指令 ····· 44

   1.12.2 更新 StockTable 模板 ····· 46

1.13 步骤 11：创建仪表盘 ········· 47

   1.13.1 更新仪表盘控制器 ····· 47

   1.13.2 更新仪表盘视图 ····· 50

1.14 生产环境部署 ············· 52

1.15 小结 ··················· 53

第 2 章 智能工作流和构建工具 ········· 55

2.1 工具的作用 ··············· 55

2.2 Bower ··················· 56

   2.2.1 开始使用 Bower ········· 56

   2.2.2 搜索包 ··············· 56

   2.2.3 安装包 ··············· 56

   2.2.4 版本化依赖 ··········· 57

2.3 Grunt ··················· 57

   2.3.1 开始使用 Grunt ········· 57

   2.3.2 安装插件 ············· 59

   2.3.3 目录结构 ············· 59

   2.3.4 Gruntfile ············· 60

2.3.5 配置任务和目标·········61
2.3.6 创建自定义任务·········66
2.4 Gulp···········69
2.4.1 开始使用 Gulp·········70
2.4.2 安装插件···········70
2.4.3 Gulpfile···········70
2.4.4 创建任务···········71
2.4.5 参数和异步行为·········75
2.4.6 Gulp、Grunt 和 Make·····79
2.5 Yeoman·········81
2.5.1 开始使用 Yeoman·······81
2.5.2 搭建新的项目·········81
2.5.3 浏览插件和任务·······82
2.5.4 别名任务和工作流·····87
2.5.5 修改···········88
2.5.6 子生成器···········88
2.5.7 流行的生成器·········88
2.6 小结···········89

第3章 架构···········91
3.1 架构如此重要的原因·····91
3.2 控制器、服务和指令·····92
3.2.1 控制器···········92
3.2.2 服务···········99
3.2.3 指令···········103
3.2.4 小结···········104
3.3 使用模块组织代码·······104
3.4 目录结构···········109
3.4.1 小型项目·········110
3.4.2 中型项目·········110
3.4.3 大型项目·········112
3.5 模块加载器·········114
3.5.1 RequireJS·······114
3.5.2 Browserify·······117
3.6 构造用户身份验证的
最佳实践·········121

3.6.1 服务：从服务器加载
数据和保存数据·····122
3.6.2 控制器：向 HTML
公开 API·········122
3.6.3 指令：与 DOM 进行
交互·········123
3.7 小结···········124

第4章 数据绑定·········125
4.1 数据绑定···········125
4.2 数据绑定的作用·······128
4.3 AngularJS 作用域·······130
4.3.1 作用域继承·········131
4.3.2 性能考虑·········136
4.3.3 过滤器和数据绑定·····139
4.4 小结···········149

第5章 指令···········151
5.1 指令···········151
5.1.1 了解指令·········151
5.1.2 指令的帕累托分布·····153
5.2 深入理解指令·········161
5.2.1 使用模板的指令组合·····161
5.2.2 为指令创建不同的
作用域·········163
5.2.3 限制和替换设置·······170
5.2.4 继续前行·········173
5.3 在运行时改变指令模板·····173
5.3.1 内嵌···········173
5.3.2 编译设置或者编译与
链接·········177
5.4 小结···········178

第6章 模板、位置和路由·······179
6.1 第 1 部分：模板·······181
6.1.1 在模板中使用 ngInclude
指令·········182
6.1.2 ngInclude 和性能·······184

6.1.3 使用脚本标记包含模板……185

6.1.4 $templateCache 服务……187

6.1.5 下一步：模板和数据
绑定……188

6.2 第 2 部分: $location 服务……190

6.2.1 URL 中包含的信息……190

6.2.2 介绍$location……190

6.2.3 使用$location 追踪
页面状态……192

6.2.4 下一步：路由和 SPA……194

6.3 第 3 部分：路由……194

6.3.1 使用 ngRoute 模块……195

6.3.2 $routeProvider 提供者……197

6.3.3 $routeParams 服务……199

6.3.4 SPA 中的导航……199

6.3.5 搜索引擎和 SPA……200

6.3.6 在服务器上设置
Prerender……201

6.3.7 Google AJAX Crawling
规范……202

6.3.8 为搜索引擎配置
AngularJS……203

6.3.9 真正的搜索引擎集成……204

6.3.10 介绍动画……204

6.3.11 实际的ngAnimate模块……206

6.4 小结……208

第7章 服务、工厂和提供者……209

7.1 依赖注入概述……210

7.1.1 $injector 服务……211

7.1.2 函数注解……212

7.2 构建自己的服务……213

7.2.1 factory()函数……214

7.2.2 service()函数……216

7.2.3 provider()函数……220

7.3 服务的常见用例……224

7.3.1 构建$user 服务……224

7.3.2 构建$stockPrice 服务……226

7.4 使用内置提供者……227

7.4.1 自定义插值分隔符……228

7.4.2 使用$compileProvider
的白名单链接……229

7.4.3 使用$rootScopeProvider的
全局表达式属性……231

7.5 小结……233

第8章 服务器通信……235

8.1 将要学习的内容……235

8.2 约定简介……236

8.3 发起 HTTP 请求的服务……237

8.3.1 $http……238

8.3.2 $resource 服务……250

8.4 使用 Twitter 的 REST API……253

8.5 使用 StrongLoop LoopBack
搭建 REST API……255

8.6 在 AngularJS 中使用 Web
套接字……261

8.7 在 AngularJS 中
使用 Firebase……264

8.8 小结……265

第9章 测试和调试 AngularJS
应用……267

9.1 AngularJS 测试哲学……267

9.2 AngualrJS 中的单元测试……271

9.2.1 Mocha 测试框架……271

9.2.2 使用 Karma 在浏览器中
执行单元测试……275

9.2.3 使用 Sauce 在云中执行
浏览器测试……278

9.2.4 评估单元测试选项……282

9.3 DOM 集成测试……283

9.3.1 $httpBackend 指南……283

9.3.2 将要测试的页面……287

9.3.3 使用 ng-scenario 执行
DOM 集成测试·············288

9.3.4 使用 protractor 执行
DOM 集成测试·············294

9.3.5 评估 ng-scenario 和
protractor ·············300

9.4 调试 AngularJS 应用·············300

9.4.1 debug 模块 ·············300

9.4.2 使用 Chrome DevTools
进行调试·············302

9.5 小结·············305

第 10 章 继续前行·············307

10.1 使用 Angular-UI Bootstrap·····308

10.1.1 模态框·············308

10.1.2 日期选择器·············311

10.1.3 时间选择器·············312

10.1.4 自定义模板·············313

10.2 使用 Ionic 框架开发的
混合移动应用·············317

10.2.1 设置 Ionic、Cordova 和
Android SDK·············317

10.2.2 在 Ionic 应用中使用
AngularJS·············318

10.2.3 为生产使用 Yeoman
工作流和构建·············321

10.3 集成开源 JavaScript 和
AngularJS·············322

10.3.1 使用 Moment 操作
日期和时区·············322

10.3.2 使用 Mongoose 实现
模式验证和深度对象·····326

10.4 AngularJS 和
ECMAScript 6·············333

10.5 小结·············334

附录 资源·············337

第 **1** 章

构建简单的 AngularJS 应用

本章内容:

- 从头开始创建一个新的 AngularJS 应用
- 创建自定义控制器、指令和服务
- 与外部 API 服务器通信
- 使用 HTML5 LocalStorage 在客户端存储数据
- 使用 ngAnimate 创建一个简单动画
- 使用 GitHub 页面打包应用,用于发布和部署

本章的样例代码下载:

可在 http://www.wrox.com/go/proangularjs 页面的 Download Code 选项卡找到本章的 wrox.com 代码下载文件。为更加清晰,代码下载文件中为应用构建指南的每一步包含了一个单独的目录。相关代码根目录中的 README.md 文件包含了用于正确使用指南中每个步骤代码的额外信息。对于喜欢使用 GitHub 的开发者,通过访问 http://github.com/diegonetto/stock-dog 页面,可以找到该应用的仓库,其中包含了指南的每个步骤的 Git 标签以及详细文档。

1.1 构建目标

学习 AnuglarJS 的最佳方式就是直接构建一个真正的、可以动手实践的应用,并在其中使用该框架(几乎)所有的关键组件。本章将构建 StockDog 应用,这是一个实时监控和管理股票监视列表的应用。对于不熟悉的人来说,该上下文中的监视列表指的就是希望追踪的目标股票的任意组合,用于分析目的。客户端将使用 Yahoo Finance API(应用编程接口)

获取实时股票报价信息。该应用不包含动态后端,所以所有信息都将直接通过 Yahoo Finance API 获得,而对于公司股票代码来说,它将被包含在一个静态 JSON(JavaScript Object Notation)文件中。在本章的末尾处,应用的用户将可以完成以下任务:

- 创建含有描述信息的自定义名称监视列表
- 添加来自 NYSE、NASDAQ 和 AMEX 交易所的股票
- 实时监控股票价格改变
- 使用图表将监视列表的投资组合表现可视化

StockDog 将由两个主视图组成,可以通过应用的导航栏访问。仪表盘视图将用作 SotkcDog 的启动页面,允许用户创建新的监视列表并监控投资组合的实时表现。该视图中将显示的 4 个关键绩效指标是:Total Market Value、Total Day Change、Market Value by Watchlist(饼状图)和 Day Change by Watchlist(条形图)。图 1-1 展示了一个包含 3 个监视列表的样例仪表盘视图。

图 1-1

StockDog 中创建的每个监视列表都有自己的监视列表视图,其中包含一个含有股票价格信息和一些基本运算的交互式表格,用于帮助监控股票仓位。这里,应用的用户可以在已选择的监视列表中添加新的股票、监控实时的股票价格(在交易时间内),并对所拥有股票的数量进行在线编辑。图 1-2 展示了一个追踪 7 只股票的样例监视列表视图。

构建应用的过程将通过 12 个步骤进行描述。每个步骤都将关注开发 StockDog 应用的一个关键特性(使用其中介绍的 AngularJS 组件),因为实现应用定义的需求时将需要使用它们。在开始构建 StockDog 之前,首先对将要学习的内容进行一次高级别的概述是非常重要的。

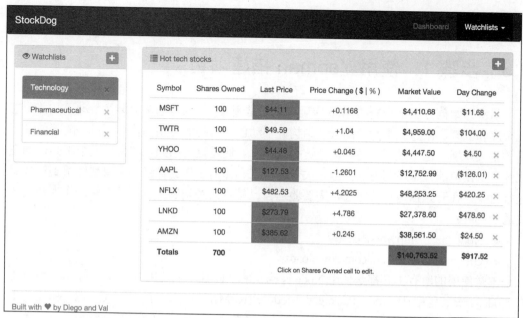

图 1-2

1.2　学习内容

　　本章所包含的分步指南的内容将超出 AngularJS 基本用法的范围。通过使用该框架的主要构建块实现实际的、真实世界中的样例，将学到 AngularJS 所提供的大部分组件，接着在随后的章节中将进行详细讲解。记住这一点非常重要，因为 StockDog 所需要的某些特性将使用框架的高级概念。这些情况下，关于 AngularJS 底层机制如何工作的特定细节将被忽略，但本书将从高级别的层面进行解释，帮助你了解在实现当前特性的上下文中如何使用这些组件。在本章的末尾处，将会学到如何完成以下事情：

- 构建多视图、单页面应用
- 创建指令、控制器和服务
- 配置$routeProvider 用于处理视图之间的路由
- 安装额外的前端模块
- 处理动态表单验证
- 促进 AnuglarJS 组件之间的通信
- 在服务中使用 HTML5 LocalStorage
- 使用$http 与外部服务器进行通信
- 使用$animate 服务实现层叠样式表(CSS)动画
- 为生产环境构建应用资产
- 将构建的应用部署到 GitHub 页面

　　现在我们已经讨论了 StockDog 的范围和高级概述，那么你现在应该已经拥有了足够的背景知识和上下文，可以开始构建应用了。对于希望立即看到 StockDog 工作样例的读者，可以在 http://stockdog.io 网址找到完整的应用。

1.3 步骤 1：使用 Yeoman 搭建项目

从头开始创建一个全新的 Web 应用可能非常困难，因为这通常会涉及手动下载并配置几个库和框架、创建一个智能的目录结构并手动创建初始的应用结构。不过，随着前端工具的重大发展，这个过程已经不需要这么复杂了。通过这个指南，将使用几个工具自动完成开发工作流的几个不同方面，但是关于这些工具如何工作的详细讲解将被保留到第 2 章进行讨论。在开始搭建项目之前，需要验证自己是否已经安装了下面的软件，作为开发环境的一部分：

- Node.js——http://nodejs.org/
- Git——http://git-scm.com/downloads

本章使用的所有工具都是使用 Node.js 构建的，而且可以使用命令行工具 npm(被包含在 Node.js 安装包中)从 Node Packaged Modules(NPM)注册中进行安装。Git 也是所需的工具之一，因此在继续执行之前，请保证你已在系统上正确配置了它和 Node.js。

1.3.1 安装 Yeoman

Yeoman 是一个含有插件(称为生成器)生态系统的开源工具，它可以使用最佳实践创建新的项目。它由一个健壮的、比较教条的客户端栈组成，可以促进工作流变得高效，通过与两个额外的工具结合使用，可以帮助你成为一个高效的开发者。下面是 Yeoman 用于完成这个任务的工具：

- Grunt——一个 JavaScript 任务运行器，它可以帮助自动完成构建和测试应用的重复性任务。
- Bower——一个依赖管理工具，这样你就不必手动下载和管理前端脚本。

可在第 2 章中找到有关 Yeoman 的深度讨论、推荐的工作流以及相关的工具。现在，所有需要做的就是安装 Grunt、Bower 和 AngularJS 生成器，可在命令行中运行下面的命令：

```
npm install -g grunt-cli
npm install -g bower
npm install -g generator-angular@0.9.8
```

注意：

在调用 npm install 时指定 -g 标志将保证目标包在机器中全局可用。安装 generator-angular(由 Yeoman 团队维护的正式 AngularJS 生成器)时，请将版本指定为 0.9.8。不论当前的版本是多少，指定固定的版本可以使你轻松地与该指南的剩余部分保持一致。而对于接下来的所有项目，则极力推荐你更新至最新版本。在完成本章的学习之后，运行 npm install -g generator-angular 命令即可实现。

1.3.2 搭建项目

在机器中安装了所有必需的工具后，就可以开始搭建项目了。幸好，Yeoman使整个过程变得快捷轻松。请继续向下并创建一个新目录StockDog，然后使用所选的命令行应用浏览至该目录。在新创建的项目目录中运行以下命令：

```
yo angular StockDog
```

这是运行AngularJS Yeoman生成器的第一步，它将询问一些关于希望如何创建应用的问题。第一个提示将询问是否希望使用Sass(采用Compass)。尽管对于管理样式表来说这些都是非常有用的工具，但是它们的使用超出了本书的讨论范围，所以请输入n，然后按下回车键做出否定的回答：

```
[?] Would you like to use Sass (with Compass)? (Y/n)
```

下一个提示将询问是否希望包含Bootstrap(一个由Twitter创建的前端框架)。SotckDog将大量使用Bootstrap提供的超文本标记语言(HTML)和CSS资产，所以需要包含它作为应用的一部分。因为该提示默认的答案是yes，由大写字母Y表示，所以输入回车键即可(Bootstrap将被包含在系统中)：

```
[?] Would you like to include Bootstrap? (Y/n)
```

最后一个提示将询问希望在应用中包含哪个可选的AngularJS模块。尽管在这个特定的项目中，你不需要使用图 1-3 列出的所有模块，但是我们推荐选择同意并包含所有模块。可通过访问https://docs.angularjs.org/api了解更多信息，向下滚动时可以看到每个模块都提供了什么服务和指令。简单地输入回车键将包含所有默认的模块，Yeoman也将开始搭建项目，如图 1-3 所示。

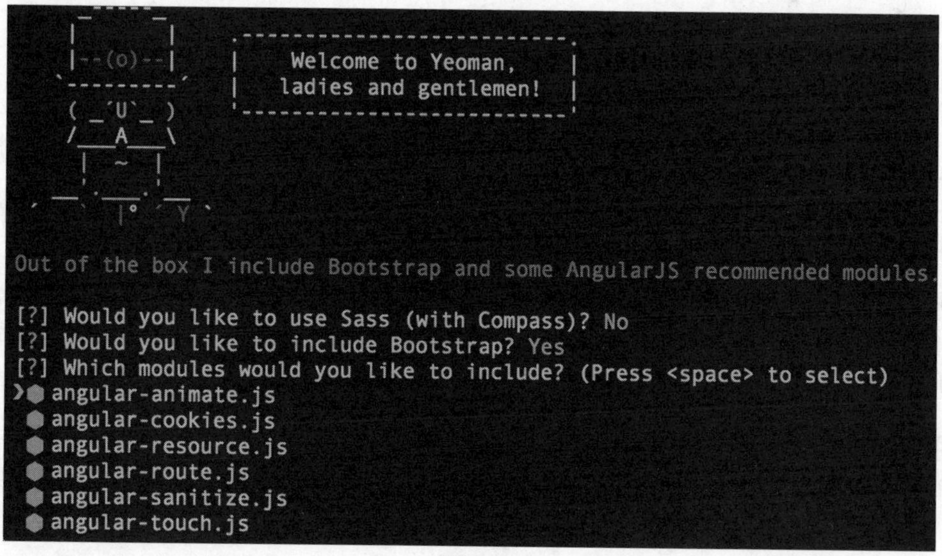

图 1-3

在最后一个提示中输入回车键之后，等待 Yeoman 完成所有相关的搭建任务，这将需要一些时间，然后 StockDog 的基础工作就完成了。接下来将详细了解目录结构的重要部分，以及可以使用 Yeoman 配置的工作流任务(作为搭建过程的一部分)。

1.3.3 浏览应用

现在项目已经搭建完成了，请花几分钟时间浏览一下 AngularJS Yeoman 生成器为你提供的内容。该项目的目录结构将如下所示：

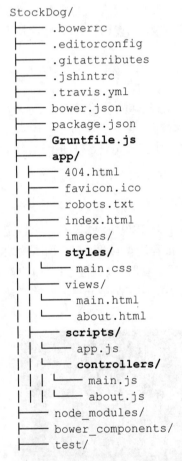

```
StockDog/
├── .bowerrc
├── .editorconfig
├── .gitattributes
├── .jshintrc
├── .travis.yml
├── bower.json
├── package.json
├── Gruntfile.js
├── app/
│   ├── 404.html
│   ├── favicon.ico
│   ├── robots.txt
│   ├── index.html
│   ├── images/
│   ├── styles/
│   │   └── main.css
│   ├── views/
│   │   ├── main.html
│   │   └── about.html
│   ├── scripts/
│   │   ├── app.js
│   │   └── controllers/
│   │   │   ├── main.js
│   │   │   └── about.js
├── node_modules/
├── bower_components/
├── test/
```

乍一看，该目录结构似乎过于复杂，但许多由 Yeoman 生成的文件都是用于帮助增强最佳实践的，而且在本章的剩余内容中完全可以被忽略。需要你关注的文件和目录都已经通过加粗的方式进行了强调，所以到目前为止你只需关注这些文件和目录。

注意：

根据查看项目目录结构的方式，你的操作系统可能会自动隐藏所有文件名以点开头的文件。这些文件被用于配置各种工具，例如 Git、Bower 和 JSHint。

你可能已经猜到了，程序主体将被包含在 app/目录中。在这里可以找到主文件 index.html(它将被用作整个应用的入口点)，以及 styles/、views/和 scripts/目录(它们分别包含了 CSS、HTML 和 JavaScript 文件)。Gruntfile.js 也特别有趣，因为它配置了几个 Grunt
任务，用于在 StockDog 开发过程中支持工作流。继续并启动所选择的终端应用，运行下面
的命令：

```
grunt serve
```

这将启动一个由 Yeoman 在搭建过程中配置的本地开发服务器，并在默认浏览器的一个
新的选项卡中打开当前的主干应用程序。此时，你的浏览器应该指向 http://localhost:9000/#/，
并显示出如图 1-4 所示的应用页面。

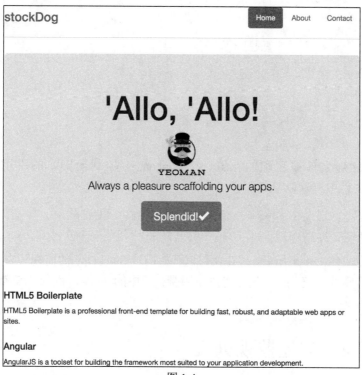

图 1-4

恭喜，你已经成功完成了项目的搭建，基本上可以开始构建 StockDog 应用的第一个组
件了。在整个开发过程中，务必打开运行 grunt serve 命令的终端会话，因为它将负责提供
浏览器中使用的所有应用资产。在继续学习下一节之前，请花一分钟时间修改
app/views/main.html 文件，移除所有的内容。保存修改之后，你应该注意到浏览器选项卡
将立即刷新显示出这个改动，此时显示出的应该是一个几乎空白的视图。Yeoman 在配置
Gruntfile.js 时添加了任务，用于监视应用文件的改动，并相应地刷新浏览器，通过这种方
式实现了自动刷新。当开始构建 SotckDog 应用的组件时，这个功能将被证明是非常有用的。

1.3.4　清理

到目前为止，本章已经讲解了如何使用 Yeoman 从头搭建一个新项目、浏览所生成的
项目结构并简单了解了它提供的工作流如何帮助开发者高效地完成开发过程。在开始学习

指南的下一步骤之前需要做的最后一件事情是：删除一些 StockDog 不需要使用的自动生成文件，并清理所有相关的引用。请定位并从项目中删除下面的文件：

```
app/views/main.html
app/views/about.html
app/scripts/controllers/main.js
app/scripts/controllers/about.js
```

接下来删除 Yeoman 创建的路由，即打开 app/scripts/app.js 文件并删除$routeProvider 的两个.when()配置。可通过移除下面的代码来实现：

```
.when('/', {
  templateUrl: 'views/main.html',
  controller: 'MainCtrl'
})
.when('/about', {
  templateUrl: 'views/about.html',
  controller: 'AboutCtrl'
})
```

最后，移除对之前被删除的 main.js 和 about.js 控制器脚本的引用，方法是从 app/index.html 文件中删除以下代码行：

```
<script src="scripts/controllers/main.js"></script>
<script src="scripts/controllers/about.js"></script>
```

修改完所生成的主干应用后，现在就可以开始构建 StockDog 的监视列表组件了。为了访问指南中该步骤的完整代码，请参考本章附带代码中的 step-1 目录，或者签出 GitHub 仓库中对应的标记。

1.4　步骤 2：创建监视列表

本节将实现股票监视列表，这是 StockDog 应用的第一个主要组件。如之前提到的，监视列表就是目标股票的任意组合，它们将被追踪并用于分析目的。应用的用户将通过填写一个小表单在 SotckDog 中创建一个新的监视列表，该表单被展示在模态框中，它会提示用户输入姓名和简单的描述信息，用于识别监视列表。使用应用注册的所有监视列表将采用HTML5 LocalStorage 把自己的数据保存在浏览器客户端。最后，监视列表的名字将显示在用户界面的一个小面板中。在对组件目标功能有了高级别的了解之后，现在将学习如何使用 AngularJS 实现监视列表。

1.4.1　应用模块

所有 AngularJS 应用的主入口是顶级 app 模块。那么到底什么是模块呢？如官方文档中所提到的，可将模块看成应用的不同部分的容器。尽管大多数应用都有一个主方法，用于实例化和连接不同的组件，但是 AngularJS 模块显式地指定了如何启动组件。这种方式的一些优点是：模块可按任意顺序以异步方式加载，代码可读性和可重用性也得到增强。在 app/scripts/app.js 文件中，调用.module()函数定义主应用模块，该函数将接受一个名字和一个依赖数组。注意模块的名称，此时使用的应该是 stockDogApp，因为稍后将引用它。对于过去已经用过 RequireJS 的读者来说，这种声明模块依赖的方法应该看起来很熟悉。

1. 安装模块依赖

目前，应用依赖的模块只应该包含 ngAnimate、ngCookies、ngResource、ngRoute、ngSanitize 和 ngTouch，所有这些依赖都是 Yeoman 根据初始的搭建过程中第三个提示的响应所安装的。本节稍后将使用 AngularStrap 公开的$modal 服务，这是一个为 Bootstrap 框架所提供的各种组件提供原生 AngularJS 绑定的第三方模块。通过访问 AngularStrap 的文档(http://mgcrea.github.io/angular-strap/)，可以了解更多关于 AngularStrap 的相关知识。因为由 Yeoman 创建的工作流将使用 Bower 管理前端脚本，所以安装 AngularStrap 就是从命令行中执行下面的命令这样简单：

```
bower install angular-strap#v2.1.0 -save
```

这将下载 AngularStrap 库，并将它保存为 bower.json 文件中的一个依赖。如果保持之前使用 grunt serve 启动的应用服务器一直运行，那么 Grunt 已经看到了 bower.json 的改动并将自动更新 index.html 文件，用于引用 AnuglarStrap 提供的 CSS 和 JavaScript 文件。对于简单的单行命令来说这还算不错！现在所有剩下的工作就是将 AngularStrap 模块(被命名为 mgcrea.ngStrap)注册为 stockDogApp 模块的依赖：将它添加到依赖数组中，如代码清单1-1 所示。

代码清单 1-1：app/scripts/app.js

```
angular
  .module('stockDogApp', [
    'ngAnimate',
    'ngCookies',
    'ngResource',
    'ngRoute',
    'ngSanitize',
    'ngTouch',
    'mgcrea.ngStrap'
  ]);
```

注意：
另一个常用的 AngularJS 库是 UI Bootstrap，它将为各种 Bootstrap 组件公开指令，该项目是由 AngularUI 组织维护的。为学习更多 UI Bootstrap 的相关知识，请访问文档网站 http://angular-ui.github.io/bootstrap/。

2. 启动应用

现在你已经看到了如何定义应用模块和注册表依赖项,启动 StockDog 的下一步就是在

9

HTML 中引用 stockDogApp 模块。非常方便的是，Yeoman 可自动完成该任务。请看 app/index.html 文件的内容；在第 19 行你应该看到下面的代码：

```
<body ng-app="stockDogApp">
```

特性 ng-app 已经被附加到了页面的<body>标记中，它是一个 AngularJS 指令，用于将 HTML 元素标志为应用的根。稍后将定义指令，但是现在为了启动 AngularJS 应用模块，就必须在应用的 HTML 中添加 ng-app 特性。另外值得一提的是，因为 ng-app 是一个元素特性，所以可以自由地移动它，并决定使用整个 HTML 页面还是一部分作为 Angular 应用。使用 stockDogApp 模块的方式启动应用，现在将公开给 AngularJS 服务，这是 AngularJS 框架的另一个关键组件。

1.4.2 Watchlist 服务

如 AnguarJS 文档所定义的，服务是使用依赖注入连接在一起的可替换对象。服务提供了一种在应用中组织和共享封装代码的方式。值得一提的是，AngularJS 服务是延迟实例化的单实例服务，这意味着只有当应用组件依赖于它们时才会被实例化，每个依赖于它们的组件将收到一个由服务工厂生成的单实例引用。出于为 StockDog 构建监视列表功能的目的，将创建一个自定义服务，用于负责读取和写入 HTML5 LocalStorage 中的监视列表模型。首先运行下面的命令行：

```
yo angular:service Watchlist-Service
```

它将使用 AngularJS Yeoman 生成器的打包子生成器，在新创建的 watchlist-service.js 文件中搭建一个主干服务，该文件被添加到了 app/scripts/services 目录中。另外，Yeoman 添加一个对这个新创建脚本的引用，在 app/index.html 文件的底部可以看到下面这行代码：

```
<script src="scripts/services/watchlist-service.js"></script>
```

现在你已经快速地构造了新服务的入口点，接下来需要安装的是 Lodash，这是一个为 JavaScript 提供了函数式编程帮助的工具库，本章剩余的内容中将会一直使用它。通过运行下面的命令行，使用 Bower 安装 Lodash：

```
bower install lodash --save
```

Lodash 开始时是 Underscore.js 项目的一个分支，但它已经演化成了一个高度可配置的高性能库，它将加载大量额外的辅助方法。WatchlistService 实现使用了一些 Lodash 方法，如代码清单 1-2 所示。

代码清单 1-2：app/scripts/services/watchlist-service.js

```
'use strict';

angular.module('stockDogApp')
  .service('WatchlistService', function WatchlistService() {
    // [1] 辅助方法：从 localStorage 中加载监视列表
```

```
var loadModel = function () {
  var model = {
    watchlists: localStorage['StockDog.watchlists'] ?
      JSON.parse(localStorage['StockDog.watchlists']) : [],
    nextId: localStorage['StockDog.nextId'] ?
      parseInt(localStorage['StockDog.nextId']) : 0
  };
  return model;
};

// [2] 辅助方法：将监视列表保存到 localStorage 中
var saveModel = function () {
  localStorage['StockDog.watchlists'] =
JSON.stringify(Model.watchlists);
  localStorage['StockDog.nextId'] = Model.nextId;
};

// [3] 辅助方法：使用 lodash 找到指定 ID 的监视列表
var findById = function (listId) {
  return _.find(Model.watchlists, function (watchlist) {
    return watchlist.id === parseInt(listId);
  });
};

// [4]返回所有监视列表或者按指定的 ID 进行查找
this.query = function (listId) {
  if (listId) {
    return findById(listId);
  } else {
    return Model.watchlists;
  }
};

// [5]在监视列表模型中保存一个新的监视列表
this.save = function (watchlist) {
  watchlist.id = Model.nextId++;
  Model.watchlists.push(watchlist);
  saveModel();
};

// [6]从监视列表模型中移除指定的监视列表
this.remove = function (watchlist) {
  _.remove(Model.watchlists, function (list) {
    return list.id === watchlist.id;
  });
  saveModel();
};

// [7]为这个单例服务初始化模型
```

```
    var Model = loadModel();
  });
```

首先你应该注意到的是：在 stockDogApp 模块上调用的.service()方法，它将使用顶级 AnuglarJS 应用注册该服务。通过将 WatchlistService 注入到目标组件实现函数中，可以允许在其他位置引用该服务。loadModel()辅助方法[1]要求浏览器的 LocalStorage 中存储的数据使用以 StockDog 为命名空间的键，从而避免潜在的冲突。从 localStorage 中获取 watchlists 值是一个数组，而 nextId 只是一个用于区分每个 watchlist 的整数。三元操作符保证了这两个变量的初始值都被正确地进行设置，并正确地进行解析。saveModel()辅助方法[2]只需要在把 watchlist 数组的内容持久化到 localStorage 之前，将它字符串化。另一个内部的辅助函数 findById() [3]将使用 Lodash，根据之前提到的数组中的指定 ID 查找监视列表。

抛开这些内部辅助方法之后，你现在应该注意到：剩余的函数都将使用关键字 this 直接附加到服务实例中。尽管使用 this 可能容易出现错误而且并不总是最佳方式，但在目前这种情况下是没有问题的，因为 Angular 将通过在提供给.service()的函数上调用 new 来实例化一个单例。服务函数.query()[4]将返回模型中所有的监视列表(除非指定了 listId)。函数.save[5]将增加 nextId，并在委托给 saveModel 辅助函数之前，将一个新的监视列表推入到 watchlist 数组中。最后，.remove()函数将使用一个 Lodash 方法完成完全相反的操作[6]。为了完成该服务，使用 loadModel()辅助方法初始化一个本地 Model 变量。此时，就可以从 AngularJS 指令中使用 WatchlistService 服务了，下一节将开始创建指令。

注意：

如果到此时为止，你的本地开发服务器一直处于运行状态，那么 Grunt 应该会报告一个警告 "'_' is not defined"。这是因为 Lodash 通过下划线将自己附加到了全局作用域中，但是负责管理 JavaScript 文件(检查错误)的进程并未注意到这个情况。在.jshintrc 文件底部的 globals 对象中添加" ": false 即可消除这个错误。

1.4.3　监视列表面板指令

到现在为止，你可能已经听说过 AngularJS 指令以及它是多么全能(如果使用正确的话)。那么到底什么是指令呢？如官方文档所定义的，指令是文档对象模型(DOM)元素(例如特性、元素名称、注释或 CSS 类)上的标记，它们将告诉 AngularJS 的 HTML 编译器($compile)把指定的行为附加到 DOM 元素及其子元素，甚至是转换 DOM 元素及其子元素。第 5 章"指令"将详细讲解指令的工作方式。现在，所有需要知道的就是不仅可以创建自己的自定义指令，AngularJS 还提供了一组现成的内置指令，例如 ng-app、ng-view 和 ng-repeat，所有都是以 ng 为前缀的。而对于 StockDog 应用，所有自定义指令都是以 stk 为前缀的，因此可以轻松识别出它们。可以使用 Yeoman 的指令子生成器搭建和连接一个主干指令，请运行下面的命令行：

```
yo angular:directive stk-Watchlist-Panel
```

该命令将在 app/scripts/directives 目录中创建 stk-watchlist-panel.js 文件，并自动在 index.html 文件中添加新创建脚本的引用。该指令的实现如代码清单 1-3 所示。

代码清单 1-3：app/scripts/directives/stk-watchlist-panel.js

```javascript
'use strict';

angular.module('stockDogApp')
  // [1]注册指令和注入依赖
  .directive('stkWatchlistPanel', function ($location, $modal,
WatchlistService) {
    return {
      templateUrl: 'views/templates/watchlist-panel.html',
      restrict: 'E',
      scope: {},
      link: function ($scope) {
        // [2]初始化变量
        $scope.watchlist = {};
        var addListModal = $modal({
          scope: $scope,
          template: 'views/templates/addlist-modal.html',
          show: false
        });

        // [3]将服务中的模型绑定到该作用域
        $scope.watchlists = WatchlistService.query();

        // [4]显示 addlist modal
        $scope.showModal = function () {
          addListModal.$promise.then(addListModal.show);
        };

        // [5]根据模态框中的字段创建一个新的列表
        $scope.createList = function () {
          WatchlistService.save($scope.watchlist);
          addListModal.hide();
          $scope.watchlist = {};
        };

        // [6]删除目标列表并重定向至主页
        $scope.deleteList = function (list) {
          WatchlistService.remove(list);
          $location.path('/');
        };
      }
    };
  });
```

　　方法.directive()将负责使用 stockDogApp 模块注册 stkWatchlistPanel 指令[1]。该样例演示了 Angular 依赖注入机制的使用，这如同指定指令实现函数的参数一样简单。注意：之前创建的 WatchlistService 以及$location 和$modal 服务已经作为依赖注入了。因为在实现指令时需要使用它们。实现函数自身将返回一个包含了配置选项和 link()函数的对象。在 link 函数中初始化指令的作用域变量[2]，其中包括使用 AngularStrap 的$modal 服务创建 modal。调用 WatchlistService 的.query()方法，将服务的模型绑定到指令的作用域[3]。然后将处理器函数附加到$scope，并提供显示模态框的功能[4]、根据模态的字段创建一个新的监视列表[5]并删除一个监视列表[6]。这些处理器函数的实现都非常直观并且使用了被注入的服务。

stkWatchlistPanel 指令的配置选项将通过把它限制为用作元素(通过 restrict: 'E')以及隔离它的作用域(从而使所有附加到$scope 变量的值只在该指令的上下文中可用)的方式来修改它的行为。选项 templateUrl 可以引用 Angular 加载的一个文件并渲染到 DOM 中。对于该应用来说，模板将被存储在 app/views/templates 目录中，所以请继续并创建该目录。该指令所需的 watchlist-panel.html 模板如代码清单 1-4 所示。

代码清单 1-4：app/views/templates/watchlist-panel.html

```html
<div class="panel panel-info">
  <div class="panel-heading">
    <span class="glyphicon glyphicon-eye-open"></span>
    Watchlists
    <!--[1]在单击时调用 showModal()处理器 -->
    <button type="button"
      class="btn btn-success btn-xs pull-right"
      ng-click="showModal()">
      <span class="glyphicon glyphicon-plus"></span>
    </button>
  </div>
  <div class="panel-body">
    <!-- [2]如果没有监视列表存在，就显示帮助文本-->
    <div ng-if="!watchlists.length" class="text-center">
      Use <span class="glyphicon glyphicon-plus"></span> to create a list
    </div>
    <div class="list-group">
      <!-- [3]重复监视列表中的每个列表，并创建链接-->
      <a class="list-group-item"
        ng-repeat="list in watchlists track by $index">
        {{list.name}}
        <!-- [4]调用 deleteList()处理器删除该列表-->
        <button type="button" class="close"
          ng-click="deleteList(list)"> &times;
        </button>
      </a>
    </div>
  </div>
</div>
```

注意：

一旦保存了该 HTML 文件，你可能就会注意到浏览器并未自动刷新显示出改动。这是因为当前的 Grunt 工作流只监视顶级 app/views 目录中 HTML 文件的改动。为了强迫 Grunt 递归地监视 app/views 目录中所有 HTML 文件的改动，可将 Gruntfile.js 文件中第 59 行的 globbing pattern 表达式改为下面的内容：

```
'<%= yeoman.app %>/**/*.html',
```

watchlist-panel.html 模板将大量使用 Bootstrap 框架提供的类和图标，用于创建一个简单的、优美的界面。在加号按钮被单击时，使用内置的 AngularJS ng-click 指令调用 showModal()处理器[1]。指令 ng-if 将根据表达式的计算结果决定插入或删除一个 DOM 元素，当 watchlists 数组为空时，它将显示出指令文本[2]。为了遍历 watchlists 数组，可以使用 ng-repeat 和 track by $index 语法，这样如果数组中包含了一致的对象，Angular 就不会抱怨[3]。值得一提的是，因为 ng-repeat 被附加到了一个 HTML <a>标记上，所以 Angular 将为数组中的每个对象都创建一个唯一的链接。用于引用当前列表名称的双重花括号{{}}被称为绑定，而 list.name 被称为表达式。该绑定将告诉 Angular 它应该计算表达式并将结果插入到 DOM 中来替换绑定。最后，deleteList()处理器将通过另一个按钮连接到界面，再一次使用 ng-click 指令进行连接[4]。

1. 基本的表单验证

完成 stkWatchlistPanel 指令实现的最后一步是构建允许用户创建新的监视列表的表单。如果还记得的话，在指令的 link()函数内部，使用 AngularStrap 模块公开的$modal 服务初始化了 addListModal 变量。服务$modal 接受一个 template 选项，该选项将在一个 Boostrap 模态框中渲染目标 HTML。在 app/views/templates/目录中创建一个名为 addlist-modal.html 的新文件。该模板的实现如代码清单 1-5 所示。

代码清单 1-5： app/views/templates/addlist-modal.html

```
<div class="modal" tabindex="-1" role="dialog">
  <div class="modal-dialog">
    <div class="modal-content">
      <div class="modal-header">
        <!-- [1] 在单击时调用$modal.$hide()-->
        <button type="button" class="close"
          ng-click="$hide()"> &times;
        </button>
        <h4 class="modal-title">Create New Watchlist</h4>
      </div>
      <!-- [2]命名该表单用于验证过程-->
      <form role="form" id="add-list" name="listForm">
        <div class="modal-body">
          <div class="form-group">
            <label for="list-name">Name</label>
```

```
        <!-- [3] 将输入绑定到 watchlist.name -->
        <input type="text"
          class="form-control"
          id="list-name"
          placeholder="Name this watchlist"
          ng-model="watchlist.name"
          required>
      </div>
      <div class="form-group">
        <label for="list-description">Brief Description</label>
        <!-- [4] 将输入绑定到 watchlist.description -->
        <input type="text"
          class="form-control"
          id="list-description"
          maxlength="40"
          placeholder="Describe this watchlist"
          ng-model="watchlist.description"
          required>
      </div>
    </div>
    <div class="modal-footer">
      <!-- [5]在单击时创建列表，但如果表单是无效的，那么它将处于禁用状态-->
      <button type="submit"
        class="btn btn-success"
        ng-click="createList()"
        ng-disabled="!listForm.$valid">Create</button>
      <button type="button"
        class="btn btn-danger"
        ng-click="$hide()">Cancel</button>
    </div>
  </form>
  </div>
  </div>
</div>
```

该模板中第一件应该注意的事情是：它不仅引用了附加到 stkWatchlistPanel 指令作用域的处理器函数，还使用了由$modal 服务公开的$hide()方法[1]。因为需要收集用于创建新的监视列表的必需信息，这里使用了一个 HTML <form>[2]。请特别关注 name="listForm" 特性，因为这就是引用表单用于检查有效性的方式。两个<input>标记都使用 ng-model 指令进行了增强，该指令将分别把输入值绑定到在指令的 link() 函数中初始化的 $scope.watchlist 变量([3]和[4])。在这两个输入中也要求使用 HTML required 特性，因为我们希望在创建新的监视列表之前，确保用户同时指定了名字和描述。最后，在 Create 按钮被单击时调用指令的 createList()处理器，但是只有在表单有效的情况下才会调用。内置的 ng-disabled 指令将根据!listForm.$valid 表达式的执行结果禁用或启用按钮。

2. 使用指令

现在你已经完成了 stkWatchlistPanel 指令和相关模板的创建，接下来将看到在 HTML 中引用它是多么简单。打开 app/index.html 文件并在标记了 footer 类的<div>标记之前插入下面的代码：

```
<stk-watchlist-panel></stk-watchlist-panel>
```

此时，你可能会好奇为什么指令被用作一个 HTML 元素标记，而不是特性。如果还记得的话，stkWatchlistPanel 指令的 restrict 配置属性被设置为 E，这意味着该指令将被用作 HTML 元素。开始看起来也许有点怪，尽管该指令使用驼峰命名法进行注册，但是在 HTML 内部它将通过 spinal-case 的方式进行引用。这是因为 HTML 是大小写不敏感的，所以 Angular 将使用自己的命名规范规范化该指令名称。保存了之前对 index.html 文件的修改之后，Grunt 将自动触发浏览器刷新；目前的应用看起来应该如图 1-5 所示。

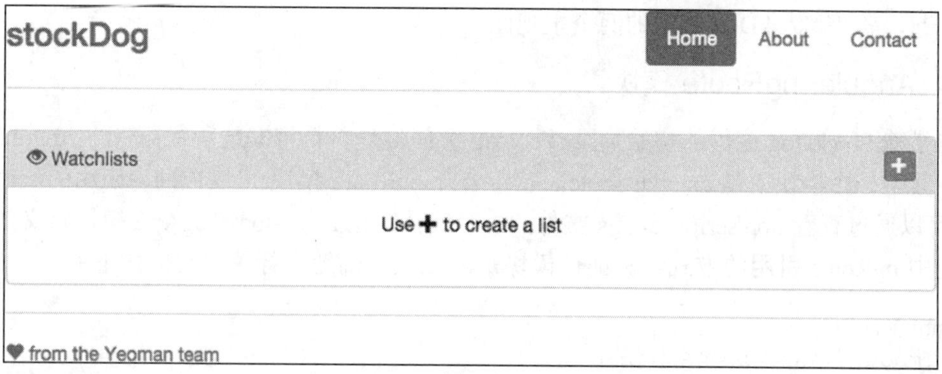

图 1-5

单击监视列表面板中的绿色加号按钮，应该启动包含了监视列表创建表单的 Bootstrap 模态框，如图 1-6 所示。

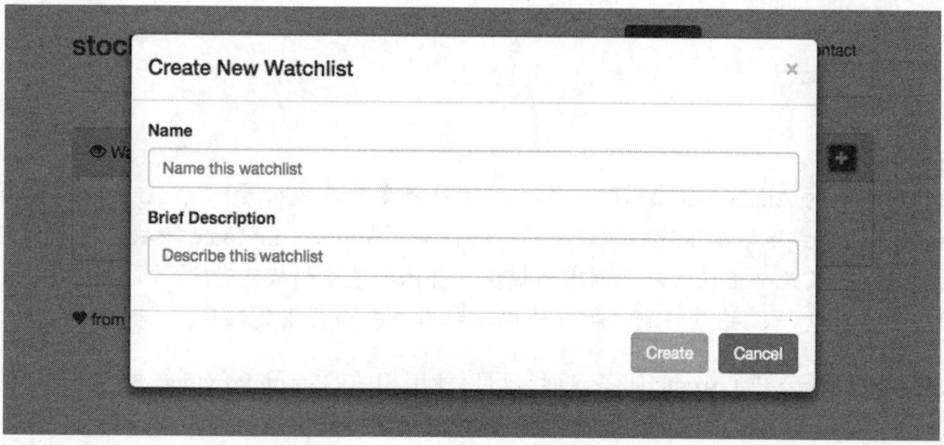

图 1-6

恭喜！你已经成功实现了 StockDog 应用的监视列表特性。通过这个过程，你已经看到如何创建一个使用 HTML5 LocalStorage 的 AngularJS 服务，以及如何创建操作 DOM 并连接几个服务的指令。请花上一分钟时间来享受你的杰作：创建一些监视列表，刷新浏览器，确认它们确实已经被存储到 LocalStorage 中，然后从监视列表面板中删除它们，确保所有功能都能正常工作。如果被阻塞在了这个步骤的任意一个点上，那么请花一点时间检查本章附加代码中 step-2 目录所包含的完整代码，或者签出 GitHub 仓库中对应的标签。

1.5　步骤 3：配置客户端路由

客户端路由是所有单页面应用的一个关键组件。幸亏，AngularJS 使映射 URL 到各种前端视图这个任务变得极其简单。在 StockDog 当前的状态中，除了 index.html 文件之外并未包含其他额外的 HTML 视图，index.html 中使用 stk-watchlist-panel 指令包含了一个内嵌的监视列表面板。在本节，将学习如何使用路由机制将 AngularJS 控制器和 HTML 模板结合在一起，管理 StockDog 应用的两个主视图。

1.5.1　Angular ngRoute 模块

在搭建 StockDog 应用的初始阶段，Yeoman 会问你是否希望安装所有补充的 AngularJS 模块。其中一个模块就是 angular-route，它将公开 ngRoute 模块(可以被列为应用的一个依赖)。可以通过查看 app/scripts/app.js 文件的内容，并定位到主 stockDogApp 模块定义的依赖数组中 ngRoute 引用的方式，验证该模块是否已经正确地进行了安装，如下所示：

```
angular
  .module('stockDogApp', [
    'ngAnimate',
    'ngCookies',
    'ngResource',
    'ngRoute',    // Include angular-route as dependency
    'ngSanitize',
    'ngTouch',
    'mgcrea.ngStrap'
  ])
```

注意：
在开发将来的 AngularJS 应用时，你毫无疑问会使用到(或公开)几个 AngularJS 模块。AngularJS 团队正式地维护了这些模块中的一些，如 “Angular ngRoute 模块” 一节提到的大多数模块，以及几个正在由社区创建的模块。当你安装新的模块时(通常是通过 Bower)，还必须查看它的文档，并正确地将对应的模块引用包含为应用的依赖。

模块 ngRoute 公开了$route 服务，而且可以使用相关的$routeProvider 进行配置，这将允许你声明如何将应用的路由映射到视图模板和控制器。提供者是创建服务实例并公开配置 API(可用于控制器服务的运行时行为)的对象。第 7 章将详细讲解提供者，不过现在可以使用$routeProvider 定义应用路由，并实现深度链接即可，这将允许你使用浏览器的历史导航，并在应用中收藏位置。

1.5.2　添加新的路由

在应用中添加新路由的过程由 4 个不同的步骤组成：

(1) 定义新的控制器

(2) 创建 HTML 视图模板

(3) 调用$routeProvider.when(path, route)方法

(4) 如果新的控制器驻留在它自己的 JavaScript 文件中，那么在 index.html 文件中包含一个<script>标记引用。

只有当你的项目结构与 StockDog 应用匹配时才需要第 4 步，此时每个新的 AngularJS 组件都将驻留在自己的 JavaScript 文件中。尽管这 4 个步骤自身非常简单，但是将它们应用在含有许多路由、视图和控制器的庞大应用中时，这可能会变成一个乏味的过程。幸亏，AngularJS Yeoman 生成器包含了一个子生成器，用于完全自动化这个 4 步骤过程。请在终端中运行下面的命令，搭建出 StockDog 应用的仪表盘和监视列表视图的 AngularJS 控制器、HTML 模板和$routeProvider 配置：

```
yo angular:route dashboard
yo angular:route watchlist --uri=watchlist/:listId
```

通过这两个简单的命令，你已经指示Yeoman在app/scripts/controllers/目录中创建出dashboard.js和watchlist.js文件。这两个文件分别定义了DashboardCtrl和WatchlistCtrl。另外还有app/views/目录中的dashboard.html和watchlist.html视图。因为Yeoman为目标路由控制器创建了两个新的JavaScript文件，所以它还将在index.html文件的底部插入两个必需的<script>标记。你可能已经注意到第二个命令使用参数--uri标志调用了路由子生成器。这将指示Yeoman在配置$routeProvider时使用一个显式定义的路径(在这种情况下是必需的，因为SotckDog中创建的每个监视列表都有自己的唯一视图)，它是从listId(作为路由参数传递)生成得到的。请看app/scripts/app.js的内容，你应该看到Yeoman创建的下列$routeProvider.when()配置：

```
.when('/dashboard', {
  templateUrl: 'views/dashboard.html',
  controller: 'DashboardCtrl'
})
.when('/watchlist/:listId', {
  templateUrl: 'views/watchlist.html',
  controller: 'WatchlistCtrl'
})
```

在继续学习下一节之前，请花一点时间更新该文件底部$routeProvider.otherwise()函数中使用的路径。目前属性 redirectTo 指向的是'/'，但此时我们希望将它指向'/dashboard'，因为这是 StockDog 应用的主页面。

1.5.3　使用路由

添加新的客户端路由以及链接主干仪表盘和监视列表视图的所有必需工作都完成之后，现在就可以开始使用已配置的路由将 StockDog 的页面链接在一起。打开 stkwatchlistpanel.js 文件，其中包含了渲染监视列表面板的指令，并将 AngularJS $routeParams 服务注入为依赖(与当前的$location、$modal 和 WatchlistService 依赖一样)。.directive()函数的调用现在应该如下所示：

```
.directive('stkWatchlistPanel',
  function ($location, $modal, $routeParams, WatchlistService) {
```

现在添加一个新的$scope 变量，用于追踪当前正在显示的监视列表，以及把用户发送到目标监视列表视图的 gotoList()函数。可以通过将下面的代码添加到指令实现中的方式完成该任务：

```
$scope.currentList = $routeParams.listId;
$scope.gotoList = function (listId) {
  $location.path('watchlist/' + listId);
};
```

再次，$location服务被用于将用户路由到目标监视列表视图，其中包含了listId。此时，你可能会问这个被传入到gotoList()函数中的listID来自哪里。如果还记得的话，在第一次创建 watchlist-panel.html 模板视图时，我们使用内置的 ng-repeat 指令遍历了所有从 WatchlistService获得的监视列表。为了将该函数链接到指令的模板，需要在<a>标记中添加 ng-click指令，其中包含了对gotoList()函数的调用，它将在DOM元素被单击时执行。因为 stkWatchlistPanel被同时用在主仪表盘视图和每个监视列表视图中，所以应该继续在相同的元素中添加一个ng-class指令，它可以将Bootstrap提供的active类添加到用户正在查看的列表的<a>标记中。对app/view/templates/目录中watchlist-panel.html文件的修改如下所示：

```
<a class="list-group-item"
ng-class="{ active: currentList == list.id }"
ng-repeat="list in watchlists track by $index"
ng-click="gotoList(list.id)">
```

注意，新定义的 currentList 变量被附加到$scope 中，用于计算 active 类在元素中是否存在。在下一节，将学习仪表盘和监视列表的基础结构。因为<stk-watchlist-panel>元素被同时用在这两种视图的上下文中，请花一点时间从 index.html 文件中删除它目前的引用。

1.5.4　模板视图

此时，你可能好奇为什么AngularJS知道如何为每个已配置的路由加载在$routeProvider 的 template 选项中指定的 dashboard.html 和 watchlist.html 视图。在这个功能背后关键的组件是 ngView 指令，在开始使用 Yeoman 搭建自己的项目时，它就被添加到了 index.html 文件中。该指令要求安装 ngRoute 模块，负责在布局模板(在本例中指的就是 index.html 文件)中插入由$route 服务定义的视图模板。重要的一点是：路由的模板被插入到<ng-view>元素所驻留的准确 DOM 位置。

在它目前的状态中，StockDog 应用没有任何有用的功能，所以请继续修改你生成的 dashboard.html 和 watchlist.html 文件，分别按照代码清单 1-6 和代码清单 1-7 修改它们的内容。

代码清单 1-6：app/views/dashboard.html

```html
<div class="row">
  <!-- 左列 -->
  <div class="col-md-3">
    <stk-watchlist-panel></stk-watchlist-panel>
  </div>

  <!-- 右列 -->

  <div class="col-md-9">
    <div class="panel panel-info">
      <div class="panel-heading">
        <span class="glyphicon glyphicon-globe"></span>
        Portfolio Overview
      </div>
      <div class="panel-body">
      </div>
    </div>
  </div>
</div>
```

代码清单 1-7：app/views/watchlist.html

```html
<div class="row">
  <!-- 左列-->
  <div class="col-md-3">
    <stk-watchlist-panel></stk-watchlist-panel>
  </div>

  <!-- 右列 -->
  <div class="col-md-9">
  </div>
</div>
```

dashboard.html和watchlist.html模板都使用Bootstrap的网格系统创建了两个不同的列，将<stk-watchlist-panel>包含在每个视图的左列中。现在对这两个文件的修改就完成了，接下来请在浏览器中访问网址http://localhost:9000/#/dashboard来浏览Dashboard视图。出于测试的目的，请花一点时间在面板中添加一个新的监视列表，然后单击新创建的列表项。我们添加的ngClick指令应该执行stkWatchlistPanel指令的gotoList()函数，从而使应用将你路由到监视列表的一个唯一命名的视图中。现在你应该在浏览器的地址栏中看到这个网址http://localhost:9000/#/watchlist/1。按下浏览器的Back按钮将把你带回到主Dashboard视图。

恭喜！你已经成功为 StockDog 应用的两个视图实现了客户端路由。通过这个过程，你已经看到了如何使用 ngRoute 模块在 AngularJS 应用中实现深度链接，并学习了如何使用 ngView 指令加载路由模板。如果被阻塞在了这个步骤的任意一个点上，那么请花一点时间检查本章附加代码中 step-3 目录所包含的完整代码，或者签出 GitHub 仓库中对应的标签。

1.6　步骤 4：创建导航栏

实现了客户端路由后，现在请花一点时间使用原生 Bootstrap 组件装饰一下 StockDog 应用的导航栏。在它目前的状态中，应用的导航栏与开始使用 Yoeman 生成器搭建的导航栏并没有什么区别。在本节，将使用一个更加流畅的导航栏替换默认导航栏，并允许在 StockDog 应用的两个主视图之间进行适当的导航。

1.6.1　更新 HTML

首先，需要从目前的 app/index.html 文件中删除一些代码。请打开该文件并开始删除从包含了起始<body ng-app="stockDogApp">标记的行(大约在第 19 行)，直到包含了<!—build:js(.) scripts/vendor.js —>的 HTML 注释之前(大约在第 61 行)的所有代码。如果一直都在使用样例代码，那么应该从该文件中删除了大约 42 行。

注意：

非常关键的一点是：不要删除包含<!— build:js(.) scripts/vendor.js —>的 HTML 注释，因为构建系统将使用该内置注释，用于优化应用的最终发布版本，本章稍后将会进行讨论。

现在你已经从应用的 index.html 文件中删除了必需的行，请继续在被删除的行的位置插入下面的标记：

```
<!-- [1]加载 MainCtrl -->
<body ng-app="stockDogApp" ng-controller="MainCtrl">
  <nav class="navbar navbar-inverse" role="navigation" ng-cloak>
    <div class="container-fluid">
      <div class="navbar-header">
        <button type="button" class="navbar-toggle"
        data-toggle="collapse" data-target="#main-nav">
          <span class="icon-bar"></span>
          <span class="icon-bar"></span>
          <span class="icon-bar"></span>
        </button>
        <a class="navbar-brand" href="/">Stock Dog</a>
      </div>

      <!-- 收集用于切换的 nav 链接和其他内容-->
      <div class="collapse navbar-collapse" id="main-nav">
        <ul class="nav navbar-nav navbar-right">
          <!-- [2]在必需的元素中添加 active 类-->
```

```
      <li ng-class="{active: activeView === 'dashboard'}">
        <a href="/">Dashboard</a>
      </li>
      <li ng-class="{active: activeView === 'watchlist'}"
        class="dropdown">
        <a class="dropdown-toggle" data-toggle="dropdown">
          Watchlists <b class="caret"></b>
        </a>
        <ul class="dropdown-menu">
          <li ng-if="!watchlists.length" class="dropdown-header">
            No lists found
          </li>
          <!-- [3]为每个监视列表创建一个唯一的链接-->
          <li ng-repeat="list in watchlists track by $index">
            <a href="/#/watchlist/{{list.id}}">{{list.name}}</a>
          </li>
        </ul>
      </li>
    </ul>
  </div><!-- ¨C¨C /.navbar-collapse ¨C¨C>
</div><!-- ¨C¨C /.container-fluid ¨C¨C>
</nav>
<!-- 主容器-->
<div class="container-fluid" id="main">
  <div ng-view=""></div>
  <div class="footer">
    <p>Built with <span class="glyphicon glyphicon-heart"></span></p>
  </div>
</div>
```

你应该注意到这块 HTML 代码的第一个区别是：它在 body 标记上使用了 ng-controller 指令[1]。在上一节，我们学习了如何使用 ngRoute 模块为特定的路由加载目标控制器和视图。不过在本例中，我们希望强制 AngularJS 加载 MainCtrl 控制器，因为该控制器中包含了无论目前执行什么路由都应该应用的逻辑。这种方式演示了一个将应用范围内的逻辑封装到单个控制器的简单方式。

该标记中另一个值得一提的改动是：使用 ng-class 指令[2]，根据 activeView 作用域变量的值将 Bootstrap active 类添加到导航菜单链接中。该标记中最后为导航栏使用的 AngularJS 组件是 ng-repeat 指令。这里使用它为每个 watchlist 作用域变量创建了一个唯一的<li>[3]。该样例展示了如何根据 AngularJS 控制器提供的数据动态生成导航链接。在它目前的状态中，我们的应用应该在浏览器控制台中显示出错误，因 MainCtrl 控制器尚未定义。下一节当我们创建和实现了 MainCtrl 控制器时，这个问题将得到解决。

1.6.2　创建 MainCtrl

你已经看到了如何使用 Yeoman 子生成器搭建新的服务、指令和路由。现在将按照相同的流程使用 Yeoman 搭建一个新的 AngularJS 控制器。为了完成这个任务，请在命令行中运行下面的命令：

```
yo angular:controller Main
```

该命令将指示Yeoman在app/scripts/controllers/main.js文件中创建一个名为MainCtrl的新控制器，并在app/index.html文件中添加适当的<script>标记引用。打开新创建的文件并使用代码清单1-8所示的代码替换它的完整内容。

代码清单 1-8：app/scripts/controllers/main.js

```
'use strict';

angular.module('stockDogApp')
  .controller('MainCtrl', function ($scope, $location, WatchlistService) {
    // [1]为动态导航链接填充监视列表
    $scope.watchlists = WatchlistService.query();

    // [2]将$location.path()函数用作$watch 表达式
    $scope.$watch(function () {
      return $location.path();
    }, function (path) {
      if (_.contains(path, 'watchlist')) {
        $scope.activeView = 'watchlist';
      } else {
        $scope.activeView = 'dashboard';
      }
    });
  });
```

MainCtrl 同时使用了$location 服务(由 AngularJS 提供)以及 WatchlistService(本章之前创建)。WatchlistService 用于填充$scope.watchlist 变量[1]，该变量将被用在标记中，用于为顶级监视列表导航项动态地创建多个下拉列表。该路由器为了解析当前的应用路由，结合使用了$location 服务和$scope.watch()函数，使得每次$location.path()函数的返回值改变时，回调函数都可以正确地更新$scope.activeView 变量(使用 Lodash 提供的_ .contains()函数)，向导航栏中添加一个 active 类。稍后将详细讲解$scope.$watch()函数，现在，所有需要知道的就是它将监视第一个函数的返回值的变化，并在每次改动时调用指定为第二个参数的回调函数。

应用的导航栏现在应该完全可以正常运行了。参见图 1-7。出于测试的目的，请创建一个新的监视列表(如果尚未这样做的话)，然后通过选择导航栏中 Watchlists 下拉菜单中合适的链接浏览该监视列表。接着点击 Dashboard 链接返回到 StockDog 应用的初始视图。

如果被阻塞在了这个步骤的任意一个点上，那么请花一点时间检查本章附加代码中step-4 目录所包含的完整代码，或者签出 GitHub 仓库中对应的标签。

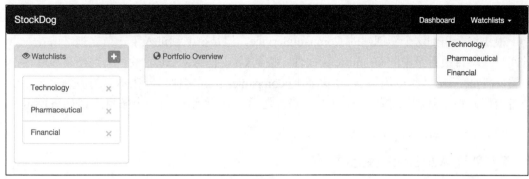

图 1-7

1.7 步骤 5：添加股票

将要为 StockDog 实现的下一个主要功能是向监视列表中添加股票的能力。通过类似的方式，用户可以向他们的投资组合中添加新的监视列表，需要创建一个新的模态框，用于在单击了监视列表视图上的特定按钮之后显示。该模态框将允许用户搜索在 NYSE、NASDAQ 和 AMEX 股票交易所上市的公司，并将它们以及指定数量的股票添加到目标监视列表中。本节将讲解如何使用 AngularJS 提供的各种不同机制完成该任务。

1.7.1 创建 CompanyService

第一件事是创建一个新的 AngularJS 服务，它将负责获得一个公司的列表，并从 3 个主要的交易所获得相关数据。通常，这可以通过与某种后端服务通信获得，但对于该应用，我们已经创建了一个 JSON 文件。可以在相关样例代码的 step-5/app/ 目录中找到 companies.json 文件，也可以在 GitHub 仓库 https://github.com/diegonetto/stock-dog 的 app/目录中找到它。一旦下载了该文件，请将它保存在本地项目的 app/目录中。接下来，运行下面的命令搭建并连接新的 AngularJS 服务：

```
yo angular:service Company-Service
```

该命令将在 app/scripts/services 目录中创建一个 company-service.js 文件。该服务的实现如代码清单 1-9 所示。注意作为依赖注入的$resource 服务，它将创建一个与 REST 风格的服务器端数据源进行交互的资源对象，具体的细节将在第 8 章进行讲解。此时要注意的是：$resource 服务将负责从本地文件系统中获取 companies.json 文件，并返回一个对象，通过该对象可以查询公开交易的公司列表。

代码清单 1-9：app/scripts/services/company.js

```
'use strict';

angular.module('stockDogApp')
  .service('CompanyService', function CompanyService($resource) {
    return $resource('companies.json');
```

```
});
```

很快将会用到这个新创建的 CompanyService，但是在继续进入下一节之前，请花一点时间打开项目根目录中的 Gruntfile.js 文件，找到 copy 任务的 src 属性，大约在第 300 行的位置。需要在 src 数组中添加 json，从而使 companies.json 文件可以在本章稍后为生产环境准备应用时被复制到构建的发行包中。修改之后，src 数组的第一个条目应该如下所示：

```
'*.{ico,png,txt,json}',
```

1.7.2　创建 AddStock 模态框

实现 CompanyService 后，现在可以创建一个新的视图，它将被用作模态框，供用户向当前被选择的监视列表中添加新的股票。在 app/views/templates/ 目录中创建一个名为 addstock-modal.html 的新文件。该视图的实现如代码清单 1-10 所示。

```html
<div class="modal" tabindex="-1" role="dialog">
  <div class="modal-dialog">
    <div class="modal-content">
      <div class="modal-header">
        <button type="button" class="close"
         ng-click="$hide()">&times;</button>
        <h4 class="modal-title">Add New Stock</h4>
      </div>

      <form role="form" id="add-stock" name="stockForm">
        <div class="modal-body">
          <div class="form-group">
            <label for="stock-symbol">Symbol</label>
            // [1]使用含有标签语法的 ng-options 和 bs-typeahead 指令
            <input type="text"
              class="form-control"
              id="stock-symbol"
              placeholder="Stock Symbol"
              ng-model="newStock.company"
              ng-options="company as company.label for company in companies"
              bs-typeahead
              required>
          </div>
          // [2]只接受所拥有股票的数量
          <div class="form-group">
            <label for="stock-shares">Shares Owned</label>
            <input type="number"
              class="form-control"
              id="stock-shares"
              placeholder="# Shares Owned"
              ng-model="newStock.shares"
              required>
```

```
      </div>
    </div>
    <div class="modal-footer">
      <button type="submit"
       class="btn btn-success"
       ng-click="addStock()"
       ng-disabled="!stockForm.$valid">Add</button>
      <button type="button"
       class="btn btn-danger"
       ng-click="$hide()">Cancel</button>
    </div>
  </form>

  </div>
  </div>
</div>
```

这看起来应该类似于之前为 StockDog 添加新的监视列表时使用的模态框。第一个输入[1]将使用来自 AngularStrap 项目的 bs-typeahead 指令，它将使用原生的 Angular ng-options指令提供运行 typeahead 机制所需的数据。指令 ng-options 将接受多种形式的语法。在本例中，我们正在强迫它使用 companies 作用域变量中每个公司对象的 lable 属性(该变量稍后将在 WatchlistCtrl 中创建)，因为数据将被显示在 typeahead 建议中。第二个输入[2]简单地允许用户指定拥有特定股票份额的数量。

1.7.3 更新 WatchlistService

在继续开发 WatchlistCtrl 和相关的监视列表视图之前，需要对现有的 WatchlistService 做出一些修改。为了抽象出监视列表和它们的相关股票之间的各种计算和交互，将创建两个不同的对象用作所需行为的模型。在 watchlist-service.js 文件的服务实现函数的顶部(在 app/scripts/services/目录中)添加如下代码，使用 save()函数创建一个 StockModel 对象：

```
//使用额外的辅助函数增强股票
var StockModel = {
  save: function () {
   var watchlist = findById(this.listId);
   watchlist.recalculate();
   saveModel();
  }
};
```

因为监视列表由许多股票组成，你还需要创建一个含有 addStock()、removeStock()和recalculate()函数的 WatchlistModel，如下所示：

```
//使用额外的辅助函数增强监视列表
var WatchlistModel = {
  addStock: function (stock) {
   var existingStock = _.find(this.stocks, function (s) {
    return s.company.symbol === stock.company.symbol;
```

```
    });
    if (existingStock) {
      existingStock.shares += stock.shares;
    } else {
      _.extend(stock, StockModel);
      this.stocks.push(stock);
    }
    this.recalculate();
    saveModel();
  },
  removeStock: function (stock) {
    _.remove(this.stocks, function (s) {
      return s.company.symbol === stock.company.symbol;
    });
    this.recalculate();
    saveModel();
  },
  recalculate: function () {
    var calcs = _.reduce(this.stocks, function (calcs, stock) {
      calcs.shares += stock.shares;
      calcs.marketValue += stock.marketValue;
      calcs.dayChange += stock.dayChange;
      return calcs;
    }, { shares: 0, marketValue: 0, dayChange: 0 });

    this.shares = calcs.shares;
    this.marketValue = calcs.marketValue;
    this.dayChange = calcs.dayChange;
  }
};
```

最后，需要修改从 LocalStorage 中序列化和反序列化数据的方法，因为将要扩展之前的两个模型，从而在内存中创建管理应用所需的适当数据结构。修改现有的 loadModel()和 this.save()函数，如下所示：

```
//辅助函数：从 localStorage 中加载监视列表
var loadModel = function () {
  var model = {
    watchlists: localStorage['StockDog.watchlists'] ?
      JSON.parse(localStorage['StockDog.watchlists']) : [],
    nextId: localStorage['StockDog.nextId'] ?
      parseInt(localStorage['StockDog.nextId']) : 0
  };
  _.each(model.watchlists, function (watchlist) {
    _.extend(watchlist, WatchlistModel);
    _.each(watchlist.stocks, function (stock) {
      _.extend(stock, StockModel);
    });
  });
```

```
    return model;
  };

  //将一个新的监视列表保存到监视列表模型中
  this.save = function (watchlist) {
    watchlist.id = Model.nextId++;
    watchlist.stocks = [];
    _.extend(watchlist, WatchlistModel);
    Model.watchlists.push(watchlist);
    saveModel();
  };
```

1.7.4　实现 WatchlistCtrl

接下来，将修改当前的 WatchlistCtrl，现在它仍然是一个由 Yeoman 在搭建过程中创建的空白骨架。打开 app/scripts/controllers/目录中的 watchlist.js 文件，并将它修改为如代码清单 1-11 所示的内容。

代码清单 1-11：app/scripts/controllers/watchlist.js

```
'use strict';

angular.module('stockDogApp')
  .controller('WatchlistCtrl', function ($scope, $routeParams, $modal,
                                    WatchlistService, CompanyService) {
    // [1] 初始化
    $scope.companies = CompanyService.query();
    $scope.watchlist = WatchlistService.query($routeParams.listId);
    $scope.stocks = $scope.watchlist.stocks;
    $scope.newStock = {};
    var addStockModal = $modal({
      scope: $scope,
      template: 'views/templates/addstock-modal.html',
      show: false
    });

    // [2]通过$scope 将 showStockModal 公开给视图
    $scope.showStockModal = function () {
      addStockModal.$promise.then(addStockModal.show);
    };

    // [3]调用 WatchlistModel addStock()函数并隐藏模态框
    $scope.addStock = function () {
      $scope.watchlist.addStock({
        listId: $routeParams.listId,
        company: $scope.newStock.company,
        shares: $scope.newStock.shares
      });
      addStockModal.hide();
```

```
        $scope.newStock = {};
    };
  });
```

你应该注意到$routeParams、$modal、WatchlistService 和 CompanyService 都已经通过依赖的方式注入了。CompanyService 的 query()函数(由之前提到的$resource 服务所返回的对象提供)被调用用于填充 companies 作用域变量，该变量将在监视列表视图中临时使用。其余的代码非常直观，使用 WatchlistService 初始化 watchlist 作用域变量，然后使用该变量根据通过路由参数传入的 listID 获取当前 watchlist 变量[1]。接下来，实例化模态框自身，并定义 showStockModal()[2]和 addStock()函数[3]。

1.7.5　修改监视列表视图

因为对监视列表的修改已经保存并加载了，所以在继续更新监视列表视图标记之前，请花一点时间从应用中删除所有现存的监视列表。完成之后，请继续修改现有的 app/views/watchlist.html 文件，在显示股票列表的位置包含一个 Bootstrap 面板。以现状来说，该文件只应该包含一个由两列组成的行，左列由 stk-watchlist-panel 指令组成。将该文件的右列修改为如代码清单 1-12 所示的 HTML 标记。

代码清单 1-12：app/views/watchlist.html

```html
<div class="row">
  <!-- 左列-->
  <div class="col-md-3">
    <stk-watchlist-panel></stk-watchlist-panel>
  </div>

  <!-- 右列 -->
  <div class="col-md-9">
    <div class="panel panel-info">
      <div class="panel-heading">
        <span class="glyphicon glyphicon-list"></span>
        {{watchlist.description}}
        <button type="button"
          class="btn btn-success btn-xs pull-right"
          ng-click="showStockModal()">
      <span class="glyphicon glyphicon-plus"></span>
    </button>
      </div>
      <div class="panel-body table-responsive">
        <div ng-hide="stocks.length" class="jumbotron">
        <h1>Woof.</h1>
        <p>Looks like you haven't added any stocks to this watchlist yet!</p>
        <p>Do so now by clicking the
          <span class="glyphicon glyphicon-plus"></span> located above.
        </p>
        </div>
```

```
        <!--[1]遍历所有的股票并显示公司符号 -->
        <p ng-repeat="stock in stocks">{{stock.company.symbol}}</p>
      </div>
    </div>
  </div>
</div>
```

现在，你应该可以轻松地使用 ng-click、ng-hide 和 ng-repeat 指令了，后者目前被用于显示股票所属公司的股票代号。在稍后开始构建股票表格指令时，将需要访问该股票代号。

此时，你应该能够通过单击面板头部的绿色加号按钮在被选择的监视列表中添加一个新的股票、通过搜索公司名称或股票代号选择一只股票，以及单击目标typeahead推荐，参见图1-8。如果应用无法正常工作，那么请检查浏览器开发者工具控制台中存在的错误，并花一点时间检查本节包含的代码。可以参考本章附带代码中的step-5目录，或者检查GitHub仓库中对应的标记。

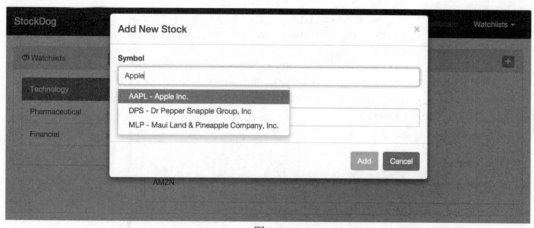

图 1-8

1.8　步骤 6：集成 Yahoo Finance

现在 StockDog 应用已经能够操作监视列表和股票了，接下来可以开始从外部服务提供者获取报价信息——在本例中将使用 Yahoo Finance。本节将创建一个新的 AngularJS 服务，它将负责向 Yahoo Finance API 发起异步 HTTP 请求，并更新内存中的数据结构。

1.8.1　创建 QuoteService

为将 HTTP 请求和响应解析封装到一个可重用的组件中，将创建一个新的 AngularJS 服务。请在终端中运行下面的命令，使用 Yeoman 搭建新的 QuoteService：

```
yo angular:service Quote-Service
```

如本章之前所使用的类似命令，在本例中它将在 app/scripts/services 目录的新增加的 quote-service.js 文件中，创建一个名为 QuoteService 的 AngularJS 服务的主干实现。可以在代码清单 1-13 中看到 QuoteService 的完整实现。

代码清单 1-13：app/scripts/services/quote-service.js

```javascript
'use strict';

angular.module('stockDogApp')
  .service('QuoteService', function ($http, $interval) {
    var stocks = [];
    var BASE = 'http://query.yahooapis.com/v1/public/yql';

    // [1]使用来自报价的适当数据更新股票模型
    var update = function (quotes) {
      console.log(quotes);
      if (quotes.length === stocks.length) {
        _.each(quotes, function (quote, idx) {
          var stock = stocks[idx];
          stock.lastPrice = parseFloat(quote.LastTradePriceOnly);
          stock.change = quote.Change;
          stock.percentChange = quote.ChangeinPercent;
          stock.marketValue = stock.shares * stock.lastPrice;
          stock.dayChange = stock.shares * parseFloat(stock.change);
          stock.save();
        });
      }
    };

    // [2]管理获取哪只股票报价的辅助函数
    this.register = function (stock) {
      stocks.push(stock);
    };
    this.deregister = function (stock) {
      _.remove(stocks, stock);
    };
    this.clear = function () {
      stocks = [];
    };

    // [3]与 Yahoo Finance API 通信的主处理函数
    this.fetch = function () {
      var symbols = _.reduce(stocks, function (symbols, stock) {
        symbols.push(stock.company.symbol);
        return symbols;
      }, []);
      var query = encodeURIComponent('select * from yahoo.finance.quotes ' +
        'where symbol in (\'' + symbols.join(',') + '\')');
      var url = BASE + '?' + 'q=' + query + '&format=json&diagnostics=true' +
        '&env=http://datatables.org/alltables.env';
      $http.jsonp(url + '&callback=JSON_CALLBACK')
```

```
    .success(function (data) {
     if (data.query.count) {
       var quotes = data.query.count > 1 ?
         data.query.results.quote : [data.query.results.quote];
       update(quotes);
     }
    })
    .error(function (data) {
     console.log(data);
    });
  };

  // [4]用于每 5 秒抓取一次新的报价数据
  $interval(this.fetch, 5000);
});
```

因为 QuoteService 负责与 Yahoo Finance API 进行通信，你会注意到$http 服务已经作为依赖注入了。$interval 服务也被注入了，它是 window.setInterval 的 Angular 封装器。在内部，该服务将追踪一个股票的数组(需要获得它们的报价信息)。update()函数[1]将负责把来自 Yahoo Finance 的响应解析成所需的股票模型属性。该代码还包含了用于添加、移除和清空被追踪股票的内部数组的辅助函数[2]。最后，fetch()函数[3]将在调用$http 向目标终端发送异步请求之前，生成适当的 Yahoo Finance 查询 URL。然后来自 Yahoo 的响应将被传入 update()函数中，执行之前所描述的处理过程。

1.8.2　从控制台调用服务

因为此时新创建的 QuoteService 尚未被注入，也未在 SotckDog 应用的任何位置使用，所以快速检查该服务最简单的方式就是在浏览器开发者工具的控制台中输入一些代码。请打开它并将下面的代码直接粘贴到浏览器控制台中：

```
Quote = angular.element(document.body).injector().get('QuoteService')
Watchlist = angular.element(document.body).injector().
  get('WatchlistService')
Quote.register(Watchlist.query()[0].stocks[0])
```

该代码将获得 QuoteService 和 WatchlistService 的引用，然后使用第一个可用监视列表的第一只股票调用 QuoteService 的 register()函数(所以请保证你至少已经创建了一个监视列表，并至少添加了一只股票)。在 5 秒之内，你应该看到一个包含了单个对象的数组。该对象应该向你展示所有由 Yahoo Finance API 为一只特定股票提供的所有数据，类似于图 1-9。

现在我们已经完成了 QuoteService 的创建，并验证了它是否成功从 Yahoo Finance API 抓取到了数据，现在可以继续学习下一节的内容，在监视列表视图的表格中显示该数据。如果应用无法正常工作，请参考本章附带代码中的 step-6 目录，或者检查 GitHub 仓库中对应的标记。

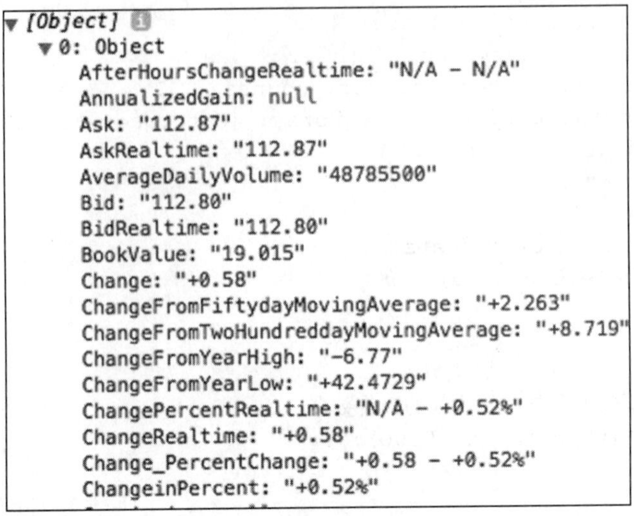

```
▼ [Object] ℹ
  ▼ 0: Object
      AfterHoursChangeRealtime: "N/A - N/A"
      AnnualizedGain: null
      Ask: "112.87"
      AskRealtime: "112.87"
      AverageDailyVolume: "48785500"
      Bid: "112.80"
      BidRealtime: "112.80"
      BookValue: "19.015"
      Change: "+0.58"
      ChangeFromFiftydayMovingAverage: "+2.263"
      ChangeFromTwoHundreddayMovingAverage: "+8.719"
      ChangeFromYearHigh: "-6.77"
      ChangeFromYearLow: "+42.4729"
      ChangePercentRealtime: "N/A - +0.52%"
      ChangeRealtime: "+0.58"
      Change_PercentChange: "+0.58 - +0.52%"
      ChangeinPercent: "+0.52%"
```

图 1-9

1.9 步骤 7：创建股票表格

在本节，你将看到 AngularJS 指令更复杂的应用。尤其是，将看到指令如何在彼此之间交互数据，因为本节将构建构建一个表格，用于显示股票的绩效信息。

1.9.1 创建 StkStockTable 指令

首先，将为股票表格创建一个新的指令。如你之前多次看到的，可运行下面的命令，使用 AngularJS Yeoman 生成器创建指令的主干：

```
yo angular:directive stk-Stock-Table
```

该命令将在 app/scripts/directives 目录中创建文件 stk-stock-table.js，并在 index.html 中添加新 JavaScript 文件的链接。stkStockTable 指令的实现如代码清单 1-14 所示。

代码清单 1-14：app/scripts/directives/stk-stock-table.js

```javascript
'use strict';

angular.module('stockDogApp')
  .directive('stkStockTable', function () {
    return {
      templateUrl: 'views/templates/stock-table.html',
      restrict: 'E',
      // [1]隔离作用域
      scope: {
        watchlist: '='
      },
      // [2]创建一个控制器，它将用作该指令的 API
      controller: function ($scope) {
```

```
        var rows = [];

        $scope.$watch('showPercent', function (showPercent) {
          if (showPercent) {
            _.each(rows, function (row) {
              row.showPercent = showPercent;
            });
          }
        });

        this.addRow = function (row) {
          rows.push(row);
        };

        this.removeRow = function (row) {
          _.remove(rows, row);
        };
      },

      // [3]标准的链接函数实现
      link: function ($scope) {
        $scope.showPercent = false;
        $scope.removeStock = function (stock) {
          $scope.watchlist.removeStock(stock);
        };
      }
    };
  });
```

　　首先应该注意的是：该指令在scope属性中包含了一个对象[1]。通过这种隔离指令作用域的方式，可以绑定指令的DOM元素的一个特性。第4章"数据绑定"将讲解更多细节，对于现在只需要知道在使用stkStockTable指令时，我们必须包含一个名为watchlist的特性，并赋给它一个用于执行的表达式即可。另外对于该样例要注意的是：该指令包含了一个controller属性[2]。通常，这是如何向其他指令公开API用于通信的方式。因为在controller属性的实现中，addRow()和removeRow()函数都被附加到了this对象中，所以这两个方法对外部可用。这里的概念是：stkStockTable指令在内部将追踪表中的所有行。这将允许在必要的时候修改行，例如，本样例将改变每行作用域中的showPercent属性。最后，该指令还包含了link属性[3](它通常用于DOM操作)，在本例中该属性将初始化showPercent作用域变量，并通过顶级指令作用域公开removeStock()函数。

1.9.2　创建 StkStockRow 指令

　　现在我们已经创建了主要的 stkStockTable 指令，接下来可以创建一个每个表格行重复使用的指令。可运行下面的命令行创建一个新的 stkStockRow 指令：

```
yo angular:directive stk-Stock-Row
```

该命令将在 app/scripts/directives 目录的 stk-stock-row.js 文件中创建 stkStockRow 指令的主干代码。该指令的实现将如代码清单 1-15 所示。

```javascript
'use strict';

angular.module('stockDogApp')
  .directive('stkStockRow', function ($timeout, QuoteService) {
    return {
      // [1]用作元素特性，并需要 stkStockTable 控制器
      restrict: 'A',
      require: '^stkStockTable',
      scope: {
        stock: '=',
        isLast: '='
      },
      // [2]所需的控制器将在末尾变得可用
      link: function ($scope, $element, $attrs, stockTableCtrl) {
        // [3]为股票行创建提示
        $element.tooltip({
          placement: 'left',
          title: $scope.stock.company.name
        });
        // [4]将该行添加到 TableCtrl 中
        stockTableCtrl.addRow($scope);
        // [5]使用 QuoteService 注册该股票
        QuoteService.register($scope.stock);
        // [6]在$destroy上使用 QuoteService 取消公司的注册
        $scope.$on('$destroy', function () {
          stockTableCtrl.removeRow($scope);
          QuoteService.deregister($scope.stock);
        });
        // [7]如果这是"股票行"的最后一行，立即抓取报价
        if ($scope.isLast) {
          $timeout(QuoteService.fetch);
        }
        // [8]监视份额的变化并重新计算字段
        $scope.$watch('stock.shares', function () {
          $scope.stock.marketValue = $scope.stock.shares *
            $scope.stock.lastPrice;
          $scope.stock.dayChange = $scope.stock.shares *
            parseFloat($scope.stock.change);
          $scope.stock.save();
        });
      }
    };
  });
```

对于该指令，只有$timeout 和 QuoteService 作为依赖被注入了。另外，你可能已经注意到了 restrict 属性被设置为 A，这意味着 stkStockRow 应该被用作 DOM 元素的一个特性，而不是 DOM 元素自身(之前创建的指令是作用于 DOM 元素自身的)。你还应该注意到了 require 属性的使用。通过这种方式将告诉指令它需要一个特定的控制器，在本例中控制器被定义在 stkStockTable 指令中。前缀^将指示该指令在它的父作用域中搜索控制器，这正是我们希望在本例中所完成的事情。然后，可以通过 link 函数的最后一个参数使用必需的控制器，如[2]所示。因为每行都有各自的提示标记，所以该指令是添加提示初始化代码的绝佳位置[3]。该代码的剩余部分将使用 stkStockTable 指令的 addRow()函数为每一行注册$scope[4]，使用 QuoteService 在创建时注册该行的股票[5]，并在行销毁时注销它[6]。如果当前创建的行是表格的最后一行，那么立即触发 QuoteService.fetch()调用[7]。最后，使用$watch()监视股票份额数目的变化，从而做出合适的计算[8]。

1.9.3　创建股票表格模板

完成 stkStockTable 和 stkStockRow 指令后，接下来要做的是为股票表格创建一个新的 HTML 模板视图。可在 app/views/templates/目录中创建一个名为 stock-table.html 的新文件，并在其中添加如代码清单 1-16 所示的标记。

代码清单 1-16：app/views/templates/stock-table.html

```
<table class="table">
  <thead>
    <tr>
      <td>Symbol</td>
      <td>Shares Owned</td>
      <td>Last Price</td>
      <td>Price Change
        <span> (
        <!--[1]在单击时改变 showPercent 作用域变量-->
        <span ng-disabled="showPercent === false">
          <a ng-click="showPercent = !showPercent">$</a>
        </span>|
        <span ng-disabled="showPercent === true">
          <a ng-click="showPercent = !showPercent">%</a>
        </span>)
        </span>
      </td>
      <td>Market Value</td>
      <td>Day Change</td>
    </tr>
  </thead>
  <!-- [2]如果有多只股票存在，那么只显示页脚-->
  <tfoot ng-show="watchlist.stocks.length > 1">
    <tr>
      <td>Totals</td>
      <td>{{watchlist.shares}}</td>
```

```
        <td></td>
        <td></td>
        <td>{{watchlist.marketValue}}</td>
        <td>{{watchlist.dayChange}}</td>
      </tr>
    </tfoot>
    <tbody>
      <!-- [3] 使用 stk-stock-row 为每只股票创建一行 -->
      <tr stk-stock-row
        ng-repeat="stock in watchlist.stocks track by $index"
        stock="stock"
        is-last="$last">
        <td>{{stock.company.symbol}}</td>
        <td>{{stock.shares}}</td>
        <td>{{stock.lastPrice}}</td>
        <td>
          <span ng-hide="showPercent">{{stock.change}}</span>
          <span ng-show="showPercent">{{stock.percentChange}}</span>
        </td>
        <td>{{stock.marketValue}}</td>
        <td>{{stock.dayChange}}
          <button type="button" class="close"
            ng-click="removeStock(stock)">¡Á</button>
        </td>
      </tr>
    </tbody>
  </table>
```

尽管 stock-table.html 文件的标记并不太复杂，但是有些内容值得一提。首先，在<thead>
中，你应该注意到 Price Change 头单元格中包含两个应用了 ng-click 指令的 span，用于将
值赋给 showPercent 作用域变量[1]。这是使用这种形式表达式的第一个样例，它是帮助实
现简单任务的有用方式，在本例中可以用它切换 Boolean 值而不必创建一个作用域函数。
你还应该注意到 ng-show 的使用，如果当前监视列表中包含了多只股票，就只显示表格页
脚，因为其中包含了计算总数。最后，尽管该视图模板是为 stkStockTable 指令创建的，但
是在底层它将使用 ng-repeat 创建包含了 stkStockRow 指令的<tr>元素。在另一个指令的模
板中使用外部指令是完全可以接受的；只是要注意不要让自己的方式过于复杂，因为你可
能会遇到不得不使用$compile 服务手动编译子指令模板的情况。

1.9.4　更新监视列表视图

在完成该步骤时唯一剩下的任务就是通过将 stkStockTable 指令包含在 StockDog 的监
视列表视图中的方式调用它。打开项目的 app/views/watchlist.html 文件，并定位到包含了
ng-repeat 的<p>标记。与显示股票的公司代号相反，你可能希望渲染完整的互动表格。请
使用下面的代码替换该行代码，实现这个任务：

```
<stk-stock-table ng-show="stocks.length" watchlist="watchlist">
```

恭喜你成功完成了股票表格的第一个版本！参见图 1-10。你可能在想它并不是你曾经创建的最漂亮的表格，但不要苦恼。在接下来的三个小节中，将重新把它定义为一个更成熟的产品。在下一节中，将看到如何使每个单元格变得可编辑，为表格添加更多交互性。如果应用无法正常工作，请参考本章附带代码中的 step-7 目录，或者检查 GitHub 仓库中对应的标记。

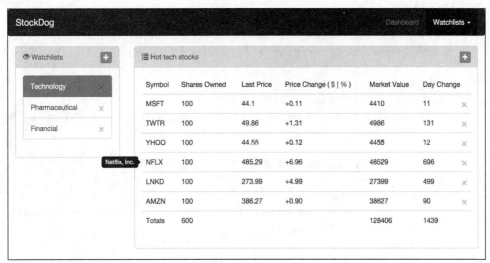

图 1-10

1.10　步骤 8：内联表单编辑

现在 StockDog 有了一个可以工作的表格，它可以为监视列表中正在追踪的各种股票显示信息，下一步是通过允许用户编辑每只股票的份额数量来使应用更加可交互。因为数据正被显示在一个表格中，所以编辑值的常见方式就是通过内联的方式修改它们，与电子表格非常相似。在本节，将看到如何创建一个指令，并将它与 HTML5 的 contenteditable 特性结合使用来实现该功能。

1.10.1　创建 contenteditable 指令

因为新的指令将扩展 contenteditable 特性的功能，所以它必须使用相同的名字。可在终端运行下面的命令，使用 Yeoman 搭建一个新的 AngularJS 指令：

```
yo angular:directive contenteditable
```

该命令将在app/scripts/directives/目录中创建一个名为contenteditable.js的新文件。指令contenteditable被限制为一个特性，它将对用户输入的数据执行清理和验证。可以在代码清单 1-17 中找到该指令的完整实现。

代码清单 1-17：app/scripts/directives/contenteditable.js

```
'use strict';
```

```
var NUMBER_REGEXP = /^\s*(\-|\+)?(\d+|(\d*(\.\d*)))\s*$/;

angular.module('stockDogApp')
  .directive('contenteditable', function ($sce) {
    return {
      restrict: 'A',
      require: 'ngModel', // [1] 获得 NgModelController
      link: function($scope, $element, $attrs, ngModelCtrl) {
        if(!ngModelCtrl) { return; } // 如果没有 no ng-model，则什么也不做

        // [2]指定如何更新 UI
        ngModelCtrl.$render = function() {
          $element.html($sce.getTrustedHtml(ngModelCtrl.$viewValue || ''));
        };

        // [3]读取 HTML 值，然后将数据写入模型或者重置视图
        var read = function () {
          var value = $element.html();
          if ($attrs.type === 'number' && !NUMBER_REGEXP.test(value)) {
            ngModelCtrl.$render();
          } else {
            ngModelCtrl.$setViewValue(value);
          }
        };

        // [4]添加基于解析器的自定义输入类型(只支持'number')
        // This will be applied to the $modelValue
        if ($attrs.type === 'number') {
          ngModelCtrl.$parsers.push(function (value) {
            return parseFloat(value);
          });
        }

        // [5]监听改变事件，启用绑定
        $element.on('blur keyup change', function() {
          $scope.$apply(read);
        });
      }
    };
  });
```

　　与 stkStockRow 指令一样，这里再次使用了 require 属性，用于获得外部指令控制器的引用。在本例中 ngModel 是必需的[1]，因为我们希望使用 Angular 的双向数据绑定，根据用户的修改触发对表格剩余部分的更新。接下来，实现了 ngModelCtrl.$render()函数，需要使用它通知 ngModel 指令应该如何更新视图。这里还使用了 Strict Contextual Escaping 服务 $sce，它是唯一一个被注入的依赖，用于在更新视图的 HTML 之前清理数据[2]。接下来定义的是 read()函数，它将检测元素当前的 HTML 值，如果它的类型属性被设置为 number，

那么使用正则表达式测试该值是否是一个数字。在本例中，该 contenteditable 指令只用在 Shares Owned 单元格中，所以它只支持数字类型，但是可以轻松地扩展这个功能，从而支持其他输入类型和格式。如果当前值不是一个数字，ngModelCtrl.$render()函数将被调用，使用之前的值更新视图。不过，如果用户实际上输入了一个有效的数字，那么该指令将调用 ngModelCtrl.$setViewValue()，该函数会使用新的值调用 $render()，并启动 ngModel $parsers 管道。这里定义了一个自定义解析器，用于支持数字输入类型[4]。它将把$viewValue 解析成数字，从而使 ngModel 可以更新$modelValue，然后该值就可以被正确用于计算股票表格的值。最后，使用$element.on()函数监听 blur、keyup 和 change 事件，从而可以在每次修改之后调用 read()函数[5]。

1.10.2　更新 StkStockTable 模板

剩下的所有工作就是使用这个新创建的 contenteditable 指令来更新 app/views/templates 目录中的 stock-table.html 文件了。找到包含了<td>{{stock.shares}}</td>的那行代码，并使用下面的代码替换它：

```
<td contenteditable type="number" ng-model="stock.shares"></td>
```

注意特性 type 被设置为 number，并使用 ng-model 绑定了每行股票对象的份额值。因为用户可能不太清楚可以在 Shares Owned 单元格上执行内联编辑，所以可在 stock-table.html 文件的底部添加下面的代码：

```
<div class="small text-center">Click on Shares Owned cell to edit.</div>
```

完成了这两个快速的修改之后，请花一点时间测试这个内联编辑功能，具体的样例如图 1-11 所示。尝试在一行的 Shares Owned 单元格中输入任意的非数字字符，该值将会立即被重置。不过，在成功地将单元格内容修改为有效的数字之后，整个股票表格会被实时重新计算。如果应用无法正常工作，请参考本章附带代码中的 step-8 目录，或者检查 GitHub 仓库中对应的标记。

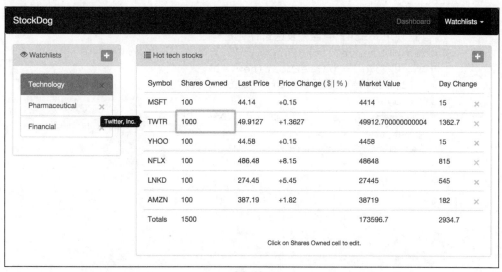

图 1-11

1.11 步骤 9：格式化货币

此时，StockDog 的监视列表视图完全可以正常工作了。可以使用它创建监视列表，可以使用股票表格添加、删除和编辑股票，但是现在显示数据的方式并不理想。本节将使用 Angular 内置的 currency 过滤器格式化所显示的数字，再创建一个新的指令，用于根据数值的正负改变数字的颜色。

1.11.1 创建 StkSignColor 指令

首先创建一个新的 stkSignColor 指令，将它应用在现有的元素上，从而将元素的显示颜色改为红色或绿色。在终端中运行下面的命令，搭建该指令：

```
yo angular:directive stk-Sign-Color
```

该命令将在 app/scripts/directives/目录中创建一个名为 stk-sign-color.js 的新文件。在代码清单 1-18 中可以看到 stkSignColor 指令的完整实现。第一件你可能会注意到的事情不是 $scope.$watch()，而是使用$attrs.$observe()监听赋给 stkSignColor 的表达式的变化[1]。因为 $observe()是$attrs 对象的一个函数，所以它只可以用于观察/监视 DOM 特性值的变化，在本例中这正是我们所希望的。该指令的其余部分非常简单，因为所有它需要做的就是根据表达式新值的正负，更新$element 的 style.color 属性[2]。

代码清单 1-18：app/scripts/directives/stk-sign-color.js

```
'use strict';

angular.module('stockDogApp')
  .directive('stkSignColor', function () {
    return {
      restrict: 'A',
      link: function ($scope, $element, $attrs) {
        // [1]使用$observe 监视表达式的变化
        $attrs.$observe('stkSignColor', function (newVal) {
          var newSign = parseFloat(newVal);
          // [2]根据符号设置元素的 style.color 值
          if (newSign > 0) {
            $element[0].style.color = 'Green';
          } else {
            $element[0].style.color = 'Red';
          }
        });
      }
    };
  });
```

1.11.2　更新 StockTable 模板

除了将 stkSignColor 指令添加到 stock-table.html 模板中，我们还需要使用 Angular 的内置 currency 过滤器。不过对 Angular 过滤器的深入讨论超出了本章的范围，现在所有需要做的就是使用过滤器格式化显示给用户的表达式的值。过滤器可以用在视图模板、控制器和服务中，创建自己的自定义过滤器也非常直观。可以使用语法{{ expression | filter }}在视图模板的表达式中应用过滤器。为了解关于过滤器的更多信息，请访问官方文档 https://docs.angularjs.org/api/ng/filter。本节将使用的是 currency 过滤器(采用默认的参数)。currency 过滤器的完整语法如下所示：

```
{{ currency_expression | currency : symbol : fractionSize}}
```

因为 symbol 值默认为$，fractionSize 的默认值是当前区域的最大 fraction 大小，所以使用 currency 过滤器非常简单。在 watchlist.marketValue、watchlist.dayChange、stock.lastPrice，stock.marketValue 和 stock.dayChange 表达式绑定中添加| currency。然后将 stk-sign-color 特性添加到你希望使用颜色的每个<td>元素中，并将它绑定到一个应该被监视的值。在本例中，我们希望为页脚中的 watchlist.dayChange 单元格以及表格中的 PriceChange 和 Day Change 添加颜色。下面是一个在页脚的 watchlist.dayChange 行中应用 stk-sign-color 指令的样例：

```
<td stk-sign-color="{{watchlist.dayChange}}">
{{watchlist.dayChange | currency}}
</td>
```

将 stk-sign-color 指令应用到剩余的两个单元格中就留给读者作为练习。一旦 currency 过滤器和 stk-sign-color 指令就绪，该应用看起来应该如图 1-12 所示。如果发现自己很难将指令和 currency 过滤器应用在标记中正确的位置，请参考本章附带代码中的 step-9 目录，或者检查 GitHub 仓库中对应的标记。

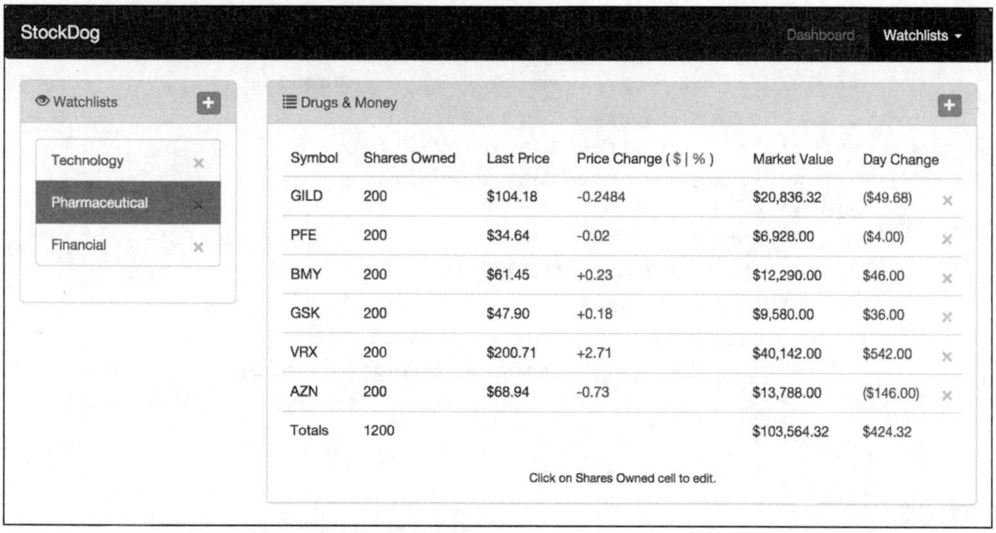

图 1-12

1.12　步骤 10：为价格变动添加动画

在本节，将学习如何使用 Angular 的 ngAnimate 模块在 StockDog 的监视列表视图中执行动画的基础知识。为了通过可视的方式向用户展示指定股票的价格操作——也就是无论值变成了正值还是负值——在整个单元格上执行红色或绿色的淡入淡出动画。使用 Angular 创建 JavaScript 和 CSS3 动画的完整讨论超出了本章的范围，可以访问官方文档以找到更多相关信息：https://docs.angularjs.org/api/ngAnimate。

1.12.1　创建 StkSignFade 指令

因为目标结果是为整个表格单元格实现淡入淡出，所以需要创建另一个指令，将它用作特性，这样就可以将它添加到现有的元素中。首先在终端中运行下面的命令：

```
yo angular:directive stk-Sign-Fade
```

该命令将在 app/scripts/directives/目录中创建一个新的 stk-sign-fade.js 文件。正如你在前一节中创建的 stkSignColor 指令一样，该指令非常简短和直观。可在代码清单 1-19 中找到 stkSignFade 的完整实现。

代码清单 1-19：app/scripts/directives/stk-sign-fade.js

```javascript
'use strict';

angular.module('stockDogApp')
  .directive('stkSignFade', function ($animate) {
    return {
      restrict: 'A',
      link: function ($scope, $element, $attrs) {
        var oldVal = null;
        // [1]使用$observe 在值改变时发出通知
        $attrs.$observe('stkSignFade', function (newVal) {
          if (oldVal && oldVal == newVal) { return; }

          var oldPrice = parseFloat(oldVal);
          var newPrice = parseFloat(newVal);
          oldVal = newVal;

          // [2]添加适当的方向类，然后移除它
          if (oldPrice && newPrice) {
            var direction = newPrice - oldPrice >= 0 ? 'up' : 'down';
            $animate.addClass($element, 'change-' + direction, function() {
              $animate.removeClass($element, 'change-' + direction);
            });
          }
        });
      }
```

```
    };
  });
```

被注入到该指令中的唯一依赖是由ngAnimate模块提供的$animate服务。如你在stkSignColor指令中看到的，这里再次使用$attrs.$observe()函数监视赋给stkSignFade的表达式的变化[1]。这里保存了一个oldVal的本地引用，这样接下来发生改变时，它可以与newVal相比较，并计算出合适的方向类[2]。在该样例中，$animate服务被用于向指令的元素中添加change-up或change-down CSS类，然后再快速地从指令的元素中移除change-up或change-down CSS类。$animate服务将接受一个元素、类名或回调函数作为参数，尝试在stock-table.html文件中使用该指令时，必须使用Angular要求的语法创建一些CSS类。在app/styles/main.css文件的顶部添加下面的代码行。这里还包含了其他一些用于美化股票表格显示的样式：

```css
/*股票表格样式 */
.table {
  text-align: center;
  margin-bottom: 5px;
}
tfoot {
  font-weight: bold;
}
a {
  cursor: pointer;
}
span[disabled="disabled"] a {
  text-decoration: none;
  color: black;
}
span[disabled="disabled"] {
  pointer-events: none;
}
/* ngAnimate 动画样式 */
.change-up-add {
  transition: background-color linear 1.5s;
  background-color: green;
}
.change-up-add.change-up-add-active {
  background-color: white;
}
.change-down-add {
  transition: background-color linear 1.5s;
  background-color: red;
}
.change-down-add.change-down-add-active {
  background-color: white;
}
```

Angular 希望为每个目标动画类定义 *-add 和 -add-active 类。在之前的样例中，change-up-add 立即被应用了，这将把背景色设置为绿色。然后将 change-up-add-active 类应用在了动画的时长上。在本例中，它将把背景色设置为白色，并使用 1.5 秒的 CSS 转换，最终创建出从绿变白的淡入淡出效果。相同的方式还被应用到了 change-down-add 上，它将为负的价格操作显示红色。

1.12.2 更新 StockTable 模板

现在我们完成了 stkSignFade 指令，并且创建了 ngAnimate 模块期望的适当 CSS 类，现在该修改 stock-table.html 视图模板了。定位到包含了用于显示 watchlist.marketValue 和 stock.lastPrice 的 <td> 元素的两行代码，并分别向其中添加 stk-sign-fade="{{watchlist.marketValue}}" 和 stk-sign-fade="{{stock.lastPrice}}" 指令。

注意：

因为 QuoteService 从 Yahoo Finance 抓取数据并更新 stock.lastPrice，所以你可能会遇到闭市的情况，此时价格不会发生变化，因此使你很难看到在实际中 stkSignFade 指令的效果。在本例中，修改 quote-service.js 文件中的函数，随机化 stock.lastPrice。可以通过在解析 quote.LastTradePriceOnly 的代码行中添加 + _.random(-0.5, 0.5) 的方式使用 Loadash 实现。只是不要忘记在完成测试时移除它！

恭喜！你已经成功完成了 StockDog 的监视列表视图！参见图 1-13。如果发现自己的动画无法正确运行，请参考本章附带代码中的 step-10 目录，或者检查 GitHub 仓库中对应的标记。

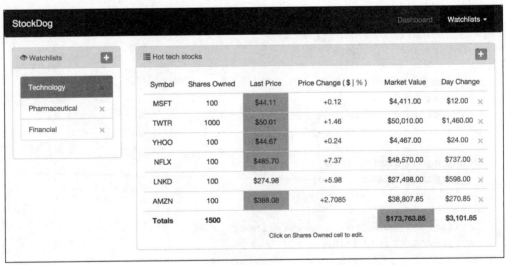

图 1-13

1.13　步骤 11：创建仪表盘

StockDog 应用最后一个未完成的特性是仪表盘视图。该视图将在 4 个不同的面板中聚合所有已创建的监视列表和报告分析的绩效指标。这些性能指标包括：Total Market Value、Total Day Change、Market Value by Watchlist 和 Day Change by Watchlist。因为没有可交互的图形就无法实现仪表盘，所以将使用 Google Charts 库渲染两个不同的图表。

1.13.1　更新仪表盘控制器

为在 AngularJS 应用中使用 Google Charts 库，需要通过指令封装和公开它的功能。出于简单的目的，将使用已经存在的库来完成，它的文档位于 https://github.com/bouil/angular-google-chart。为开始使用 angular-google-chart 库，可在终端中运行下面的命令，使用 Bower 安装它：

```
bower install angular-google-chart –save
```

该命令将下载并安装该库。该命令还在 bower.json 文件中把库列为了项目依赖。一旦该命令完成，我们必须更新 stockDogApp 模块依赖，在 AngularJS 应用中注册该库的模块。也可以通过将 googlechart 添加到 app/scripts/app.js 文件中依赖数组的末尾的方式实现(与之前步骤 2 的程序清单 1-1 中注册 AngularStrap 库的方式相同)。完成该步骤后，打开 app/scripts/controllers/目录中的 dashboard.js 文件，并使用代码清单 1-20 中的最终实现替换它的内容。

代码清单 1-20：app/scripts/controllers/dashboard.js

```
'use strict';

angular.module('stockDogApp')
  .controller('DashboardCtrl', function ($scope, WatchlistService,
QuoteService) {
    // [1] 初始化
    var unregisterHandlers = [];
    $scope.watchlists = WatchlistService.query();
    $scope.cssStyle = 'height:300px;';
    var formatters = {
      number: [
        {
          columnNum: 1,
          prefix: '$'
        }
      ]
    };

    // [2]辅助函数：更新图表对象
    var updateCharts = function () {
```

```
    // 双层圆环图
    var donutChart = {
      type: 'PieChart',
      displayed: true,
      data: [['Watchlist', 'Market Value']],
      options: {
        title: 'Market Value by Watchlist',
        legend: 'none',
        pieHole: 0.4
      },
      formatters: formatters
    };
    //柱状图
    var columnChart = {
      type: 'ColumnChart',
      displayed: true,
      data: [['Watchlist', 'Change', { role: 'style' }]],
      options: {
        title: 'Day Change by Watchlist',
        legend: 'none',
        animation: {
          duration: 1500,
          easing: 'linear'
        }
      },
      formatters: formatters
    };

    // [3]将数据推入图表对象
    _.each($scope.watchlists, function (watchlist) {
      donutChart.data.push([watchlist.name, watchlist.marketValue]);
      columnChart.data.push([watchlist.name, watchlist.dayChange,
        watchlist.dayChange < 0 ? 'Red' : 'Green']);
    });
    $scope.donutChart = donutChart;
    $scope.columnChart = columnChart;
  };

  // [4]用于重置控制器状态的辅助函数
  var reset = function () {
    // [5]在注册新的股票之前清除 QuoteService
    QuoteService.clear();
    _.each($scope.watchlists, function (watchlist) {
      _.each(watchlist.stocks, function (stock) {
        QuoteService.register(stock);
      });
    });

    // [6]在创建新的$watch 监听器之前，注销现有$watch 监听器
```

```
    _.each(unregisterHandlers, function(unregister) {
      unregister();
    });
    _.each($scope.watchlists, function (watchlist) {
      var unregister = $scope.$watch(function () {
        return watchlist.marketValue;
      }, function () {
        recalculate();
      });
      unregisterHandlers.push(unregister);
    });
  };

  // [7] 计算新的 total MarketValue 和 DayChange
  var recalculate = function () {
    $scope.marketValue = 0;
    $scope.dayChange = 0;
    _.each($scope.watchlists, function (watchlist) {
      $scope.marketValue += watchlist.marketValue ?
        watchlist.marketValue : 0;
      $scope.dayChange += watchlist.dayChange ?
        watchlist.dayChange : 0;
    });
    updateCharts();
  };

  // [8]监视监视列表的变化
  $scope.$watch('watchlists.length', function () {
    reset();
  });
});
```

　　在这个 DashboardCtrl 实现中，WatchlistService 和 QuoteService 都被作为依赖注入到了其中。接下来，需要做一些初始化，使用 WatchlistService 填充$scope.watchlists 变量，同时定义图表样式和格式选项[1]。然后创建 updateCharts()函数[2]，用于创建 donutChart 和 columnChart。这些对象必需的属性和可用配置选项都是由 Google Chart 库文档定义的，网址为 https://developers.google.com/chart/。该函数还将循环遍历由 StockDog 追踪的每个监视列表，并在把两个图表结构附加到控制器的$scope 之前，把合适的数据添加到各自的图表对象中[3]。接下来定义的 reset()函数将用于清除控制器的状态。该函数会在为每个现有的监视列表注册股票之前，清空 QuoteService 中所有被追踪的股票[5]。然后它将在为每个监视列表的 marketValue 创建新的$watch 目标之前，注销所有现有的$watch 监听器，它们的引用被存储在本地数组中[6]。将使用它们调用 recalculate()函数，而该函数将在每次监视列表的计算值改变时，计算新的聚合市值和每日变化指标。

　　每次调用 recalculate 时都将会调用 updateCharts()，通过 Google Chart 库使用最新的数据重新绘制现存的图表。最后，将在 watchlists.length 属性上设置一个$watch 目标，从而使监视列表被创建或删除时，触发 reset()函数，从而重新正确地构建整个控制器的状态[8]。

值得一提的是：这里使用的是 watchlists.length 表达式，而不是整个 watchlists 对象，因为深入监视大型数据结构可能引起严重的应用性能降级。

1.13.2 更新仪表盘视图

现在DashboardCtrl实现已经完成了，接下来要做的是更新StockDog的仪表盘视图，渲染新的数据和已经创建的图表对象。以现状来说，app/views/dashboard.html文件只包含一个stkWatchlistPanel指令的引用和一个空白的Portfolio Overview面板。在完整的仪表盘视图中可以找到该面板的缺失标记，如代码清单1-21所示。

代码清单 1-21：app/views/dashboard.html

```html
<div class="row">
  <!-- 左列 -->
  <div class="col-md-3">
    <stk-watchlist-panel></stk-watchlist-panel>
  </div>

  <!-- 右列 -->
  <div class="col-md-9">
    <div class="panel panel-info">
      <div class="panel-heading">
        <span class="glyphicon glyphicon-globe"></span>
        Portfolio Overview
      </div>
      <div class="panel-body">
        <!-- [1]显示一些有用的文本，用于指导新的用户 -->
        <div ng-hide="watchlists.length && watchlists[0].stocks.length"
          class="jumbotron">
          <h1>Unleash the hounds!</h1>
          <p>
            StockDog, your personal investment watchdog, is ready
            to be set loose on the financial markets!
          </p>
          <p>Create a watchlist and add some stocks to begin monitoring.</p>
        </div>

        <div ng-show="watchlists.length && watchlists[0].stocks.length">
          <!-- 顶行 -->
          <div class="row">
            <!-- 左列 -->
            <div class="col-md-6">
              <!-- [2]在封装元素上使用 sign-fade 指令-->
              <div stk-sign-fade="{{marketValue}}" class="well">
                <h2>{{marketValue | currency}}</h2>
                <h5>Total Market Value</h5>
              </div>
            </div>
```

```html
            <!--右列-->
            <div class="col-md-6">
              <!-- [3]在封装元素上使用 sign-color 指令-->
              <div class="well" stk-sign-color="{{dayChange}}">
                <h2>{{dayChange | currency}}</h2>
                <h5>Total Day Change</h5>
              </div>
            </div>
          </div>
          <!-- [4]使用 google-chart 指令并引用图表对象-->
          <div class="row">
            <!-- 左列 -->
            <div class="col-md-6">
              <div google-chart chart="donutChart" style=
                "{{cssStyle}}"></div>
            </div>

            <!-- 右列 -->
            <div class="col-md-6">
              <div google-chart chart="columnChart" style=
                "{{cssStyle}}"></div>
            </div>
          </div>
        </div>
      </div>
    </div>
  </div>
</div>
```

panel-body 中的新标记首先包含了一些有用的文本，用于指导第一次打开 StockDog 并且尚未创建任何监视列表的新用户[1]。还要注意，顶行的两列都包含了 stkSignFade[2]和 stkSignColor[3]指令的引用，但是这些指令已经被应用到了封装元素上——在本例中为 Bootstrapwell。最后，在底行的两个列中使用之前安装的 angular-google-chart 库所公开的 googleChart 指令，并将 DashboardCtrl 中创建的图表对象用作每个元素 chart 特性的值。为了美化完整的仪表盘视图，唯一剩下所需做出的修改就是在 app/styles/main.css 文件的顶部添加下面的 CSS：

```css
/* 仪表盘视图样式 */
.well {
  background-color: white;
  text-align: center;
}
```

恭喜！如果已经成功地学习了本节的全部内容，那么最终就完成了整个 SotckDog 应用的构建！参见图 1-14。请花一点时间欣赏你的辛苦工作，并创建几个新的监视列表、添加新的股票、从仪表盘视图中监视投资组合的绩效。对于完整的应用源代码，请参考本章附带代码中的 step-11 目录，或检查 GitHub 仓库中对应的标记。

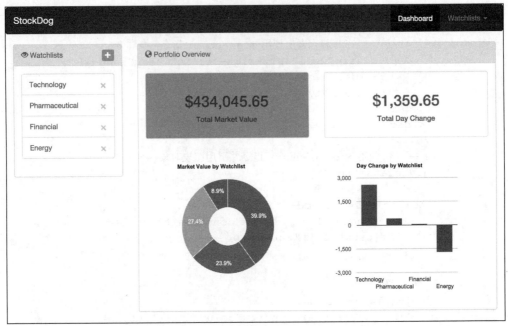

图 1-14

1.14　生产环境部署

现在我们已经完成了 StockDog 的构建，接下来要做的就是在部署到 Internet 之前把它打包成可发布的应用，从而使全世界的用户可以更好地管理自己的投资组合。尽管对生产环境部署的深入讨论和所有相关的复杂内容超出了本节的范围，但是可以先完成一些简单的任务，使该应用可以面向用户。

因为我们使用 AngularJS Yeoman 生成器开发应用，所以该项目中已经包含了一个复杂的构建系统。在第 3 章 "架构" 中将讲解更多关于该系统如何工作的内容，但是对于现在来说，只需要在终端中运行下面的命令运行构建系统即可：

```
grunt build
```

该命令将连接、混淆和缩小StockDog的所有源代码，并使用优化后的资产在项目的根目录中创建一个新的dist/目录。目录dist/中包含了用户运行应用所需的所有代码，所以部署非常简单，只需要将该文件夹上传到所选择的托管服务中。不过，对于本节来说，将把StockDog部署到GitHub　Pages——一个为基于GitHub的项目所提供的免费托管服务。如果尚未上传自己的项目到GitHub，那么请花上一点时间完成。如果需要任何进一步的协助，请咨询https://help.github.com/articles/adding-an-existing-project-to-github-using-the-command-line/。

一旦项目被上传到了 GitHub，请打开.gitignore 文件，并移除包含 dist 的行。除此之外，Yeoman 在创建项目时已经遵守了最佳实践，忽略了由自动构建任务生成的文件。不过，因为将在 GitHub 上托管自己的 dist/目录，所以它必须作为项目的一部分提交。请继续将

dist/目录添加到仓库中、提交，然后将它推送到上游系统。现在就可以使用 git subtree 命令将应用部署到 GitHub 了。请在终端中运行下面的命令，为项目创建一个新的 gh-pages 分支，它由 dist/目录中的所有文件组成：

```
git subtree push --prefix dist origin gh-pages
```

该命令完成之后，就可以通过网址 http(s)://<username>.github.io/<projectname>公开访问应用了。例如，你会发现 StockDog 应用运行在 http://diegonetto.github.io/stock-dog 上。这种方式有一个缺点：由于 GitHub Pages URL 的特性，我们的仪表盘和监视列表连接必须以<projectname>为前缀。另一种方式是通过在 dist/目录中上传一个包含了自定义域的新 CNAME 文件，为项目创建一个自定义 URL。http://www.stockdog.io/就是通过这种方式指向 http://diegonetto.github.io/stock-dog 的。在上传了 CNAME 文件，并使用之前展示的 git subtree 命令重新部署站点后，所有剩下的任务就是修改 DNS 提供者的 www CANME 记录(假设你希望使用 www 子域)指向 username.github.io 了。如果已经成功完成了这些步骤，那么恭喜你！你的应用应该已经上线并且可以与世界上的其他人分享了。

注意：

在为托管项目页面配置自定义 URL 时，GitHub 推荐使用子域而不是 apex 域。如果希望为部署的应用使用 apex 域(在本例中就是 http://www.stockdog.io/)，那么完成这个任务的最佳方式就是按照之前描述的方式使用 DNS 提供者的 www 子域 CNAME DNS 条目，然后启用从 apex 域到你的 www URL 的域转发。在本例中，已经将 http://stockdog.io 设置为转发至 http://www.stockdog.io。

1.15　小结

本章讲解的内容通过构建 StockDog 应用，向你展示了一个真实世界中的 AngualrJS 应用，该应用几乎用到所有 AnguarJS 的关键组件。从使用 Yeoman AngularJS 生成器搭建项目架构，到使用 GitHub Pages 部署应用，这个分布指南应该为你提供了信心和满足感，让你勇于深入学习这个优雅的框架。与此同时，本章还讲解了如何构建一个多视图单页面应用；创建几个控制器、指令和服务；安装额外的前端模块；处理动态表单验证；与外部 API 通信；使用简单的动画让应用变得生动。在本书接下来的章节中，将学习 AngualrJS 框架中各种组件如何工作的细节，并了解各种不同的工具、服务和技术，通过使用它们可以为专业消费创建健壮的、可靠的和可维护的项目。

第**2**章

智能工作流和构建工具

本章内容：

- 用 Bower 管理前端依赖
- 用 Grunt/Gulp 自动完成开发任务
- 使用 Yeoman 搭建新的项目
- 使用工作流最佳实践提高工作效率

本章的样例代码下载：

可以在 http://www.wrox.com/go/proangularjs 页面的 Download Code 选项卡找到本章的 wrox.com 代码下载文件。

2.1 工具的作用

两个词：优化和自动化。因为在生产力中时间是一个关键因素，所以自动完成重复的任务可以使开发者保持高效率。本章将讲解一些开源工具，它们可以帮助加快开发、调试、测试和发布应用的速度。通过将"不要重复自己(DRY)"的哲学扩展到工作流过程中，可以将自己的更多精力关注于自己喜欢做的事情：构建优雅的、严密的代码。在了解如何智能地应用现代技术增强工作流之后，将创建一个坚实的基础，用于支持构建样例应用，而通过该应用将对 AngularJS 进行深入学习。

注意：

本章涉及的所有工具都要求必须在个人机器中安装 Node.js。关于更多相关信息，请访问 http://www.nodejs.org，并执行相应平台的安装指令。

2.2　Bower

Bower由Twitter创建，它是一个"Web的包管理器"，为前端包管理问题提供了一个优雅的、灵活的解决方案。通过发布为一个Node.js命令行工具，它将通过提供与包无关的机制(用于搜索、安装和更新第三方文件)，帮助管理前端JavaScript依赖。

2.2.1　开始使用 Bower

Bower 的管理工具是通过操作 Git(1.3.X 之后的版本开始支持 SVN)来获取和安装包的，所以请保证已经在系统上安装了 Git。Mac 用户在自己的机器上应该已经有了可用的 Git。对于 Windows 用户，推荐下载 Git Bash(http://git-scm.com/downloads)。

为了开始使用 Bower，请使用 Node Package Manager(npm)工具(包含在 Node.js 中)将它安装到全局的位置。启动所选择的终端应用，并运行下面的命令：

```
npm install -g bower
```

运行该命令后，就可以通过命令行使用 Bower 工具。在详细查看如何使用这些命令管理前端依赖之前，请运行 bower help 查看它支持的命令列表。

2.2.2　搜索包

Bower 维护了一个包含大量 JavaScript 库的注册表，可以轻松地通过 bower search [<package>]命令或者访问 http://bower.io/search/搜索这些库。在命令行中运行下面的命令：

```
bower search angular
```

该命令将列出所有通过 Bower 可以获得的 AngularJS 库。因为所有人都能在注册表中创建和发布新的包，所以可以使用 Bower 管理大多数(如果不是所有的话)的第三方依赖。

2.2.3　安装包

使用 Bower 安装包非常简单，只需要运行 bower install <package>即可。因为 Bower 的目标是变成与包无关的，所以<package>可能是映射到已注册的 Bower 包、公开或私有的 Git 或者 Subversion 仓库、本地目录甚至是文件的统一资源定位符(URL)的名字。对于所支持的<package>的完整列表，请访问 http://bower.io/。现在，将开始创建一个新的样例。首先创建一个新目录，然后运行下面的命令安装最新稳定版本的 AngularJS：

```
bower install angular
```

注意，Bower在下载和安装AngularJS库的位置创建了一个本地目录bower_components。在继续开发这个简单的应用之前，请查看如何通过追踪依赖的版本锁定它们。

注意：
如果想修改 Bower 安装包的位置，请创建一个.bowerrc 文件，并设置如下所示的目录属性：

```
{
  "directory": "app/bower_components"
}
```

关于 Bower 支持的所有配置属性的完整列表，请访问 http://bower.io/#configuration。

2.2.4 版本化依赖

为了更好地追踪第三方依赖，可以创建一个 bower.json 文件，在其中包含所需库的名字和版本。它的工作方式非常类似于 Node 的 package.json 文件和 Ruby 的 Gemfile。因为 Bower 使用 Node.js 的语义版本化系统(http://semver.org)，所以在指定项目依赖时可以创建复杂的范围，如文档网站 https://github.com/npm/node-semver 所描述的。Bower 提供了一个交互式命令行，其中包含了生成默认文件的提示。在项目的根目录中简单地运行下面的命令：

```
bower init
```

现在我们就得到了一个基本的 bower.json 文件，接下来可以将 AngularJS 添加为一个依赖，并运行下面的命令使用最新版本(--force-latest, -F)更新文件(--save , -S):

```
bower install -SF angular
```

注意：

Bower 可以使用<package>#<version>语法安装指定的版本。要获得指定包所有可用版本的列表，请运行 bower info <package>。如果希望看到更多包安装选项，请运行命令 bower help install。

如果不希望签入第三方库，那么你的版本系统可以追踪该文件，所有列出的依赖接下来都可以通过运行 bower install 进行安装。尽管这是一个选择的问题，但推荐你遵守 Bower 主页列出的最佳实践建议："对于正在创建的包，如果并未计划让其他项目使用(例如，正在构建一个 Web 应用)，那么你总是应该将安装包签入源控制系统中。"

2.3 Grunt

Grunt 是一个任务运行器，它将帮助自动完成重复的工作，例如 linting、编译、缩小、测试、文档和部署。它是 JavaScript 中的 Rake、Cake、Make 和 Ant 替代物。它被打包为 Node.js 命令行工具，并且获得了一个充满生机的插件生态系统的支持，Grunt 可以通过自动化大部分的普通工作增强工作流，允许你专注于应用的构建。

2.3.1 开始使用 Grunt

使用 Grunt 自动化工作流的第一件事情就是将命令行工具安装在机器的全局位置。为使 grunt 工具可用，请运行下面的命令：

```
npm install -g grunt-cli
```

接下来，需要一些用于实验的样例文件。使用自己最喜欢的编辑器，创建如代码清单 2-1 所示的 index.html。为保持应用资产组织在一个中心位置，将它们放到新目录 app/ 中。

代码清单 2-1：app/index.html

```html
<!DOCTYPE html>
<html ng-app="Workflow">
  <head>
    <link rel="stylesheet" href="main.css">
  </head>

  <body ng-controller="ToolsCtrl">
    <h1>Workflow tools from this chapter:</h1>

    <ul>
      <li ng-repeat="tool in tools">{{tool}}</li>
    </ul>

    <script src="bower_components/angular/angular.js"></script>
    <script src="app.js"></script>
  </body>
</html>
```

注意：

之前曾提到过，可使用一个 .bowerrc 文件设置 Bower 安装模块文件的位置。对于 Grunt 工作流样例而言，可创建一个 .bowerrc 文件，并设置 directory 属性，将 Bower 模块安装在新的 app/ 目录中：

```json
{
  "directory": "app/bower_components"
}
```

项目根目录中的 bower_components/ 目录现在可以删掉了。重新运行 bower install，在 app/ 中创建一个新的 bower_components/ 目录。

为让样例变得有趣，创建一个如代码清单 2-2 所示的 Less 样式表，不过我们也可以选用 Sass，这是另一种 CSS 预处理器。

代码清单 2-2：app/main.less

```less
html,
body {
  h1 {
    color: SteelBlue;
  }
}
```

最后，需要创建一个基本的 AngularJS 应用，如代码清单 2-3 所示，使用单个控制器在 index.html 页面中显示本章涵盖的工具列表。

代码清单 2-3：app/app.js

```
'use strict';

angular.module('Workflow', [])

.controller('ToolsCtrl', function($scope) {
  $scope.tools = [
    'Bower',
    'Grunt',
    'Yeoman'
  ];
});
```

需要为该项目做的最后一件事就是创建一个 package.json 文件，在其中保存一个开发依赖的列表。可以在项目根目录中运行下面的命令，通过交互方式完成：

```
npm init
```

简单地按照提示进行，将创建出一个基本的包文件。现在一些基本的资产已经有了，那么接下来就可以安装一些插件，并开始构造用于增强开发工作流的第一个 Gruntfile.js。

2.3.2　安装插件

在当前的配置中，我们必须手动地将 Less 文件编译成 main.css，并在文件被修改时使用浏览器重新打开 index.html。对于现在这个简单的应用来说，这似乎不是一个糟糕的任务，但是随着它变得越来越复杂，这种手动工作将迅速变得乏味。为自动完成整个过程，需要使用一些插件。请运行下面的命令行，将插件安装为项目的开发依赖：

```
npm install --save-dev grunt
npm install --save-dev load-grunt-tasks
npm install --save-dev grunt-contrib-connect
npm install --save-dev grunt-contrib-jshint
npm install --save-dev grunt-contrib-less
npm install --save-dev grunt-contrib-watch
```

如果现在查看 package.json 文件的内容，它应该包含了所有在 devDependencies 属性中安装的 Grunt 插件。

注意：
正式维护插件的 Grunt 核心开发者在名字中都包含了 contrib。

2.3.3　目录结构

在创建第一个 Gruntfile 之前，请浏览当前的目录结构，并保证你并未缺失任何应用文

件、Grunt 插件和 Bower 依赖。在完成该检查之后,,现在的文件系统结构应该如下所示:

```
root-folder/
├── package.json
├── bower.json
├── .bowerrc
├── app/
│   ├── index.html
│   ├── main.less
│   ├── app.js
│   ├── bower_components/
│   │   └── angular/
├── node_modules/
│   ├── grunt/
│   ├── grunt-contrib-connect/
│   ├── grunt-contrib-jshint/
│   ├── grunt-contrib-less/
│   ├── grunt-contrib-watch/
│   ├── load-grunt-tasks/
```

刚刚安装的 Grunt 插件都被包含在 node_modules/文件夹中。因为我们使用.bowerrc 文件对 Bower 进行了配置,所以它将把 Angular.js 模块资产安装到 app/目录中。如果目录结构与此不符,那么请花一点时间检查 2.3.1 节"开始使用 Grunt"。在配置第一个 Gruntfile 时,将使用这样的目录结构。

2.3.4　Gruntfile

Gruntfile.js 在项目的根目录中,它是 package.json 的兄弟文件,并且应该随着其他源代码一起提交。请从头创建一个如代码清单 2-4 所示的简单主干代码,来查看 Gruntfile 的各种组件。

代码清单 2-4:主干 Gruntfile.js

```javascript
// [1] 封装器函数
module.exports = function(grunt) {

  // [2]项目和任务配置
  grunt.initConfig({
    pkg: grunt.file.readJSON('package.json')
  });

  // [3]自动加载所有插件任务
  require('load-grunt-tasks')(grunt);

  // [4]默认任务
  grunt.registerTask('default', []);

};
```

代码清单 2-4 所示的 Gruntfile 文件的 4 个主要部分都使用注释进行了注解。所有的 Grunt 代码都必须在[1]中(封装器函数)。项目和任务配置属性都将被传入到[2]中 (grunt.initConfig()方法)。为了配置已安装插件提供的任务，我们必须显式地让 Grunt 加载所有插件的任务[3]。最后，可以注册自定义任务，用于执行预定义任务的组合。在命令行中运行 grunt 时，Grunt 将执行 default 任务。

注意：

已安装的 load-grunt-tasks 插件将负责加载 package.json 文件中定义的每个 Grunt 插件的所有任务。没有它，你就不得不手动加载插件，如下所示：

```
grunt.loadNpmTasks('grunt-contrib-connect');
```

使用该插件将节省一些代码，尤其是当 Gruntfile 依赖的插件数量增加时。

2.3.5　配置任务和目标

现在我们已经创建了 Gruntfile 的主干，并了解了它的基本结构，那么接下来就可以配置 Grunt 任务和目标了。无论何时运行任务，Grunt 都将在同名的属性中搜索它的配置。任务可以有多个目标，每个目标可以有自己的配置选项。在本节，将配置由之前所安装的 4 个特定插件提供的任务，检查它们如何一起自动执行一个简单的工作流。

1. Connect 任务

被安装为开发依赖的 grunt-contrib-connect 插件公开了一个 connect 任务，它可以在 Gruntfile 中进行配置。该插件允许启动一个轻量级的 Node.js 服务器作为工作流的一部分，用于支持应用资产。修改 Gruntfile，在 grunt.initConfig 方法中添加下面的内容：

```
// 配置来自于'grunt-contrib-connect'的 'connect'任务
connect: {
  // [1]任务选项，覆盖内置的默认值
  options: {
    port: 9000,
    open: true,
    livereload: 35729,
    hostname: 'localhost'
  },
  // [2] 任意指定目标
  development: {
    // 目标选项，覆盖任务选项
    options: {
      middleware: function(connect) {
        return [
          connect.static('app')
        ];
      }
    }
  }
}
```

配置 Grunt 插件非常简单，只需在传给 grunt.initConfig()方法的 JavaScript 对象中添加一个匹配插件名称的新属性即可。在每个任务配置中，可以指定一个选项对象，用于覆盖插件提供的内置默认值。在本例中，将把服务器设置为运行在 http://localhost:9000/上，并在端口 35729 上运行独立的 connect-livereload 服务器，把 livereload 脚本标记注入页面中，运行时请求默认的浏览器打开一个新的选项卡。

注意：

connect 是由 Sencha Labs 为 Node.js 创建的一个中间件框架，它有着丰富的捆绑插件和第三方插件(http://www.senchalabs.org/connect/)。

除了使用 connect 框架支持文件，已安装的 grunt-contrib-connect 插件将使用一个称为 connect-livereload 的中间件插件，在服务器响应过程中把<script>标记注入页面中。这是创建 livereload 的第一步，当修改应用的资产时，通过它你的 Web 页面将进行实时更新，而不必手动干预。下一步骤将在稍后(讲解 grunt-contrib-watch 插件配置时)进行讨论。

下一件要做的事情是：为connect任务配置一个新的目标(任意名称)[2]。因为应用文件都驻留在app/目录中，所以需要告诉自己的development目标从该位置提供静态资产。将通过设置目标options对象的middleware属性来实现，该属性将返回一个对connect.static('app')的调用(如之前所看到的，该调用被封装在一个数组中)。尽管该样例并未演示，但要注意：目标级别的选项将覆盖任务级别的选项。

现在我们已经成功配置了 connection 任务，并使用一些选项配置了 development 目标，接下来就可以运行本地开发服务器，并在新的浏览器选项卡中打开应用，请运行下面的命令：

```
grunt connect:development:keepalive
```

在命令行中执行 Grunt 任务的语法如这里展示的 taskName:targetName:args 模式所示。可以指定多个参数，但是必须使用分号将它们分隔开。为了保持连接运行中的服务器，将向 connect 任务中传入 keepalive 参数。关于所支持的配置选项和参数的完整列表，请访问文档 https://github.com/gruntjs/grunt-contrib-connect。

2. Less 任务

现在我们已经有了一个轻量级的 Web 服务器可以提供静态文件的访问，接下来要学习的是如何为 Less 文件创建一个编译任务。如果一直都按照书中的步骤进行，那么你应该已经注意到了：仅有的样式都定义在 main.less 中。不过，因为 index.html 引用了 main.css，而该文件尚不存在，所以没有样式会被应用到样例应用中。通常，需要安装 Less 命令行编译器，并在每次对样式做出修改时调用它，如下所示：

```
npm install -g less
lessc app/main.less > app/main.css
```

不过，之前安装的 grunt-contrib-less 插件公开一个 less 任务，通过它可以配置并自动执行编译过程。修改 Gruntfile，在 connect 任务配置之后添加下面的代码行：

```
// 配置来自于'grunt-contrib-less'的'less'任务
less: {
  development: {
    files: {
      'app/main.css': 'app/main.less'
    }
  }
}
```

这里，我们在 Less 任务的 development 目标的 files 属性中指定了 main.less 到 main.css 的转换信息。为触发该任务，请按之前描述的模式运行下面的命令行：

```
grunt less
```

该命令已经在 app/目录中创建了 main.css 文件。尽管现在 Less 编译任务已经得到了正确的配置，但我们仍需在每次对 main.less 文件做出修改时运行 grunt less 命令。接下来将学习如何使用 grunt-contrib-watch 插件自动执行该任务。对于 Less 任务可用配置选项的完整列表，请访问插件文档页面：https://github.com/gruntjs/grunt-contrib-less。

3. JSHint 任务

JSHint 是一个开源静态代码分析工具，它可以检测 JavaScript 代码中的错误和潜在问题，并帮助增强编码规范。静态分析的过程通常被称为 linting，它应该被看成所有工作流和构建系统不可分割的一部分。已安装的 grunt-contrib-jshint 插件公开了一个可配置的 JSHint 任务，它可以作为 Grunt 工作流系统的一部分进行自动化。在 Gruntfile 文件中的 Less 任务之后添加下面的代码，用于对 JavaScript 文件执行 Lint 操作：

```
// 配置来自'grunt-contrib-jshint'的'jshint'任务
jshint: {
  options: {
    jshintrc: '.jshintrc'
  },
  all: [
    'Gruntfile.js',
    'app/*.js'
  ]
}
```

这里使用任务级别选项配置 JSHint 任务，将寻找一个.jshintrc 文件(通过它可以自定义 JSHint)和一个称为 all 的目标，用于指定希望 lint 的 JavaScript 文件。除了显式地引用每个文件，它还支持正则表达式。代码清单 2-5 展示了一个含有常用首选项的样例.jshintrc 文件，它可以作为一个有用的起点。关于所有支持的配置选项和相关文档的详细列表，可访问 http://www.jshint.com/docs/options/。

```
{
    "node": true,
    "browser": true,
    "esnext": true,
    "bitwise": true,
    "camelcase": true,
    "curly": true,
    "eqeqeq": true,
    "immed": true,
    "indent": 2,
    "latedef": true,
    "newcap": true,
    "noarg": true,
    "quotmark": "single",
    "undef": true,
    "unused": true,
    "strict": true,
    "trailing": true,
    "smarttabs": true
}
```

现在我们已经使用.jshintrc 文件配置了项目的 linting 设置，接下来触发 Grunt JSHint
任务并查看输出：

```
$ grunt jshint
Running "jshint:all" (jshint) task

  Gruntfile.js
    5 |  grunt.initConfig({
         ^ Missing "use strict" statement.
  app/app.js
    3 |angular.module('Workflow', [])
       ^ 'angular' is not defined.

>> 2 errors in 2 files
Warning: Task "jshint:all" failed. Use --force to continue.

Aborted due to warnings.
```

可以看到 JSHint 分别报告了两个 JavaScript 文件的两个错误。第一个错误可以通过在
Gruntfile 顶部添加 'use strict';的方式轻松解决。而为了解决第二个错误，则需要更新.jshintrc
文件，在其中添加配置选项"predef": ["angular"]，从而使 JSHint 将 angular 识别为一个全局
定义的变量。在命令行中重新运行 JSHint 任务，验证 JavaScript 文件中不存在 lint 可以检
测到的错误。关于 JSHint 任务可用配置选项的完整列表，可访问插件文档页面 https://github.
com/gruntjs/grunt-contrib-jshint。

注意：

Strict Mode 是 ECMAScript 5 的一个功能，通过它可以将程序或函数置于严格操作上下文中，从而阻止特定操作的产生并抛出更多异常。可在 http://caniuse.com/#feat=use-strict 网址中检查当前支持 Strict Mode 的浏览器的详细列表。关于 Strict Mode 的更多信息，可访问 http://www.ecma-international.org/publications/files/ ECMA-ST/Ecma-262.pdf 中 ES5规范的第 235 页。

4. Watch 任务

grunt-contrib-watch 公开一个 watch 任务，可以轻松地配置它，在添加、改变或删除被监视文件的模式时运行预定义的任务。该插件允许自动执行其他任务，并提供将 livereload 集成作为工作流一部分这个任务的最后一步(开始在 connect 任务的配置中讨论过)。通过在 Gruntfile 文件的 JSHint 任务之后添加下面的代码，把到此为止创建的所有任务都组合到一起：

```
// 配置来自'grunt-contrib-watch'的'watch'任务
watch: {
  options: {
    livereload: '<%= connect.options.livereload %>',
  },
  js: {
    files: ['app/*.js'],
    tasks: ['jshint']
  },
  styles: {
    files: ['app/*.less'],
    tasks: ['less']
  },
  html: {
    files: ['app/*.html']
  }
}
```

注意，这里使用任务级别的option属性，因此接下来所有配置的目标都启用了livereload。然后继续为所有希望监视变动的每个文件组创建新的目标。在js和styles目标中，我们指定了两个选项：一个文件模式的数组和一个在监视文件被修改时将要执行的任务的数组。html目标并未指定需要运行的任务，因为我们不打算这么做，现在对超文本标记语言(HTML)文件所进行的操作都是工作流的一部分，而不只是提供它们。在命令行中运行grunt watch，然后修改JavaScript或Less文件，这应该会自动地(分别)触发JSHint和Less任务。关于watch任务可用配置选项的完整列表，可访问插件文档页面https://github.com/gruntjs/grunt-contrib-watch。

5. 默认任务

尽管只运行watch任务是非常有用的，但为了完成简单工作流的创建，需要运行connect

服务器，从而使 livereload 可以正常工作。为此，需要调用 grunt.registerTask()函数使用 Grunt 注册一个新的别名任务。该方法将接受 taskName 和 taskList 作为参数，其中 taskList 必须是以指定顺序运行的任务所组成的一个数组。可修改 Gruntfile 底部注册的默认任务，代码应如下所示：

```
// 默认任务
grunt.registerTask('default', ['connect:development', 'watch']);
```

在使用 Ctrl+C 终止了之前运行的 watch 任务之后，可使用下面的命令启动默认任务：

```
grunt
```

该命令将启动连接服务器，并在新的浏览器选项卡中打开应用的一个实例。接下来修改 index.html 文件，在开始<body>标记之后添加<p>Hello Grunt</p>。Grunt 应该在文件保存之后看到这个改变，并同时向 livereload 服务器发送一条消息，让使用该文件的客户端重新加载页面。我们不需要在每次修改文件之后都单击浏览器的 Refresh 按钮。尝试将 main.less 文件中<h1>元素的颜色从 SteelBlue 改为 Red。Grunt 将把它编译成 main.css 文件，并使用 livereload 自动更新 DOM。最后，在 app.js 中的$scope.tools 数组里添加'Gulp'，Gunt 将使用 JSHint 执行 lint 操作，并使用这个简单的改动更新浏览器选项卡。

2.3.6　创建自定义任务

我们已经看到了如何使用由一些插件提供的简单配置选项自动执行几个常见的工作流任务。不过，如果希望创建不依赖于之前存在的插件的自定义任务，那么也可以轻松实现，因为 Grunt 是使用 Node.js 运行的。可以轻松地将要编写的任意 JavaScript 代码插入到当前工作流中，如接下来的脚本所示，Grunt 提供了一些有用的机制，将帮助创建自定义任务：

```
// 自定义任务
grunt.registerTask('myTask', 'My custom task', function(one, two) {
  // Force task to run in async mode and save handle for completion callback
  var done = this.async();

  setTimeout(function() {
    // [1]访问任务名称和参数
    grunt.log.writeln(this.name, one, two);

    // [2]如果属性不存在就失败
    grunt.config.requires('connect.options.livereload');

    // [3]访问配置属性
    grunt.log.writeln('The livereload port is '
      + grunt.config('connect.options.livereload'));

    // 异步成功完成
    done();

    // [4]运行其他任务
```

```
    grunt.task.run('default');
  }.bind(this), 1000);
});
```

该样例使用 Grunt 注册了一个名为 myTask 的任务，它将接受两个参数，并包含了一个自定义描述。为了演示一个以异步模式运行的任务，这里调用了 this.async()，剩余的代码将在 setTimeout() 的调用中执行，并在异步成功完成之后调用 done()。这里将使用辅助函数访问任务名和参数[1]，如果指定的配置属性不存在就失败[2]，并访问之前已经定义的 Grunt 配置选项[3]。指示自定义任务运行其他工作流任务也是可以的，如[4]所示。如本章之前所提到的，还可以使用分号分隔的参数调用自定义任务。该任务的调用和输入如下所示：

```
$ grunt myTask:Hello:World
Running "myTask:Hello:World" (myTask) task
myTask Hello World
The livereload port is 35729

Running "connect:development" (connect) task
Started connect web server on http://localhost:9000

Running "watch" task
Waiting...
```

注意：

注意如何使用 grunt.log.writeln()辅助函数输出多个变量。Grunt 提供了几个辅助函数，其中一个就是 grunt.log.error()，如果使用一个消息调用它，那么它就会终止接下来任何任务的执行。强制 Grunt 在一个错误发生后执行剩下任务的唯一方式就是：在命令行中运行 grunt 时指定--force 标志。

现在我们已经学习了如何注册自定义任务和使用一些内置的辅助函数，使用 Grunt 所能完成的事情的唯一限制是基于 JavaScript 代码所能完成的事情，所以天空才是极限!代码清单 2-6 展示了完整的 Gruntfile，它将自动执行本节配置的所有工作流任务，以及之前描述的自定义任务。接下来将使用 Gulp.js 创建一个类似的工作流，这是另一种流行的开源 JavaScript 构建系统，但它将使用一种不同的哲学原则。

代码清单 2-6：完整的 Gruntfile.js

```
'use strict';

// 封装器函数
module.exports = function(grunt) {

  // 项目和任务配置
  grunt.initConfig({
    pkg: grunt.file.readJSON('package.json'),
```

```
// 配置来自'grunt-contrib-connect'的'connect'任务
connect: {
  // 任务选项，覆盖内置的默认值
  options: {
    port: 9000,
    open: true,
    livereload: 35729,
    hostname: 'localhost'
  },
  // 任意命名的目标
  development: {
    // 目标选项，覆盖任务选项
    options: {
      middleware: function(connect) {
        return [
          connect.static('app')
        ];
      }
    }
  }
},

// 配置来自'grunt-contrib-less'的'less'任务
less: {
  development: {
    files: {
      'app/main.css': 'app/main.less'
    }
  }
},

// 配置来自'grunt-contrib-jshint'的'jshint'任务
jshint: {
  options: {
    jshintrc: '.jshintrc'
  },
  all: [
    'Gruntfile.js',
    'app/*.js'
  ]
},

// 配置来自'grunt-contrib-watch'的'watch'任务
watch: {
  options: {
    livereload: '<%= connect.options.livereload %>',
  },
  js: {
    files: ['app/*.js'],
```

```
    tasks: ['jshint']
  },
  styles: {
    files: ['app/*.less'],
    tasks: ['less']
  },
  html: {
    files: ['app/*.html']
  }
 }
});

// 加载目标插件，它将提供特定的任务
require('load-grunt-tasks')(grunt);

// 默认任务
grunt.registerTask('default', ['connect:development', 'watch']);

// 自定义任务
grunt.registerTask('myTask', 'My custom task', function(one, two) {
  // 强迫任务以异步模式运行，并保存完成回调的句柄
  var done = this.async();

  setTimeout(function() {
    // 访问任务名和参数
    grunt.log.writeln(this.name, one, two);

    // 如果属性不存在就失败
    grunt.config.requires('connect.options.livereload');

    // 访问配置属性
    grunt.log.writeln('The livereload port is '
      + grunt.config('connect.options.livereload'));

    // 成功完成异步
    done();

    // 运行其他任务
    grunt.task.run('default');
  }.bind(this), 1000);
});

};
```

2.4　Gulp

　　Gulp 是另一个流行的工作流自动化工具，它使用 Node.js 流提供了一个流式构建系统，

并且支持"代码优于配置"的原则。这种方式通过移除了对大型配置文件的需求，简化了复杂任务的管理。类似于 Grunt，Gulp 提供了一个命令行工具，用于运行由不断发展的插件社区所提供的任务，以及使用 JavaScript 开发的自定义任务。

2.4.1　开始使用 Gulp

开始使用 Gulp 和它优雅的简单应用编程接口(API)的第一件事就是在机器中的全局位置安装命令行。为访问 gulp 工具，可运行下面的命令：

```
npm install -g gulp
```

2.4.2　安装插件

在本节，将使用 Grunt 创建本章之前构建的相同工作流，但是使用的是 Gulp 的插件生态系统。现在 Gulp 已经安装在全局位置中，接下来要安装完成该任务所需的插件和模块，可运行下面的命令行：

```
npm install --save-dev gulp
npm install --save-dev gulp-load-plugins
npm install --save-dev gulp-livereload
npm install --save-dev gulp-less
npm install --save-dev gulp-jshint
npm install --save-dev jshint-stylish
npm install --save-dev opn
npm install --save-dev connect
npm install --save-dev connect-livereload
```

打开 package.json 文件并检查 devDependencies 属性，验证之前代码中列出的所有插件都已经被添加为开发依赖。在成功安装了所有必需的插件之后，下一步就是创建第一个 Gulpfile。

2.4.3　Gulpfile

Gulpfile.js类似于本章之前创建的Gruntfile.js文件，它被保存在项目的根目录中，是package.json的兄弟文件。它应该随着其他源代码一起提交。代码清单2-7包含一个Gulpfile.js文件的主干代码，接下来的小节将基于它配置各种不同的任务。

代码清单 2-7：主干 Gulpfile.js

```
// [1] 要求加载 gulp
var gulp = require('gulp');

// [2] 加载插件
var $ = require('gulp-load-plugins')();

// [3] 使用 'gulp'运行的默认任务
gulp.task('default', [], function () {
});
```

如代码清单所示，Gulpfile 的主干由几部分组成：[1]加载 Gulp 库、[2]加载 package.json 文件中列出的所有插件、[3]注册一个特定的任务。与 Grunt 一样，默认的 Gulp 任务将在运行 gulp 命令时执行。因为 Gulp 主张约定优于配置的理念，所以要注意到这里没有等同于 Grunt initConfig()方法的 Gulp 方法。现在我们已经看到了 Gulpfile 的 3 个主要部分，接下来就可以编写自己的第一个 Gulp 任务了。

注意：

已安装的 gulp-load-plugins 模块将根据指定的变量，加载 package.json 文件中列出的 Gulp 插件，在去除了 gulp-前缀之后加载每个插件并为它们添加命名空间。没有这个有用的模块，你就不得不手动加载每个插件，如下所示：

```
var jshint = require('gulp-jshint');
```

注意，其功能不同于 Grunt 的 load-grunt-tasks 插件，因为在本例中，你正在直接请求加载一个插件模块的句柄，而不是加载可配置的任务。

2.4.4　创建任务

Gulp 任务的结构将遵守格式 gulp.task(name[, deps], fn)，它由一个名字、一个可选依赖的列表(数组形式)以及一个执行目标操作的回调函数组成。名字被用于从命令行直接调用任务，可选的依赖数组中可以包含一个任务名称的列表，这些任务将在当前任务函数运行之前执行和完成。在本节，将使用每个已安装的 Gulp 插件和 Node.js 模块，创建一个自动化工作流，用于提供应用资产、编译 Less 样式表和针对 JavaScript 文件执行 Lint 操作。

1. Connection 任务

你可能已经注意到了：并非所有已安装的模块都是特定于 Gulp 的插件。因为 Gulp 采用更加编程化的方式自动执行开发者工作流，所以它通常足够简单，可以直接使用 Node.js 模块执行任务的操作。我们要实现的 connect 任务正是如此。修改 Gulpfile，在加载 Gulp 插件之后的某个位置添加下面的代码：

```
// 用于启动 Web 服务器的'connect'任务
gulp.task('connect', function () {
  var connect = require('connect');
  var app = connect()
    .use(require('connect-livereload')({ port: 35729 }))
    .use(connect.static('app'))
    .use(connect.directory('app'));

  require('http').createServer(app)
    .listen(9000)
    .on('listening', function () {
      console.log('Started connect web server on http://localhost:9000');
    });
});
```

在使用Grunt配置该任务时，grunt-contrib-connect插件将在底层使用Node.js模块的connect和connect-livereload，并公开相应的配置选项。按照Gulp 约定优于配置的哲学，之前的代码将直接与这两个模块进行交互，并实现目标任务功能。一个新的Connect服务器将通过.use()函数使用3个中间件插件实例化。这些插件将把livereload脚本注入对外的请求中、提供app目录中的静态文件，并使该目录自身变得可浏览。最后，该代码将使用Node内置的http模块创建一个新的服务器集合，并使用Connect应用实例监听端口 9000。最终在实现了connect任务之后，请运行下面的命令：

```
gulp connect
```

打开浏览器访问 http://localhost:9000/，页面中将显示出本章之前创建的简单应用。尽管这个简单的 Connect 应用实例足以满足大多数工作流自动化的需求，但是可以找到所有附带的 Connect 中间件插件的完整列表，文档站点为 http://www.senchalabs.org/connect/。

2. less 任务

下一步是创建 less 任务，通过它使用 Gulp 把 Less 文件编译成 CSS 文件。因为我们已经安装了 gulp-less 插件，所以实际上 less 任务的实现是非常直观的。在 connect 任务实现之后添加下面的代码：

```
// 用于编译样式的'less'任务
gulp.task('less', function () {
  return gulp.src('app/*.less')
    .pipe($.less({ paths: 'app' }))
    .pipe(gulp.dest('app'));
});
```

该任务要做的第一件事情就是调用 gulp.src()，它将接受一个 glob，并返回一个文件结构流(可以被导入到其他插件中)。Globbing 是这样一个概念：它允许使用 shell 模式和正则表达式匹配文件。然后调用 Node.js 的 Stream.pipe()函数把文件流导向 gulp-less 插件(它被添加到$变量的命名空间中)，将目标 app/目录指定为路径。此时输出流中包含了已编译的 CSS 文件，接受一个路径的 gulp.dest()将被调用，把流写入文件中。在使用 gulp.dest()时，不存在的文件夹将自动创建。因为 gulp-less 插件将维护文件夹结构，并重命名输出文件，指定的路径将被用作一个目录。运行下面的命令调用完整的 less 任务：

```
gulp less
```

该命令将把 app/目录中的所有 less 文件编译成对应的 CSS 文件。值得一提的是：事实上因为 Less 是一个 Node.js，同时也是一个命令行工具，它公开一个 API 用于在代码中通过编程的方式使用。这意味着 Gulp less 任务从技术角度看可以直接使用 Node.js 模块实现，但是 gulpless 插件自动完成了大部分工作，这将使它更易于使用。可以访问插件文档页面 https://github.com/plus3network/gulp-less 找到 gulp-less 命令用法的完整列表。

注意:

你可能已经注意到了本节创建的 less 任务包含了一个返回语句。按照定义,如果 Gulp 任务的实现函数接受一个回调函数、返回一个流或者返回一个约定(promise),那么它可以通过异步的方式运行。随着构建系统功能的扩展,使用 Node 的异步能力将变得越来越重要。因为 ulp.src()和 Stream.pipe()都将返回可链接的流,所以符合三个条件之一的 less 任务的实现函数将要求 Gulp 以异步的方式运行该任务。接受一个回调函数可以采用下面的方式实现:

```
gulp.task('taskName', function(done) {
  // 做一些工作,并在异步调用时失败
  done(err);
});
```

也可以使用流行的 q 库返回一个约定(promise),如下所示:

```
var Q = require('q');

gulp.task('taskName', function() {
  var deferred = Q.defer();
  // 执行异步工作
  setTimeout(function() {
    deferred.resolve();
  }, 1);
  return deferred.promise;
});
```

3. JSHint 任务

因为对 JavaScript 文件执行 Lint 操作是所有前端构建系统的一个重要部分,所以将使用之前已经安装的 gulp-jshint 插件在 Gulp 工作流中添加这个功能。在 Gulpfile 的 less 任务之后添加下面的代码实现 jshint 任务:

```
// 用于对 JS 文件执行 Lint 操作的'jshint'任务
gulp.task('jshint', function () {
  return gulp.src('app/*.js')
    .pipe($.jshint())
    .pipe($.jshint.reporter(require('jshint-stylish')));
});
```

这里glob模式app/*.js被传给了gulp.src(),从而使所有app/目录中的JavaScript文件都被读取并使用流进行表示(可以被导入到gulp-jshint插件中),它们将通过$.jshint()进行访问。注意,因为不需要将输出写入到磁盘,所以在本例中使用gulp.dest()是不必要的。另外值得一提的是:因为该任务实现函数返回了一个Node.js流,所以Gulp将异步地针对JavaScript文件执行Lint操作。请运行下面的命令,调用完整的jshint任务:

```
gulp jshint
```

此时，linting 进程的输出应该显示没有错误。为了演示一个 linting 错误，从 app/app.js 文件中移除'use strict';，并重新运行 jshint 任务。你应该注意到它的输出格式不同于调用 grunt jshint 时产生的输出。这是因为 JSHint 被设置为使用 jshint-stylish 报告器(本节之前已经安装了)，而不是使用内置的默认报告器。用下面的代码替换在其中注册报告器的代码行：

```
.pipe($.jshint.reporter('default'));
```

重新运行 Gulp jshint 任务现在应该生成不同的结果。如你所见，JSHint 报告器将操纵错误的格式化方式。在本例中，jshint-stylish 报告器把错误消息分割成多行，并为部分内容添加颜色，以便阅读。可以访问网址 http://jshint.com/docs/reporters/ 找到创建自定义报告器的信息，以满足个人的需求。在继续实现 watch 任务之前，请保证已经相应地撤消了 app/app.js 文件和 jshint 任务的改动。关于所有 gulp-jshint 插件支持的调用的详细列表，可访问 https://github.com/spenceralger/gulp-jshint。

4. Watch 任务

与使用 Grunt 时必须安装和配置 grunt-contrib-watch 插件不同，Gulp 通过 gulp.watch() 函数在它的 API 中直接构建了文件监视能力。为了使用监视功能自动执行之前定义的任务，需要在 Gulpfile 中的 jshint 任务之后添加下面的代码行：

```
// 用于响应文件修改的 'watch' 任务
gulp.task('watch', function () {

  // 在默认端口 35729 上启动一个 livereload 服务器
  $.livereload.listen();

  // 监视改变并通知 LR 服务器
  gulp.watch([
    'app/*.html',
    'app/*.css',
    'app/*.js'
  ]).on('change', function (file) {
    $.livereload.changed(file.path);
  });

  // 为指定文件的改变运行 gulp 任务
  gulp.watch('app/*.js', ['jshint']);
  gulp.watch('app/*.less', ['less']);
});
```

监视任务要做的第一件事就是使用之前安装的 gulp-livereload 插件在默认的端口上启动一个 livereload 服务器。此后，使用一个文件 glob 模式(应该被监视变化的文件)的数组调用 gulp.watch()。因为 gulp.watch()返回了一个 Node.js EventEmitter 用于发射改变事件，所以接下来要调用 EventEmitter.on()函数，从而使 livereload 服务器可以得到接下来文件修改的通知。这是通过将被修改的文件用作参数调用插件的 changed()函数实现的。此时，watch 任务已经被创建用于监视 HTML、CSS 和 JavaScript 文件的变动，并且它能够与 livereload

服务器进行通信，从而使更新可以自动被传播到所有已连接到的浏览器。不过，为了使用之前定义的 jshint 和 less 任务，需要两个对 gulp.watch()方法的额外调用，用于指示 Gulp 在 JavaScript 和 less 文件改动时运行这些任务。在命令行中运行 gulp watch，然后修改一个 JavaScript 或者 less 文件，现在它们应该(分别)自动触发 jshint 和 less 任务。关于可用的 Gulp API 函数的完整列表，请访问文档页面 https://github.com/gulpjs/gulp/blob/master/docs/API.md。

5. 默认任务

与本章之前创建的 Grunt 工作流一样，需要配置默认的 Gulp 任务，并同时运行 connect 和 watch 任务，从而实现一个更加自动化的解决方案。为此，在 Gulpfile 文件的底部，将默认任务的代码修改为如下所示的内容：

```
// 运行'gulp'所使用的默认任务
gulp.task('default', ['connect', 'watch'], function () {
  require('opn')('http://localhost:9000');
});
```

注意，这个 gulp.task()调用将使用一个任务依赖的可选数组，这些任务将在当前任务实现函数运行之前执行并完成。执行 connect 和 watch 任务后，使用之前安装 opn 库在默认浏览器中打开这个样例应用。对于 Grunt 来说，这个功能是由 grunt-contrib-connect 插件的一个可配置选项所控制的。如果之前已经运行了 gulp watch，可运行下面的命令，保证在启动默认任务之前终止它：

```
Gulp
```

与 Grunt 一样，该命令应该启动连接服务器，初始化文件监视功能，并在新的浏览器选项卡中打开一个应用的实例。为了验证 Gulp 工作流是否按照目标正常工作，可对 app/ 目录中的 index.html、app.js 和 main.css 做一些修改。Gulp 现在应该对 JavaScript 文件执行 Lint 操作、把 less 文件编译成 CSS 文件，并使用 livereload 功能提供所有的应用资产。在继续学习下一节之前，请撤消对这些文件的改动。

2.4.5　参数和异步行为

Grunt 部分内容中的最后一个样例创建了一个可以接受参数和使用一些内置辅助函数的自定义任务。而对于 Gulp 来说，整个 Gulpfile 都是由自定义任务组成的，所以在本节将使用两个库重新创建 myTask，这两个库将帮助解析命令行选项和促进异步编程。可在命令行中运行下面的命令安装所需的模块：

```
npm install --save-dev nopt
npm install --save-dev q
```

nopt 模块是一个得到良好维护的参数解析库，而 q 模块是一个在 JavaScript 中创建和组成异步约定的工具。另两个流行的选项解析库是 minimist 和 yargs。async 模块也值得一提，因为它是最依赖 NPM 注册表中 Node 模块的模块之一，为使用异步 JavaScript 提供了直观的、强大的工具函数。为了看到如何在 Gulp 任务的上下文中使用这些库，可在 Gulpfile 文件的顶部、其他 require 语句之下添加 var nopt = require('nopt');，然后在文件底部添加下面的代码：

```javascript
// [1]设置CLI参数的解析
var knownOpts = {
  'one': String,
  'two': String
};
var shorthands = {
  'o': ['--one', 'Hello'],
  't': ['--two', 'World']
};
var options = nopt(knownOpts, shorthands);

// 自定义任务
gulp.task('myTask', function () {
  var deferred = Q.defer();

  setTimeout(function() {
    // [2]如果CLI参数不存在就失败
    if (!options.one || !options.two) {
      deferred.reject('Error: Please specify the --one and --two flags.');
    } else {
      // [3] 访问CLI参数
      console.log(options.one + ' ' + options.two);

      // [4]异步成功完成
      deferred.resolve();
    }
  }, 1000);

  return deferred.promise;
});
```

注意：

约定是一个异步编程抽象，它再次反转了与将回调函数作为参数传入相关的"反转控制模式"。与接受一个回调相反，myTask 实现函数将返回一个约定(Gulp 所支持的异步行为)。尽管关于约定的更多细节讨论超出了本章的范围，但值得一提的是 q 模块兼容 Promises/A+。关于 Promises/A+开放标准的更详细解释，请访问规范页面：http://promises-aplus.github.io/promises-spec/。

在实现 myTask 之前，请配置 nopt 模块，显式地解析两个命令行选项和它们相关的速记标志[1]。速记定义可以指定每个选项标志的默认值，本例正是这种情况。在任务实现函数中，我们创建了一个新的延迟对象，如果目标命令行标志不存在，那么它的.reject()函数将被调用，并使用错误消息作为参数[2]。运行 gulp mytask 将生成一个错误，并使 Gulp 在终端中显示出该失败信息。命令行选项在使用 nopt 解析之后，可以通过对象属性的方式访问，如[3]所示。最后，如果延迟对象的.resolve()函数被调用了，那么 myTask 就成功实现了异步[4]。请运行下面命令中的任意一个都能有效地执行该任务：

```
gulp myTask --one Hello --two World
gulp myTask -o --two Gulp
gulp myTask -ot
```

因为 Gulp 无法直接接受命令行参数作为函数参数，所以我们应该按照需求使用解析库增强自己的任务。此时，我们已经成功使用 Gulp 重新创建了之前使用 Grunt 构建的自动化工作流。代码清单 2-8 展示了完整的 Gulpfile，它提供了与本章之前 Gruntfile 所提供的相同功能。在下一节，将对如何使用 Make 命令行工具自动执行常见的 JavaScript 构建相关任务进行简单讨论。

代码清单 2-8：完整的 Gulpfile.js

```
'use strict';

var gulp = require('gulp');
var nopt = require('nopt');
var Q = require('q');

// 加载插件
var $ = require('gulp-load-plugins')();

// 设置 CLI 参数的解析
var knownOpts = {
  'one': String,
  'two': String
};
var shorthands = {
  'o': ['--one', 'Hello'],
  't': ['--two', 'World']
};
var options = nopt(knownOpts, shorthands);

// 用于启动 Web 服务器的'connect'任务
gulp.task('connect', function () {
  var connect = require('connect');
  var app = connect()
    .use(require('connect-livereload')({ port: 35729 }))
    .use(connect.static('app'))
    .use(connect.directory('app'));

  require('http').createServer(app)
    .listen(9000)
    .on('listening', function () {
      console.log('Started connect web server on http://localhost:9000');
```

```
    });
});

//用于编译样式的'less'任务
gulp.task('less', function () {
  return gulp.src('app/*.less')
    .pipe($.less({ paths: 'app' }))
    .pipe(gulp.dest('app'));
});

// 用于对 JS 文件执行 lint 操作的'jshint'任务
gulp.task('jshint', function () {
  return gulp.src('app/*.js')
    .pipe($.jshint())
    .pipe($.jshint.reporter(require('jshint-stylish')));
});

// 用于响应文件修改的'watch'任务
gulp.task('watch', function () {
  // 在默认端口 35729 上启动 livereload 服务器
  $.livereload.listen();

  // 监视改动，并通知 LR 服务器
  gulp.watch([
    'app/*.html',
    'app/*.css',
    'app/*.js'
  ]).on('change', function (file) {
    $.livereload.changed(file.path);
  });

  // 为指定文件的改动运行 gulp 任务
  gulp.watch('app/*.js', ['jshint']);
  gulp.watch('app/*.less', ['less']);
});

// 运行'gulp'时使用的默认任务
gulp.task('default', ['connect', 'watch'], function () {
  require('opn')('http://localhost:9000');
});

// 自定义任务
gulp.task('myTask', function () {
  var deferred = Q.defer();

  setTimeout(function() {
    // Fail if CLI arguments don't exist
    if (!options.one || !options.two) {
      deferred.reject('Error: Please specify the --one and --two flags.');
```

```
  } else {
    // 访问 CLI 参数
    console.log(options.one + ' ' + options.two);

    // 异步成功完成
    deferred.resolve();
  }
}, 1000);

return deferred.promise;
});
```

2.4.6　Gulp、Grunt 和 Make

如你所见，Grunt 和 Gulp 是极其复杂和强大的工作流自动化工具。尽管它们在 JavaScript 开源社区中都极其流行，但令人感到吃惊的是，大量流行的模块仍在使用上世纪 70 年代出现的自动化工具：Make。如果有 C 语言编程经验的话，那么你可能曾经使用 Make 来自动执行编译过程。本节将浏览在开发 JavaScript 开发项目时，如何使用 Make 自动执行常见的工作流任务。它还将讨论何时使用什么样的技术才是最合适的。

1. 使用 Make 实现自动化

Make 含有编译和链接 C 代码的大量复杂功能，但在 JavaScript 社区中，Make 主要用于创建常用 shell 脚本的别名。另外，Make 允许为常用程序的路径定义变量，从而使可以创建更加可读的命令。Make 通常预装在 Linux 一类的系统中，包括 Mac OSX。在继续学习之前，请在终端中运行 make 命令验证是否已经安装了 Make。你应该得到类似于下面的输出：

```
make: *** No targets specified and no makefile found. Stop.
```

与 Grunt 和 Gulp 一样，为 Make 定义的规则应该被包含在一个名为 Makefile 的文件中，该文件存在于项目的根目录中。在运行 make 命令时，它将尝试解析当前工作目录中的 Makefile。代码清单 2-9 包含了一个用于编译 less 资产的简单 Makefile。

代码清单 2-9：Makefile

```
LESSC = node_modules/less/bin/lessc

less:
$(LESSC) app/main.less > app/main.css
```

为了使整个样例可以工作，需要让 less 编译器成为项目的一部分，可以通过运行 npm install less 命令完成。现在，请运行下面的命令编译 less 资产：

```
make less
```

这个 Makefile 定义了一个新的规则 less，从而使得在运行 make less 命令时，make 命令知道如何运行对应的 shell 脚本。而且，Make 可以扩展宏；例如之前所示的$(LESSC)就是一个宏，它将在 Make 执行 shell 脚本之前被扩展到 node_modules/less/bin/lessc 中。通过这种方式我们就不需要再通过 npm install less –g 命令将 NPM 模块安装到全局位置，这在特定的开发环境配置中可能是有利的。

Make 与 Grunt 和 Gulp 最容易产生的对比就是 Make 大致上等同于 Gulp，但是规则是通过 shell 脚本语言编写的，而不是使用 JavaScript 创建任务。尽管 shell 脚本可能非常简单和优雅，但是它们不像 Node.js 脚本一样是平台独立的，并且没有很好的方式可以定义 Makefile 所需的外部程序。

为演示这一点，请考虑实现一个类似于本章之前定义的 gulp watch 任务所完成的功能：每次在 main.css 文件改变时运行 make less 命令。因为 lessc 程序目前不允许监视文件，所以 Makefile 将负责完成这个任务。遗憾的是，监视文件的修改是一个无法被很好地映射到标准 shell 命令的经典样例。一种实现方式可能是使用 watch 命令；不过，该命令默认在 OSX 上是不可用的。也可以使用 while 循环实现这个任务，但是这通常是个糟糕的注意。维护和测试 shell 脚本是出了名的困难，在 bash 脚本中编写逻辑可能很快就会失控。不过话虽这么说，一些工具还是可以监视内置文件的。例如，JavaScript 单元测试框架 Mocha 有一个-w 命令行标志，可以指示该工具监视文件的改动。在本例中编写一个 watch 规则是非常简单的；所有需要做的就是使用-w 命令行标志运行 Mocha。

2. 何时使用 Make

那么什么时候应该优先使用 Make，而不是 Gulp 或者 Grunt 呢？一般的经验法则是让你和你的团队保持事情尽可能地简单。如果唯一的需求是能够运行测试套件或者使用易于输入的命令缩小 JavaScript 文件，那么 Make 就足够使用，并且可以提供一种比 Gulp 或者 Grunt 更简单的方式。Make 是不是一个完美的选择，取决于你是否喜欢和熟悉 shell 脚本(如果构建过程依赖于许多现存 shell 脚本的话)，并且取决于你的开发环境。不过，一旦需要更加复杂的能力，例如监视文件或者条件逻辑，那么 Gulp 或者 Grunt 可能就是更好的选择。

3. 何时使用 Grunt

因为 Grunt 是高度可配置的，所以很可能社区已经为大多数任务(你可能希望完成的，只与工作流自动化和构建系统相关的)都创建了插件。这意味着复杂的 Gruntfile 可能只需要通过为每个已安装的插件配置任务和目标即可创建，这只需要极少的代码。对于包含了设计师的团队来说它也是非常有用的，因为设计师们会希望 Less/Saas 编译和 livereload 功能成为工作流的一部分，而不是专门用于 JavaScript 编程。更喜欢使用配置而不是使用 Node.js 流进行编程和不希望使用 shell 脚本的设计师和开发者应该选用 Grunt 满足他们的工作流需求。

4. 何时使用 Gulp

通过采用约定优于配置的哲学，Gulp 有利于喜欢使用异步 Node.js 流的开发者和程序员。尽管开源社区一直在扩展插件的选择范围，但是 Gulp 使得直接使用底层插件库编写任务这件事变得非常简单，从而减少工作流和构建系统的依赖数量。再结合 Gulp 的 Node.js 流的使用，可以帮助我们保持构建系统快速、轻量级和易于管理。需要使用复杂工作流自动化工具和已经采用了约定优于配置哲学的开发者应该倾向于使用 Gulp，而不是 Grunt 和 Make。

到目前为止本章已经讲解了如何使用 Grunt 和 Gulp 自动执行工作流，并了解了如何为大量使用 shell 或者自动化需求更简单的项目在 JavaScript 上下文中使用 Make。剩下要讨论的是构建系统自动化。在下一节，将浏览一个新的工具并基于所学到的 Grunt 和 Gulp 知识构建系统自动化，而这个工具可以搭建复杂的构建管道任务，支持连结、缩小、混淆和测试工具执行。

2.5　Yeoman

Yeoman是一个开源搭建工具，它可以帮助使用合理的默认设置启动新的项目，并强制使用最佳实践，并使用一些在开发现代Web应用时可以使我们保持高生产率的工具。Yeoman通过支持一个生成器的生态系统来完成这一点，可以使用yo命令运行这些插件，用于搭建完整的项目或者有用的部分。对于熟悉Ruby on Rails开发的开发者来说，这个过程类似于rails generate命令。使用Yeoman命令行工具生成的项目将得到一个健壮、成熟的客户端栈的支持，这个栈由一些工具和框架组成，而这些工具可以帮助我们快速构建出美丽的Web应用。

"Yeoman工作流"吸取了几个开源社区的成功和教训，所以可以放心我们的开发栈是非常智能的。Yeoman工作流由一个搭建工具(yo)、构建工具(grunt和gulp)以及包管理器(bower和npm)组成。Yeoman将使用这些工具避免手动创建新的项目时所涉及的复杂任务，从而使我们专注于构建应用来提高开发生产力和满意度。

2.5.1　开始使用 Yeoman

在开始使用 Yeoman 搭建项目之前，首先必须安装一个生成器。出于本章的目的，将浏览由 Yeoman 团队维护的官方 AngularJS 生成器，在网址 http://yeoman.io/generators/中还可以找到官方和社区维护的生成器的完整列表。为了开始使用该生成器，简单地运行下面的命令即可：

```
npm install –g generator-angular@0.9.8
```

2.5.2　搭建新的项目

项目搭建过程对于所有 Yeoman 生成器来说都是非常简单的。简单地创建一个新的目录，使用命令行浏览至该目录，然后运行 yo 命令使用目标生成器。通常这是一个生成器名字中跟在 generator-前缀之后的部分。因为本章已经安装了 AngularJS 生成器，下面的命令将启动新项目的搭建过程：

```
yo angular
```

此时，大多数生成器将显示出一些提示，用于帮助我们配置如何使用 Yeoman 搭建新的项目。generator-angular 正是如此，开始的一些提示将询问我们是否希望包含 Sass、Twitter 的 Bootstrap 框架以及一些常用的 AngularJS 模块。出于本节的目的，请为每个提示按下回车键，从而使 Yeoman 可以生成必要的文件并安装必需的依赖，用于支持工作流的改进。因为 AngularJS 生成器将使用 Grunt 自动执行所有的工作流和构建系统任务，所以接下来将简单讨论每个插件以及相关的任务(因为它们将出现在新生成的 Gruntfiles.js 文件中)。

2.5.3 浏览插件和任务

如之前提到的，Yeoman 通过创建一个可以改善开发者生产力和满意度的工作流促进最佳实践。通过精心配置构建系统工具中的一个(Grunt 或者 Gulp)和一组用于处理自动化本地开发、测试和生产打包的任务，从而实现工作流的改进。随着时间的推移，在被生成的工作流任务的背后的想法可能会改变。不过，本节的目标是帮助读者熟悉由 Yeoman 提供的各种意见，从而可以决定哪种意见更适合未来的某个项目。接下来描述的与插件相关的内容将被用作在构建现代 Web 应用时使用智能工作流可以完成的任务类型的样例。

注意:
由于所生成的 Gruntfile.js(在下一节讨论)的长度问题，每个任务的配置代码都已经被故意忽略掉了。不过，如果希望继续使用之前的项目，而不是显式地生成一个新的项目，那么本章附带的代码中的 yeoman/目录包含了由 AngularJS 生成器搭建的整个项目。确保在尝试执行工作流任务之前，先在命令行中从该目录运行 npm install && bower install。

1.load-grunt-tasks

如本章之前 Grunt 一节提到的，该插件将负责加载本工作流所需的、由各种不同插件公开的所有 Grunt 任务，它们都被添加到了 package.json 文件的 devDependencies 对象中。引用出现在第 13 行，可在网址 https://github.com/sindresorhus/load-grunt-tasks 中查看该插件的文档。

2. time-grunt

time-grunt 插件并未公开任何一个任务，但它将在命令行中使用一种清晰的格式输出所有 Grunt 任务已使用的执行时间。在调试配置不佳的任务或者尝试优化构建系统时，这是极其有用的。可以在网址 https://github.com/sindresorhus/time-grunt 中找到该插件的文档。

3. grunt-newer

该插件将与执行文件操作的任务(需要使用 src 和 dest 配置属性)一起使用。它公开 newer 任务，该任务不要求使用特殊的配置，但是它可以成为其他任务调用的前缀，从而减少由构建系统执行的文件操作的数量。例如，可将该插件与 JShint linter 一起使用:newer:jshint:all。当该任务第一次运行时，所有的源代码都将执行 lint 操作，但是在此之后，只有被修改的文件才会被这个 linter 所处理。可以在网址 https://github.com/tschaub/grunt-newer 中找到该插件的完整文档。

4. grunt-contrib-watch

该插件公开一个 watch 任务，该任务将在运行目标任务之前监视指定的文件是否发生过改动。它的配置我们已经讨论过了，这次唯一的区别就是出现了一些新的目标：bower、jsTest、compass 和 gruntfile。这些新的目标将分别负责重新链接前端依赖、重新运行单元测试、将 Sass 编译成 CSS 和重启构建系统。关于更多相关信息，请访问网址 https://github.com/gruntjs/grunt-contrib-watch。

5. grunt-contrib-connect

另外在前一节中讨论过，该插件公开一个 connect 任务，它将启动一个超文本传输协议(HTTP)服务器用于提供本地资产。该 Gruntfile.js 文件的任务配置包含了提供单元测试(test)和预览生产构建文件(dist)的额外目标。该插件的完整文档由 Grunt 核心团队所维护，地址为 https://github.com/gruntjs/grunt-contrib-connect。

6. grunt-contrib-jshint

如本章之前所配置的，该插件公开一个 jshint 任务，用于通过 JSHint linting 工具运行 JavaScript 文件。这一次，任务配置中包含了一个额外的目标，专门用于对相关的 JavaScript 单元测试文件执行 Lint 操作。关于 grunt-contrib-jshint 插件的更多文档，请访问网址 https://github.com/gruntjs/grunt-contrib-jshint。

7. grunt-contrib-clean

该插件公开一个clean任务，它对于移除不需要的文件和目录来说是非常有用的。如果查看该任务的配置的话，你会注意到它已经被创建用于移除.tmp/和dist/目录。Yeoman使用.tmp/目录存储需要被多个任务处理的文件(例如混淆和连结)，并将打包应用构建到dist/目录中。因为这些目录都是自动生成的，所以最佳实践表示需要使用一种方式在两次构建过程之间清除它们。更多相关信息请访问https://github.com/gruntjs/grunt-contrib-clean。

注意：

你可能已经注意到 generator-angular 为 Gruntfile.js 文件在任务配置中生成的<%= yeoman.app %>和<%= yeoman.dist %>。Yeoman 将使用这些模板，从而允许我们配置适合自己的项目目录结构。在 Gruntfile.js 文件的顶部找到 appConfig 对象，其中包含了 Yeoman 使用它渲染通过各种不同任务配置引用的模板。

8. grunt-autoprefixer

Autoprefixer 是一个独立工具，它将使用 Can I Use(http://caniuse.com/)数据库解析 CSS 并添加以供应商作为前缀的 CSS 属性。该插件公开一个 autoprefixer Grunt 任务，通过它可以配置 autoprefixer 的工作方式。默认情况下，Yeoman 将把任务级别 options 对象的 browsers 属性设置为 last 1 version。如果项目需要支持旧版浏览器，可修改该设置。grunt-autoprefixer 插件所有可用选项的详细解释如文档 https://github.com/nDmitry/grunt-autoprefixer 所示。

9. grunt-wiredep

Wiredep 是一个独立工具,它将把依赖连接到源代码中。该插件公开一个 wiredep Grunt 任务,该任务允许我们在源代码中直接注入 Bower 包,作为 Grunt 工作流的一部分。Yeoman 已经配置了该任务来查看主 index.html 文件,wierdep 将解析注释,注释告诉它注入依赖的位置。幸亏,Yeoman 也已经添加了必需的注释。对于 JavaScript 依赖,使用的是 bower: js,而 CSS 依赖则使用 bower: css 注入。这两种注释块都必须使用一个 endbower 注释作为结尾,并且在这些注释块之前什么也不应该插入,因为 wiredep 将使用 bower.json 文件中定义的依赖覆写这些内容。关于支持选项的完整列表,请访问网址 https://github.com/stephenplusplus/grunt-wiredep。

10. grunt-contrib-compass

该插件公开一个 compass Grunt 任务,它将配置独立工具 Compass 被集成到工作流中的方式。Compass 是一个开源的编写框架,它将把 Sass 文件编译成 CSS 文件。该插件要求已经在机器中安装了 Ruby、Sass 和 Compass。Yeoman 已经创建了 compass 任务,用于寻找指定应用根目录的 styles/目录中的 Sass 文件。如果希望改变这个行为,那么简单地修改该任务适当的配置选项即可。关于更多详细信息请访问该插件的仓库,地址为 https://github.com/gruntjs/grunt-contrib-compass。

11. grunt-filerev

该插件公开一个 filerev 任务,它提供了配置选项,用于支持通过文件内容哈希的方式集成静态资产修订,作为工作流的一部分。在部署应用到生产环境时,这是一个良好的实践,因为我们对如何缓存资产有着更好的控制。当新的版本生成时,优化后的应用文件将使用不同的哈希作为后缀,从而使缓存清除策略生效。默认情况下,Yeoman 配置了这个任务,用于修订所有的脚本、样式、图片和字体。关于更多信息,可访问 https://github.com/yeoman/ grunt-filerev。

12. grunt-usemin

该插件将把一组 HTML 文件(或者任何模板/视图)中的未优化脚本、样式表和其他资产的引用替换为优化后的版本。为此,Gruntfile.js 文件中的配置公开了 useminPrepare 和 usemin 任务。还记得 filerev 任务是如何创建资产的修订副本的吗?grunt-usemin 插件允许我们添加配置块(类似于 wiredep 所使用的配置块),用于指定如何替换源代码中的修订后和优化后的资产版本。如果查看 index.html 文件的话,我们应该注意到 wiredep 所使用的 bower:js 块被一个包含了 build:js(.) scripts/vendor.js 的注释包围了起来。这将指示 usemin 从任何该注释块中包含的 JavaScript 文件创建一个 vendor.js 文件(在本例中就是我们的 Bower 依赖),该注释块以 endbuild 注释结尾。在 index.html 文件的底部,可以看到类似的 usemin 注释块;它将用于为所有应用的自定义 JavaScript 文件编译一个 scripts.js 文件。

useminPrepare 任务将更新 Grunt 配置,在适当的注释构建块中包装的文件应用转换流。

默认情况下，usemin 配置了 concat 和 uglify 任务，它们分别是由 grunt-contrib-concat 和 grunt-contrib-uglify 插件公开的。这两个任务将负责结合所有的 JavaScript 文件(如 usemin 构建块所定义的)，并通过 UglifyJS 运行它来混淆结果。Yeoman 还添加了来自 grunt-contrib-cssmin 插件的 cssmin 任务作为工作流的一部分，它将负责压缩 CSS 文件。

usemin 任务将使用单个"总结"行替换所有的块，指向由转换流创建的文件。然后它将寻找资产的引用，并使用修订版本(由 filerev 任务创建)替换它们。使用 grunt-usemin 插件的结果是工作流得到了连接、混淆、缩小和修订源文件的能力。需要指出，如有必要，可以手动配置 concat、uglify 和 cssmin 任务。通过该插件，基于 index.html 文件中的注释构建块配置这些任务，用于管理转换流将变得更加容易。关于更多信息，包括额外转换流的样例，可访问插件文档 https://github.com/yeoman/grunt-usemin。

13. grunt-contrib-imagemin

该插件公开 imagemin 任务，通过它可以使用 gifsicle (压缩 GIF)、jpegtran (压缩 JPEG)、optipng(压缩 PNG)和 svgo (压缩 SVG)图片优化器压缩应用图片。优化器与插件绑定在一起，所以不需要在机器上安装它们。Yeoman 配置了 imagemin 任务，用于在应用根目录的 images/ 目录中寻找图片，但可以按照需求修改这个行为。关于该插件可用的压缩选项的完整列表，可访问文档 https://github.com/gruntjs/grunt-contrib-imagemin。

14. grunt-svgmin

尽管从技术角度看，可以使用 grunt-contrib-imagemin 插件来压缩 SVG，但是 Yeoman 默认还包含 grunt-svgmin 插件，通过公开的 svgmin Grunt 任务为 SVG(可伸缩向量图形)压缩过程提供了更精细的控制。该插件还使用了 svgo 优化器，在处理更加复杂的 SVG 图片时是非常有用的。可以在 https://github.com/sindresorhus/grunt-svgmin 中找到所有可用压缩选项的列表。

15. grunt-contrib-htmlmin

该插件将使用 html-minifier 开源工具来压缩 HTML 文件，这是一个高度可配置的、经过良好测试的、基于 JavaScript 的缩小器。该缩小器可以使用 Grunt 公开的 htmlmin 任务进行配置，Yeoman 已经提供了该任务而且使用了一些默认的选项(collapseWhitespace、removeOptionalTags 等)。为了学习更多关于如何通过 Grunt 将配置选项传递给捆绑的 html-minifier 的内容，可查看文档 https://github.com/gruntjs/grunt-contrib-htmlmin。

16. grunt-ng-annotate

该插件是基于命令行工具 ng-annotate 构建的，而这个工具可以添加、删除和重建 AngularJS 依赖注入注解。默认情况下，ngAnnotate 任务通过自动为依赖注入使用"详细格式"的方式，尝试使 AngularJS 代码在经过压缩后也是安全的。如果是第一次遇到 AngularJS 注解，那么下面是一个正常情况下不使用注解时的代码：

```
angular.module("MyApp").controller("MyCtrl", function($scope, $timeout) {
});
```

由于AngularJS处理依赖注入的本性，在缩小这段代码之后，应用可能遭到破坏。因此必须使用下面的"详细格式"，这样应用在缩小过程之后可以正确运行：

```
angular.module("MyApp").controller("MyCtrl", ["$scope", "$timeout",
function($scope, $timeout) {
}]);
```

尽管可手动地使用这种详细格式，但随着代码库的增长，这会变得乏味而且易于出错。Yeoman通过使用grunt-ng-annotate插件自动将代码转换成这种形式(在运行uglify任务之前，由usemin配置的)的方式避免了这个问题，从而确保在为生产环境压缩之后，应用代码不会遭到破坏。可在网址https://github.com/mzgol/grunt-ng-annotate 中找到ngAnnotate任务的更多信息和用例。

17. grunt-google-cdn

该插件公开了 cdnify 任务，它将允许我们使用 Google Content Delivery Network (CDN) 中托管的资源替换本地 JavaScript 引用。根据生产环境的不同，通过允许 Google 服务器提供一些供应商 JavaScript 文件(例如 AngularJS 库自身)的方式，降低发布应用的服务器所需的带宽这可能是一个优点。如果这不是生产环境所需的功能，那么可以轻松地删除这个任务，如本章稍后"修改"一节所描述的。关于更多信息，可访问插件文档 https://github.com/btford/grunt-google-cdn。

18. grunt-contrib-copy

该插件公开了可配置的 copy 任务，通过它可以轻松地在 Grunt 工作流中复制其中定义的文件和文件夹。在本例中，Yeoman 已经配置了该任务，用于将生产环境所需的资产复制到 dist/目录中，并将需要自动添加前缀的样式添加到.tmp/目录中。关于 copy 任务的更多信息，可访问 https://github.com/gruntjs/grunt-contrib-copy。

19. grunt-concurrent

该插件公开 concurrent 任务，它主要被用于优化构建过程。并行地运行像 Coffee 和 Sass 这样缓慢的任务可以明显地缩短构建时间。

Yeoman 使用这个任务正是出于这个目的，在为生产环境构建应用时并行运行图片优化任务。如果需要同时运行多个阻塞任务，例如 nodemon 和 watch，那么 concurrent 任务也是非常有用的。关于更多信息，可访问 https://github.com/sindresorhus/grunt-concurrent。

20. grunt-karma

AngularJS Yeoman 生成器将使用 generator-karma 生成器在 test/目录中搭建 karma.conf.js 文件的主干。Karma 是由 AngularJS 团队创建的一个开源 JavaScript 测试运行器。另外，该生成器还允许使用 node_modules/karma/bin/目录中的二进制文件运行 Karma 测试，不过如果希望通过 Grunt 调用测试工具，那么还必须安装 grunt-karma 插件，可运行下面的命令：

```
npm install --save-dev grunt-karma
```

通过该命令，可以正确地调用别名任务用于测试应用，接下来将进行讲解。关于 grunt-karma 插件的更多信息，可访问官方文档 https://github.com/karma-runner/grunt-karma。

2.5.4　别名任务和工作流

尽管我们直接在命令行中运行之前提到的插件任务，但是让 Yeoman 工作流真正脱颖而出的是：通过别名任务可以将所有任务组合在一起。4 个主要的工作流任务都在所生成的 Gruntfile.js 文件底部，接下来将进行详细讲解。

1. serve

grunt serve 任务的功能类似于本章之前创建的任务。运行该任务将清除临时文件、连接 Bower 依赖、运行 Sass 编译器、自动为 CSS 添加前缀、启动在线重新加服务器并监视应用文件的改动。不过它与之前我们所创建的任务有一个关键的区别：Yeoman 创建的这个任务将接受一个额外的参数。如果运行 grunt serve:dist，Grunt 在启动连接服务器之前将首先为生产环境构建应用(指向 dist/目录)，这样我们就可以预览压缩应用。

2. test

grunt test 是一个别名任务，它将在调用 karma 任务以 singleRun 方式运行测试工具之前，启动指向单元测试的连接服务器。因为由 Yeoman 创建的 package.json 文件将设置 scripts 对象的 test 属性用于运行 grunt test，所以我们也可以从命令行中运行 npm test 来调用整个测试工具。值得一提的是，生成的 test/karma.conf.js 文件开始时被配置为使用 PhantomJS(一个无头 WebKit 浏览器)运行测试工具。关于配置 Karma 的帮助信息，可访问文档 http://karma-runner.github.io/0.8/config/configuration-file.html。

3. build

Yeoman 配置的别名任务 grunt build 将负责压缩 AngularJS 应用，并为生产环境做准备。该任务首先将清除临时文件，然后连接 Bower 依赖、准备 usemin、并行运行 Sass 和图片优化器、自动为 CSS 添加前缀、连结 JavaScript、复制应用资产到 dist/、使用 CDN 版本替换脚本引用、缩小 CSS、缩小脚本、修订资产并最终缩小 HTML。尽管在这个过程中还有许多任务将被调用，但是 grunt build 任务的最终输出将是一个单独的 dist/目录，它可以被部署到所选的服务器，并为生产环境做好准备。

4. default

如本章之前所提到的，从命令行中运行 grunt 且未指定任务参数时将触发默认别名任务。在本例中，Yeoman 已经创建了默认任务，以便在测试和构建应用生产包之前对 JavaScript 文件执行 Lint 操作。可以轻松地修改该命令以符合个人需求，但是在修改 build 任务时要小心，因为任务调用的顺序非常重要。

2.5.5 修改

Yeoman 生成的工作流被设置为模块化的和可伸缩的。尽管生成器是固定的，但是包含或者排除哪个任务则完全是由个人决定的。如果希望从工作流中移除一个任务，可从已配置的 Gruntfile.js(或者 Gulpfile.js)中删除它，并从项目中卸载相关联的插件即可。例如，如果希望移除由 grunt-google-cdn 插件公开的 cdnify 任务，可运行下面的命令从项目中卸载它：

```
npm uninstall grunt-google-cdn --save-dev
```

该命令将从 node_modules/文件夹中移除插件，并更新 package.json，从而使插件不再出现在开发依赖中。从工作流中移除任务时，要注意任务依赖。如果其他任务的配置块中引用了被删除的任务，那么任务运行器将在执行过程中抛出一个错误。为了避免工作流错误，在初始的搭建过程完成之后确保删除了要删除的任务的所有引用。

2.5.6 子生成器

一些 Yeoman 生成器还提供了一个或多个子生成器，可以使用它们在创建项目之后搭建一些有用的组件。例如，已安装的 AngularJS 生成器提供了额外的子生成器，可以通过下面的方式调用：

- controller—yo angular:controller user
- directive——yo angular:directive myDirective
- filter——yo angular:filter myFilter
- route——yo angular:route myroute
- service——yo angular:service myService
- decorator——yo angular:decorator serviceName
- view——yo angular:view user

这些子生成器将通过创建新的文件(或者更新现有文件)、创建额外的单元测试骨干(在必要的时候)并将已生成文件连接到 index.html 中的方式为应用搭建新的 AngularJS 组件。这意味着在工作流系统运行时，调用之前的某一个命令将如预期触发适当的监视目标，允许我们无缝地在应用中添加新的组件，而不会影响工作流的速度。关于官方 AngularJS 生成器和它所包含的子生成器的更多信息，可访问官方文档 https://github.com/yeoman/generator-angular。

2.5.7 流行的生成器

本节的目的是浏览由 Yeoman 推进的、开发 AngularJS 应用上下文中的工作流和自动化构建系统。专注于官方 Yeoman 生成器是合理的，但是其他流行的 AngularJS 生成器也值得一提。

1. angular-fullstack

这个 Yeoman 生成器是官方 AngularJS 生成器的分支，因此它包含了所有相同的功能。

不过，它修改了搭建项目的目录结构，在其中包含了 Express 服务器。对于有兴趣试验 MongoDB、Express、Angular 和 Node(MEAN)栈的读者，这个生成器是一个良好的起点。在命令行中运行下面的命令安装它：

```
npm install -g generator-angular-fullstack
```

创建一个新的项目目录，浏览该目录，并运行 yo angular-fullstack 创建一个新的应用。要了解更多信息可访问 https://github.com/DaftMonk/generator-angular-fullstack。

2. jhipster

对于喜爱使用 Java 编写后端服务的全栈开发者来说，如果希望使用许多开源工具的目标是创建美观前端应用的话，这个 Yeoman 生成器值得深入研究。通过它可以快速地创建一个 Spring Boot(http://projects.spring.io/spring-boot/)项目，该项目将使用 AngularJS 单页面应用和 Yeoman 工作流。在命令行中运行下面的命令安装它：

```
npm install -g generator-jhipster
```

创建一个新的项目目录，浏览该目录，并运行 yo jhipster 创建一个新应用。关于更多信息，可访问 http://jhipster.github.io/。

3. ionic

这个 Yeoman 生成器将帮助前端开发者使用 IonicFramework 构建混合移动应用，这是一个用于使用 HTML5 开发移动应用的、美观的开源框架。除了可以与本章讨论的 Yeoman 工作流一起使用之外，它还规定了通过合理使用 Cordova 挂钩用于管理基于 Cordova 的项目的最佳实践。在命令行中运行下面的命令安装它：

```
npm install -g generator-ionic
```

创建一个新的项目目录，浏览它，并运行 yo ionic 创建一个新的应用。更多相关信息请访问 https://github.com/diegonetto/generator-ionic。

2.6　小结

在本章，我们学到了如何使用 Bower 管理前端依赖、如何使用 Grunt 和 Gulp 自动执行开发任务、如何使用 Yeoman 搭建新的项目以及如何通过采用一些工作流最佳实践在开发过程中提高生产效率和满意度。无论将来在 AngularJS 项目中是否选用这些工具和实践，我们都已经了解了现代前端开发工具的现状。在开始一个新的项目时，为合适的工作选择正确的工具可能是一个艰难的决定，但是通过本章样例的学习，将普通的、重复任务进行优化和自动化可以使我们在不断变化的前端 Web 应用开发世界中保持高效。

第 **3** 章

架　构

本章内容：

- 在 AngularJS 组件之间进行通信
- 使用 AngularJS 构造无限滚动
- 使用 AngularJS 模块运行 A/B 测试
- 基于项目规模构建应用文件
- 使用模块加载器组织应用
- 构建用户验证的最佳实践

本章的样例代码下载：

可在 http://www.wrox.com/go/proangularjs 页面的 Download　Code 选项卡找到本章的 wrox.com 代码下载文件。

3.1　架构如此重要的原因

在开发任何一个项目时，可读性和可维护性都是基本的要求。尝试为组织和结构都很糟糕的应用贡献代码可能是一个非常令人沮丧的事情，而且会严重影响开发者的生产效率。请花一点时间思考如何组织应用的文件和 JavaScript 模块，这可以节省以后所花费的时间和金钱，尤其是对于一个拥有许多开发者的大型项目来说。在本章，将学习把 AngularJS 提供的众多组件组织在一起的各种技术，它们将使用由社区强调的最佳实践和约定。本章还将讲解在 AnuglarJS 组件之间高效地进行数据通信的各种技术，从而使将来在设计应用的架构时可以做出明智的决定。

3.2 一节将描述 AngularJS 代码主要组件的高级概览：控制器、服务和指令。3.3 一节将讨论 AngularJS 模块和需要调用神秘的 angular.module()方法的原因(在之前的章节中你可能已经见到过它)。3.4 一节将讲解几种组织 AngularJS 文件的不同模式。3.5 一节涵盖了两个流行的开源工具,用于聚合和加载各种 AngularJS 组件:RequireJS 和 Browserify。3.6 一节将把所有的组件组合在一起,并在创建一个通用用户验证机制的上下文中讨论之前 4 个小节所涉及的概念。

3.2　控制器、服务和指令

将要编写的大部分 AngularJS 代码都会被包含在三个组件中的某一个中:控制器、服务或者指令。每个组件都有自己独有的属性。高效的 AngularJS 代码将会利用这些组件之间的区别。本节将提供对这些内容的高级概览:三个组件之间的区别以及它们是如何相互协作的。另外,我们还将学习如何在这些不同组件之间共享数据。

从高级别来看,这三个组件的关系如下所示:服务负责从远端服务器抓取和存储数据;基于服务构建的控制器将为 AngularJS 的作用域层次提供数据和功能;基于控制器和服务构建的指令将直接与文档对象模型(DOM)元素进行交互。

注意:

本节只是提供了一个对控制器、服务和指令的粗略概述,它将专注于在 AngualrJS 应用上下文中使用每个组件时所采用的权衡。如果有兴趣学习指令和服务的更多细节内容,那么第 5 章"指令"将详细讨论如何编写自定义指令,第 7 章"服务、工厂和提供者"将讨论服务的设计模式。

3.2.1　控制器

控制器是负责为超文本标记语言(HTML)公开 JavaScript 数据和函数的 AngularJS 组件。通常,在 HTML 中使用 ng-controller 指令实例化控制器:

```
<div ng-controller="MyController"></div>
```

注意:

本书中一个关键的、反复出现的主题是:控制器将负责向 HTML 公开应用编程接口。然后像 ngClick 和 ngBind 这样的指令将与该 API 进行交互,从而呈现出页面的用户体验。

控制器将使用 AngularJS 的依赖注入器实例化,这是一个检测控制器参数并按需要构建它们的工具。因为服务将使用依赖注入器进行注册,所以一个控制器可以使用任意数量的服务。不过,因为控制器并未使用依赖注入器进行注册,所以控制器和服务无法把控制器列为依赖。例如,可以创建一个名为 myService 的服务,然后把它列为 MyController 控制器的依赖:

```
var m = angular.module('myModule');

m.factory('myService', function() {
```

```
   return { answer: 42 };
});
```

```
m.controller('MyController', function(myService) {
// 使用 myService
});
```

不过，不可以创建另一个控制器或者服务，然后把 MyController 列为依赖：

```
var m = angular.module('myModule');
```

```
m.controller('MyController', function() {
});
```

```
m.factory('myService2', function(MyController) {
// 错误：MyController 未使用依赖注入器进行注册
});
```

```
m.controller('MyOtherController', function(MyController) {
// 错误：MyController 未使用依赖注入器进行注册
});
```

在控制器中还有两个与服务相关的独特属性值得一提。首先，每个 ng-controller 指令的实例将创建一个控制器的新实例(也就是调用控制器函数)。这与服务形成了鲜明对比；服务最多只会被实例化一次，而且该实例将在所有依赖于该服务的控制器、服务和指令之间共享。

其次，除了通过 AngularJS 依赖注入器注册的服务之外，控制器可以将本地对象列为依赖。本地对象就是使用依赖注入器为控制器的特定实例注册的、特定于上下文的对象。本地变量最常见的样例就是 $scope 对象，几乎所有控制器都将使用它实现公开 JavaScript 函数和数据给 HTML 的核心目的。对于控制器而言，将本地对象列为依赖与把服务列为依赖并没什么区别：

```
m.controller('MyController', function($scope) {
  $scope.data = { answer: 42 };
});
```

不过，服务无法将本地对象列为依赖。下面的代码将会引起一个错误：

```
m.factory('myService', function($scope) {
  // 错误：$scope 未使用依赖注入器进行注册
});
```

这就是为什么控制器是 AngularJS 中把 JavaScript 数据和函数公开给 HTML 的主要工具的原因：控制器可以访问$scope，而服务不可以。不过，控制器可以把服务列为依赖并将该服务添加到它的作用域中：

```
m.factory('myService', function() {
  return { answer: 42 };
```

```
});

m.controller('MyController', function($scope, myService) {
  // 使作用域可以访问 myService
  $scope.myService = myService;
});
```

现在我们已经了解了控制器的基本目的和独特属性，接下来将学习如何在控制器之间共享数据。该任务是引起 AngularJS 初学者混淆的一个常见来源，也是像 Stack Overflow 这样的问答论坛中常见的讨论话题。AngularJS 为控制器之间的通信提供了大量的方法。本节将涵盖三个主要的方法：作用域继承、通过$scope 广播事件和服务。

1. 作用域继承

将要学习的第一种控制器间的通信方式是：使用 AngularJS 嵌套作用域的能力。第 4 章"数据绑定"将对作用域和作用域继承进行详细讲解。不过，出于本节的目的，知道 ng-controller 的每个实例都将创建一个新的作用域，而且 ng-controller 指令的嵌套实例将创建嵌套的作用域即可：

```
<div ng-controller="MyController"
     ng-init="answer = 42;">
  <h1>This is the parent scope</h1>
  <div ng-controller="MyController">
    <h2>This scope inherits from the parent scope</h2>
    This prints '42': {{ answer }}
  </div>
</div>
```

这意味着子作用域可以访问声明在它们的祖先作用域中的变量和函数。这在 HTML(如之前所示)和控制器中都是真的。例如下面的 HTML：

```
<div ng-controller="Controller1">
  <div ng-controller="Controller2">
    This prints '42': {{ answer }}
  </div>
</div>
```

实际上，可以在 Controller2 控制器中访问变量$scope.answer。

```
m.controller('Controller1', function($scope) {
  $scope.answer = 42;
});

m.controller('Controller2', function($scope) {
  // 如果$scope 是 Controller1 操作的作用域的后代，这里将输出 '42'
  console.log($scope.answer);
});
```

这似乎微不足道，但是我们已经成功地在两个完全分离的控制器之间共享了数据。不过，这种方式有一个限制：现在 Controller2 将隐性依赖于 Controller1。特别是，现在使用 Controller2 时需要特别注意：不论 Controller1 是否存在它都应该能正常工作，或者需要特别小心永远不应该在 Controller1 不存在时使用 Controller2。而且，可以想象现在有一个更加复杂的样例，Controller1 将从远程服务器中加载 answer 变量：那么如何将 Contoller2 中可能发生的错误与 Controller1 进行沟通呢？这个实践可能很容易就会产生有问题的和脆弱的代码。尽管作用域继承方式对于简单的用例来说是合理的，但是对于共享从服务器加载的数据来说通常是错误的选择。幸亏，通过接下来要讲解的方式，我们也可以使用一种间接的方式对错误和数据进行通信。

2. 事件传输

AngularJS 作用域中包含了一个流行的事件发射器设计模式的实现。这种设计模式允许对象使用$emit()发射命名事件，然后触发使用$on()函数注册的监听器函数。例如：

```
$scope.$on('error', function(error) {
  console.log('An error occurred: ' + error);
});

$scope.$emit('error', 'Could not connect to server');
```

在之前的样例中，该代码发射了一个错误事件，然后它将触发使用.$on('error')函数调用注册的处理程序。事件发射器模式的强大之处在于：对于指定的事件可以拥有任意数量的监听器，而这些监听器可以在任何能够访问$scope 变量的函数中注册。换句话说，$emit()调用完全与监听器是解耦合的。可能有 0 个、一个或者许多监听器注册到了错误事件上，但是这并未影响$emit()调用的语法。

AngularJS 作用域在传统事件发射器模式之上增加了两个中间层。首先$emit()调用可以向作用域层次上方冒泡，所以使用$on 在祖先作用域上注册的监听器将被触发。例如下面的 HTML 代码：

```
<div ng-controller="Controller1">
  <div ng-controller="Controller2">
  </div>
</div>
```

Controller2 能够发射($emit())事件，触发 Controller1 作用域中注册的监听器：

```
<div ng-controller="Controller1">
  <div ng-controller="Controller2">
  </div>
</div>

m.controller('Controller1', function($scope) {
  // 当 Controller2 的作用域是$scope 的下级时，该代码将立即捕捉到由 Controller2 的
作用域发射的'ping'事件
  $scope.$on('ping', function() {
    console.log('pong');
```

```
  });
});

m.controller('Controller2', function($scope) {
  $scope.$emit('ping');
});
```

而且，作用域含有$broadcast()函数，它的行为与$emit()函数非常相似，区别在于它的事件将向子孙作用域传播，而不是祖先作用域。换句话说，通过使用$broadcast()函数，Controller1 可以触发 Controller2 作用域中注册的监听器，而$emit()函数将以相反的方向传播事件。例如：

```
m.controller('Controller1', function($scope) {
  $scope.$broadcast('ping');
});

m.controller('Controller2', function($scope) {
  // 当 Controller1 的作用域是$scope 的祖先时，该代码将立即捕捉到由 Controller1 的
作用域广播的'ping'事件
  $scope.$on('ping', function() {
    console.log('pong');
  });
});
```

事件发射器的技术细节相对非常直观,但如何高效地使用它们是一个更加微妙的挑战。事件发射器是一个强大的工具，因为它们在函数调用之上添加了一个间接层。发射事件的代码并未注意到哪些函数被注册为监听器。不过，这也使严重依赖于事件发射器的代码难于理解，所以事件发射器最好少用。但是，对于在控制器之间传输数据来说，它们是完美的工具。

演示作用域事件发射器是完成该工作的正确工具的一个样例是：处理无限滚动，这是一种滚动到页面底部，从而引起更多数据加载的用户体验(UX)设计模式。在开源社区中有众多指令都可以处理无限滚动，但是使用指令实现无限滚动就像是尝试将一个方形的销子放进一个圆形的孔中。无限滚动将由页面中的全局事件触发(用户将页面滚动到底部或者用户重置页面的大小)。因此，支持无限滚动的指令无法与挂钩的 DOM 元素直接进行交互。无限滚动最好实现为页面根作用域中的事件，使用$rootScope 服务表示，并通过$broadcast()函数向下传播到子孙作用域。下面是一个使用作用域事件发射器实现无限滚动的样例：

```
app.run(function($rootScope) {
  var lastCheck = 0;
  var INTERVAL_TO_CHECK = 500; // 每半秒检查一次

  var check = function() {
    if (Date.now() - lastCheck < INTERVAL_TO_CHECK) {
      return;
    }
```

```
    lastCheck = Date.now();

    if ($(window).scrollTop() >=
        $(document).height() - $(window).height() - 50) {
      $rootScope.$broadcast('SCROLL_TO_BOTTOM');
    }
  }

  setTimeout(function() {
    check();
  }, 0);
  $(window).on('scroll', check);
  $(window).on('resize', check);
});
```

之前的模块将在用户接近页面的底部时广播名为 SCROLL_TO_BOTTOM 的事件。事件发射器模式非常适合这里的任务，因为有多种情况可以引起 SCROLL_TO_BOTTOM 事件，而且多个控制器可能都希望在该事件发射时完成一些事情。这种在事件和事件处理程序之间的多对多关系正是事件发射器模式的核心目的。另外，这种方式分离了触发事件和事件处理程序的逻辑，所以可以抽象出检测$on()调用背后 SCROLL_TO_BOTTOM 事件的触发条件的复杂性。这对于测试来说是非常方便的，因为我们的测试代码可以触发 SCROLL_TO_BOTTOM 事件，而不必在真正的浏览器中运行。

注意：

你可能已经注意到之前的代码使用了 jQuery，就在$(window)那行代码中定义$函数的位置。这里使用 jQuery 的原因是：它为窗口和文档滚动偏移提供了可靠的抽象层，可以在各种浏览器中正常工作。AngularJS 并未提供该功能，所以 AngularJS 开发者经常使用 jQuery 对浏览器级别事件的封装器。实际上，jQuery 和 AngularJS 是互补的库，而不是相互竞争的库。

在本章样例代码的infinite_scroll_emitter文件中可以找到使用这个无限滚动代码的样例。下面是一个使用了无限滚动事件的控制器：

```
app.controller('InfiniteScrollController', function($scope) {
  $scope.images = [];
  var CYCLE_IMAGES = [
    // ...
  ];

  $scope.$on('SCROLL_TO_BOTTOM', function() {
    for (var i = 0; i < 3; ++i) {
      $scope.images.push({
        url: CYCLE_IMAGES[$scope.images.length % CYCLE_IMAGES.length]
      });
    }
    $scope.$apply();
```

```
    });
  });
```

该控制器在收到 SCROLL_TO_BOTTOM 事件时，向$scope.images 中添加了几个图表。
现在可以使用下面的 HTML，在 infinite_scroll_emitter.html 文件中使用这个无限滚动代码：

```
<div ng-controller="InfiniteScrollController">
  <div ng-repeat="image in images">
    <img ng-src="{{image.url}}">
  </div>
</div>
```

如你所见，SCROLL_TO_BOTTOM 事件抽象出了用户是否已经滚动到了页面底部的
所有复杂计算。通过它，AngularJS 控制器可以使用控制器和无限滚动触发器之间的抽象层
来定义无限滚动行为。因此，作用域事件发射模式允许我们在控制器之间或者运行块和控
制器之间传输数据。不过，尽管事件发射器模式非常适用于无限滚动，但它并不适用于所
有在控制器之间传输数据的情况。主要的难点在于决定哪个控制器应该负责生成事件。对
于一些常见的用例，例如从服务器加载数据，哪个控制器应该负责查询服务器和生成事件
并不清晰。在涉及从服务器加载数据的用例中，接下来要讲解的模式通常才是最佳选择。

3. ModelService 模式

事件发射器模式对于在控制器之间传输用户交互的结果是非常适用的。不过，通常控
制器也需要共享从服务器加载的数据。例如，页面中的多个控制器通常需要访问当前登录
的用户，而该数据需要从服务器加载。服务是公开从服务器加载的数据的完美工具，因为
服务是单例的：服务最多只被实例化一次，并且该实例将在所有依赖于该服务的控制器和
服务之间共享。注意，这里单例的概念与常用的单例设计模式稍有不同。服务可以通过
AngularJS 依赖注入器访问，而不是通过全局的状态。第 7 章将讲解服务和使用服务作为单
例的概念。不过出于本节的目的，了解所有的控制器将共享服务的相同实例即可。

接下来的样例演示了如何使用 userService 封装当前登录用户的异步加载过程。为了避
免创建服务器，将使用$timeout 调用来模拟一个真正的超文本传输协议(HTTP)请求，而不
是真正使用$http 调用。如果打算使用$http 服务，而不是$timeout，那么服务的实现需要稍
微进行改动，但是控制器代码或者 HTML 完全不需要改动。接下来是样例代码，可以在本
章样例代码的 user_service.html 文件中找到它：

```
<div ng-controller="FirstController">
  <h1>{{user.name}}</h1>
</div>
<div ng-controller="SecondController">
  <input type="text" ng-model="user.name">
</div>

<script type="text/javascript" src="angular.js">
</script>
<script type="text/javascript">
```

```
var app = angular.module('app', []);

app.factory('userService', function($timeout) {
  var user = {};
  $timeout(function() {
    user.name = 'Username';
  }, 500);

  return user;
});

app.controller('FirstController', function($scope, userService) {
  $scope.user = userService;
});

app.controller('SecondController', function($scope, userService) {
  $scope.user = userService;
});
</script>
```

之前的样例中有两个关键概念。第一个是：userService 实例将在 FirstController 和 SecondController 之间共享。因此当 SecondController 作用域中的文本字段被修改时，FirstController 作用域中的头将会更新，反映出这个变化，尽管实际上这两个作用域是完全独立的。第二个是：userService 中的异步代码将触发 FirstController 和 SecondController 作用域中的改动。在底层，$timeout 服务(以及$http 服务)将在页面根作用域上调用$apply()，这就是为什么 userService 不需要在加载用户数据时发射事件的原因。通过这种方式，我们只需编写一个使用 userService 的控制器即可，犹如 userService 异步地在抓取数据一样。通过结合这两个概念，服务将成为一个抽象异步 HTTP 调用结果的理想工具。下一节将介绍在不同的服务之间以及在服务和控制器之间传输数据的一些更复杂的工具。

3.2.2 服务

服务是在作用域层次之外使用 AngularJS 的依赖注入器连接在一起的对象。控制器通常会把多个服务列为依赖，但是服务无法把控制器列为依赖。如上一节所提到的，服务是(从某种意义上讲)单例的，每个服务只会被实例化一次。这将使服务成为存储加载自服务器的数据或者持久化数据到服务器的理想之选。

在前一节，我们学习了在不同控制器之间通信的几种方式。最后一种方式依赖于一个事实：服务是单例的。服务之间的通信与控制器之间的通信有着本质的区别，因为服务无法访问作用域，而且 HTML 没有控制器的帮助就无法实例化服务。但有一些使服务之间相互通信的简便方法。

1. 依赖于其他服务的服务

在服务之间通信最基本的工具就是一个服务可以把其他服务列为依赖。这种方式诚然是微不足道的，但它确实演示了服务和作用域的一个关键点。为了演示这个关键点，假设现在有一个名为 profileService 的服务依赖于服务 userService。假设 profileService 服务的主要目的是提供一个 API，使控制器可以修改由 userService 提供的数据并将改动保存到服务器。下面是本章样例代码中 profile_service.html 文件的内容：

```html
<div ng-controller="ProfileController">
  <input type="text" ng-model="profile.user.name">
  <h2 ng-show="!profile.isValid()">
    Username required
  </h2>
</div>

<script type="text/javascript" src="angular.js">
</script>
<script type="text/javascript">
 var app = angular.module('app', []);

 app.factory('userService', function($timeout) {
   var user = {};
   $timeout(function() {
    user.name = 'Username';
   }, 500);

   return user;
 });

 app.factory('profileService', function(userService) {
   var ret = {
     user: userService,
     isValid: function() {
       return ret.user && ret.user.name;
     }
   };

   return ret;
 });

 app.controller('ProfileController', function($scope, profileService) {
   $scope.profile = profileService;
 });
</script>
```

该代码将根据 isValid() 函数的值，正确地更新 Username required 错误消息的可见性，虽然事实上 profileService 函数并没有处理底层 userService 中数据变动的代码。尽管这些服务在作用域层次之外，但是它们仍可以使用像$timeout 和$http 这样的服务触发作用域更新，如$rootScope 服务所展示的那样在页面的根作用域中触发一个更新。因此，可以基于其他服务构建服务，而不必让这些服务进行交互，因为 AngularJS 作用域层次在控制器中可以将所有的服务都绑定在一起。第 4 章涵盖了 AngularJS 作用域的细节。不过，出于高级别代码组织的目的，了解对根作用域的更新将向下传播到页面中的所有作用域即可。

在下一节，将学习如何在服务中使用事件发射器。尽管 AngularJS 作用域层次可以处理这种情况：服务中的改动需要被传播到控制器，但它并不是将改动从一个服务传播到另一个服务的正确选择。如 profileService 样例所示，通常可以不在服务之间传播改动，而是依赖于作用域层次将它们绑定在一起。不过，如你接下来将看到的，有时使用服务传输事件实现真正的服务内通信是非常有用的。

2. 事件发射器模块

在控制器间通信一节学习的作用域事件发射器模式并不只限于 AngularJS 作用域。事件发射器在 JavaScript 社区中是非常流行的，正因为它是从一个对象传播数据到另一个对象的一种优雅的、轻量级的方式。尤其是，NodeJS 的核心包含了一个健壮的事件发射器框架，NodeJS 社区将它迁移到了一个独立的 event-emitter 模块中。有众多其他 JavaScript 模块都提供了事件发射器功能，但是 event-emitter 模块只包含了一个健壮的事件发射器，没有其他功能，因此 event-emitter 模块对于缩小代码以及用于教学目的是非常有用的。

event-emitter 模块的工作方式非常类似于前一节中使用的作用域事件发射器。它们有 3 个关键的区别。第一，event-emitter 是独立于作用域的，所以在无法访问作用域的服务中使用它是非常理想的。第二，将使用的函数被命名为.on() 和.emit()。它们对应于 AngularJS 作用域的.on()和.emit()方法。第三，没有对应于$broadcast()的函数，因为 event-emitter 并未对对发射器之间的事件传播提供支持。尽管缺少事件传播似乎会受到限制，但是由于服务的单例特性，该模块实际上被证明是非常适用于服务的。

服务从事件发射器中获益的一个优秀样例是：之前学习的userService样例。当userService被实例化时，它需要发出一个异步HTTP请求，从服务器加载关于当前登录用户的数据。而且，如果期望页面是长期存活的(例如，单页面应用或者实时仪表盘)，那么我们可能希望每个小时从服务器重新请求数据一次，以免用户的会话过期。使事情变得更加复杂的是：大量服务和控制器都依赖于userService服务，而且底层的HTTP请求可能失败。userService如何将新的数据(以及任何错误)以异步方式传播给依赖于它的服务呢？事件发射器为应对这个设计挑战提供了一个优雅的解决方案。

可以在本章样例代码的 user_service_emitter.html 文件中找到下面的样例。为方便起见，event-emitter 模块已经被打包成本章样例代码中的 event-emitter.js 文件，并被包含在 user_service_emitter.html 文件中：

```
<script type="text/javascript" src="angular.js">
</script>
<script type="text/javascript" src="event-emitter.js">
</script>
<script type="text/javascript">
  var app = angular.module('app', []);

  app.factory('userService', function($timeout, $window) {
    var emitter = $window.emitter();
```

```
        var user = {};
        $timeout(function() {
          // 模拟 HTTP 错误
          user.emit('error', 'Could not connect to server');
        }, 2000);

        ['on', 'once', 'emit'].forEach(function(fn) {
          user[fn] = function() {
            emitter[fn].apply(emitter, arguments);
          };
        });

        return user;
      });

      app.factory('profileService', function(userService) {
        var ret = {
          user: userService,
          isValid: function() {
            return ret.user && ret.user.name;
          }
        };

        userService.on('error', function(error) {
          ret.error = 'This is a sample error message ' +
            'that would tell the user that you can\'t ' +
            'connect to the server';
        });

        return ret;
      });

      app.controller('ProfileController', function($scope, profileService) {
        $scope.profile = profileService;
      });
    </script>
```

在之前的代码中，userService 发射了一个错误事件，profileService 将监听该事件并使用它显示消息。再次，该事件不需要被传播到控制器中，因为$timeout 将通知作用域层次某些事情更改了。不过，事件发射器允许 profileService 得到 userService 中错误的通知，并正确地处理它们。因此，如果需要在两个服务之间进行通信，事件发射器自然是最佳的选择。

注意：
你可能已经注意到了本章的样例代码除了 event-emitter.js 文件还包含一个 event-emitter-index.js 文件。这是因为在底层，event-emitter 模块是一个使用 Browserify 为浏览器编译的 NodeJS 模块。event-emitter-index.js 文件的目的是将事件发射器功能公开给全局的

window对象。"模块加载器"一节将详细讲解Browserify。

3.2.3　指令

指令是 DOM 如何与 JavaScript 变量交互的规则。换句话说，指令是 AngularJS 对 DOM 交互的抽象。例如，ngClick 定义了一个指令说："当该元素被单击时，执行该代码段。"第 5 章将详细讲解指令的相关内容，但对于本节来说，将指令看成 DOM 交互的规则即可。指令可以有一个相关联的控制器，但是控制器和服务无法将指令列为依赖。

注意：

指令应该是代码与DOM元素(可能除了全局的window元素)交互的唯一位置。糟糕AngularJS代码的确定标志是在控制器中调用document.getElementById()。

因为指令被绑定到了作用域中，指令间通信的行为与控制器间通信非常类似。事实上，自定义指令通常有它们自己的控制器，所以可以在控制器间通信中使用熟悉的设计模式(之前"控制器"一节所使用过的模式)。不过，对于指令间通信指令提供了一个额外的特性，接下来将会学习。

使用控制器公开 API

在本节开头，我们已经了解到由于作用域继承的原因，控制器可以访问它的祖先作用域中定义的变量。这将使控制器可以访问其他控制器的内部状态，只要其他控制器被绑定到第一个控制器的某个祖先作用域中。遗憾的是，作用域继承方式的作用是非常有限的，因为没有好的方式可以强制控制器只可以定义在另一个控制器的子孙作用域中。另一方面，指令提供了一个机制，用于保证指令的作用域必须总是另一个指令作用域的子孙。

第 1 章讲解的 StockDog 应用包含了该功能的一个样例。StockDog 应用含有两个指令：stockTable 和 stockRow——它们应该一起使用。尤其是，stockTable 指令包含了 stockRow 指令的大量实例。下面是 stockRow 指令的定义：

```
angular.module('stockDogApp')
  .directive('stockTable', function () {
    return {
      templateUrl: 'views/templates/stock-table.html',
      restrict: 'E',
      scope: {
        watchlist: '='
      },
      controller: function ($scope) {
        // ...
      }
    }
  });
```

stockTable指令的控制器公开了一些功能。为了保证stockRow指令只被声明在stockTable指令中，可以使用如下所示的require指令选项：

```
angular.module('stockDogApp')
  .directive('stockRow', function ($timeout, QuoteService) {
    return {
      restrict: 'A',
      require: '^stockTable',
      scope: {
        stock: '=',
        isLast: '='
      },
      link: function ($scope, $element, $attrs, stockTableCtrl) {
        // ...
      }
    };
  });
```

指令选项 require 要求 stockRow 指令的作用域必须是 stockTable 指令作用域的子孙。
而且，可以访问被实例化的 stockTable 指令的控制器，它是 link 函数的第 4 个参数(第 5 章
涵盖了 link 函数的更多细节)。如果有两个指令需要一起使用，那么 require 指令选项是完
成这个工作的正确工具。

3.2.4　小结

在本节，我们学习了指令、服务和控制器在概念上的区别，以及如何在不同的组件之
间共享状态。每个组件的属性都使它们适用于特定的任务：服务用于从服务器加载数据和
保存数据到服务器、控制器用于公开 API 给指令、指令用于管理 DOM 交互。下一节将学
习模块，这是用于将相关组件打包到单个可重用组的 AngularJS 高级组织工具。

3.3　使用模块组织代码

你可能已经注意到本书的所有样例都包含了对 angular.module()函数的调用。模块是
AngularJS 最高级别的组织单元。模块实际上是一个从字符串到一组控制器、服务、过滤器
和指令的映射。因为模块提供了这样一个高级别的抽象，小型的 AngularJS 代码库通常只
使用一个模块。不过，随着代码库的增长和成熟，你可能发现需要将代码分割成不同的模
块，用于优化可读性和可重用性。

模块最强大的特性就是它们可以把其他模块列为依赖，通过这种方式可以在自己的模
块中包含来自另一个模块的组件。例如：

```
// 'MyModule'依赖于 'OtherModule'，因此包含了'OtherModule'中定义的所有服务、指
令、控制器和其他组件
var myModule = angular.module('MyModule', ['OtherModule']);
```

警告：如果期望 AngularJS 负责加载 OtherModule 的内容，那么事实并不是这样。除
非我们包含了调用 angular.module()函数创建出 OtherModule 的 JavaScript 代码，否则之前
的代码是无法工作的。

将模块列为其他模块的依赖的能力允许我们轻松地更换 AngularJS 代码中的大块代码，而不必从代码库中移除文件。这对于测试、实验新功能和 UX 测试(例如 A/B 测试)是非常有用的。为了提供如何使用模块的一个更具体的样例，将使用 AngularJS 模块为页面注册流开发出一个简单的 A/B 测试。

注意：

A/B 测试(或者"split test")是一个实验，访问者将随机地看到网站两个稍微不同的变种。一个基本的样例是：随机地向访问者在主页中展示两个不同广告图片之一，并追踪哪个页面有更多的用户登录。A/B 测试非常流行，因为它通过基于证据的方式来不断地改进网站的用户体验。

现在有许多流行的 A/B 测试框架，例如 Optimizely，但是它们主要被设计为工作于静态网站，而不是丰富的、基于 AJAX 的内容。而且，这些 A/B 测试框架无法使用 AngularJS 模块(它可以允许你轻松地替换功能的大块代码)。在本样例中，将使用开发者友好的分析框架 KeenIO，该框架提供了一个 REST API 用于发送任意的 JSON 对象，然后查询结果。KeenIO 要求使用 keen.io 中的账户登录并获得一个 API 密钥。KeenIO 在请求达到每个月 50 000 之前是免费的，这应该超出了本章样例的最高需求。而且，在本样例中可以使用自己选择的分析框架替换 KeenIO(如果相信另一个工具更适合的话)。本节主要专注于使用模块运行 A/B 测试时所需的概念。集成 KeenIO 只需要很少的工作量。大多数其他分析框架都应该能够提供相似的功能，但本样例使用的是 KeenIO，主要原因是它慷慨的免费层和直观的数据模型。

使用 AngularJS 集成 KeenIO 是非常简单的。KeenIO 为浏览器端 JavaScript 提供了一个软件开发工具包(SDK)，可以在 script 标记中包含它，如下所示：

```
<script src="https:// d26b395fwzu5fz.cloudfront.net/3.1.0/keen.min.js"
        type="text/javascript">
</script>
```

一旦包含了 KeenIO 的 JavaScript SDK，就可以在页面的全局作用域中创建一个 KeenIO 客户端：

```
var keenClient = new Keen({
  projectId: .'<Your KeenIO project ID>',
  writeKey: '<Your KeenIO write key>'
});
```

不要忘记将 projectId 和 writeKey 字段分别设置为你的项目的 KeenIO 项目 ID 和写入密钥。一旦创建了 keenClient 变量，我们就可以开始为 A/B 测试构建 AngularJS 代码了。

使用 AngularJS 模块完成 A/B 测试是如此简单，因为可以轻松地使用一个模块替换另一个模块，只要它们提供了兼容的控制器、指令和服务即可。在这个 A/B 测试样例中(该样例的完整源代码在本章样例代码的 a_b_test_example.html 文件中)，将创建 4 个模块。其中两个模块是一个简单注册流程的两种稍微不同的实现，其中一个模块将在页面加载时随机显示。

第一个要编写的模块非常简单。它定义了单个值，该值代表了存储结果的 KeenIO 集合的名称。一个 KeenIO 集合是相关事件的一个逻辑存储单元。换句话说，如果希望运行其他 A/B 测试，那么我们会希望把这些结果存储到不同的集合中，从而可以轻松地区分不同测试的数据。下面是定义了将要使用的 KeenIO 集合名称的模块的源代码：

```
var abTest = angular.module('abTestRegistration', []);
abTest.value('abTestCollection', 'registration_AB_test_20141112');
```

在之前的代码中，我们定义了一个名为 abTestCollection 的服务，它只是一个代表了集合名称的字符串。使用该模块的目的是为了使将要测试的两个注册流程变种可以使用相同的集合。接下来是 A/B 测试的主体：两个注册变种 registrationA 和 registrationB：

```
var registrationModuleA = angular.module('registrationA',
  ['abTestRegistration']);

registrationModuleA.controller('RegistrationController',
  function($scope, $window, $timeout, abTestCollection) {
    keenClient.addEvent(abTestCollection, {
      type: 'view',
      variant: 'A'
    });

    $scope.useTemplate = '/registration/a';

    $scope.submit = function() {
      $timeout(function() {
        $scope.registered = true;
        keenClient.addEvent(abTestCollection, {
          type: 'registered',
          variant: 'A'
        });
      }, 1000);
    };
  });

var registrationModuleB = angular.module('registrationB',
  ['abTestRegistration']);

registrationModuleB.controller('RegistrationController',
  function($scope, $window, $timeout, abTestCollection) {
    keenClient.addEvent(abTestCollection, {
      type: 'view',
      variant: 'B'
    });
    $scope.useTemplate = '/registration/b';

    $scope.submit = function() {
```

```
     $scope.inProgress = true;
     $timeout(function() {
       $scope.inProgress = false;
       $scope.registered = true;
       keenClient.addEvent(abTestCollection, {
         type: 'registered',
         variant: 'B'
       });
     }, 1000);
   };
 });
```

　　registrationA 和 registrationB 模块都定义了一个控制器：RegistrationController。每个模块的控制器都将追踪两个不同的事件：当控制器加载时生成的 view 事件和当用户将成功注册时生成的已注册事件。不过，每个模块的 RegistrationController 都稍有不同。它们有 3 个关键的区别。第一，当 registrationA 发送事件到 KeenIO 时，它将把 variant 字段设置为'A'，而 registrationB 模块将被设置为'B'。通过这种方式，我们在分析实验的结果时可以把发生在哪个变种的事件进行分类。第二，registrationB 模块将把 inProgress 变量设置为 true。这代表 A/B 测试将要衡量它们有效性的 UX 改变之一。尤其是，registrationB 模块将展示一个 loading 消息与用户进行沟通，告诉它们页面成功地处理了用户的注册请求。UX 实验的目标将决定该网站是否可以通过减少在注册过程中退出页面的用户的数量(因为他们认为页面损坏了)来提高它的注册率。

　　最后，registrationA 模块把 useTemplate 变量设置为'/registration/a'，而 registrationB 把它的值设置为/registration/b'。如果我们不查看页面中的对应 HTML 可能就不太清楚其中的原因，那么请看如下代码：

```
<body>
  <div ng-controller="RegistrationController" ng-include="useTemplate">
  </div>
</body>
```

　　ngInclude 指令(第 6 章将详细进行讲解)在之前所示的div元素中包含了名为'/registration/a'或者'/registration/b'的模板中的HTML(取决于正在显示的是哪个变种)。如你所见，AngularJS的模板功能是A/B测试中另一个方便的工具：可以根据正在显示的变种，有条件地显示HTML的不同部分，而不必改变任何代码。下面是分别代表了A/B测试中两个变种的模板：

```
<script type="text/ng-template" id="/registration/a">
  <h1>Registration Variant A</h1>
  <h3>Please Enter Your Email:</h3>
  <input type="text" ng-model="email">
  <br>
  <input type="button" ng-click="submit()" value="Submit">
  <h4 ng-show="registered">
    Thanks for Registering!
```

```
    </h4>
  </script>

  <script type="text/ng-template" id="/registration/b">
    <h1>Registration Variant B</h1>
    <input type="text" ng-model="email" placeholder="Email">
    <br>
    <input type="button" ng-click="submit()" value="Register">
    <h4 ng-show="inProgress">
      Registering...
    </h4>
    <h4 ng-show="registered">
      Thanks for Registering!
    </h4>
  </script>
```

一旦获得了之前的模板，所有需要做的就是将所有代码与第 4 个模块绑定在一起，该模块将随机地选择registrationA或者registrationB模块。下面的代码将基于Math.random()函数的输出选择其中一个变种：

```
var myModule = angular.module('myApp',
    [(Math.random() >= 0.5 ? 'registrationB' : 'registrationA')]);
```

现在，当我们打开 a_b_test_example.html 文件时，应该看到变种 A 或者变种 B。然后可以尝试注册几次，并使用 KeenIO 的 REST API 来查询 A/B 测试的结果。例如，为了向 KeenIO 查询多少用户使用变种 A 进行注册，可以在浏览器中使用下面的 URL(统一资源定位符)进行访问：

```
https:// api.keen.io/3.0/projects/<project_id>/queries/
count?event_collection=registration_AB_test_20141112&api_key=
<your_api_key>&filters=<your_filters>
```

需要在之前的 URL 中包含项目 ID、API 密钥和所选的 JSON 过滤器的 URL 编码。特别是，为了获得通过变种 A 注册的用户的数量，我们的过滤器应该是下面 JSON 代码的 URI 编码版本：

```
[
  {
    "property_name":"type",
    "operator":"eq",
    "property_value":"registered"
  },
  {
    "property_name":"variant",
    "operator":"eq",
    "property_value":"a"
  }
]
```

恭喜！你已经使用 AngularJS 模块运行了一个简单的 A/B 测试。刚开始模块看起来似乎是个不必要的功能，但是随着代码库的增长，它们将变得不可缺少。尤其是，在模块配置时无缝地替换代码库中的大范围代码使 A/B 测试变得非常简单。

3.4　目录结构

改善应用架构的最简单方式就是将代码拆分成文件，并以合理的方式组织这些文件。样例应用通常将所有的控制器、服务和指令都保存在单个文件中，使其中的内容容易被读者所吸收；不过，生产应用通常有许多组件存在，因此将它们保存在单个文件中是不合理的。

Google 的 AngularJS 团队对于构建 AngularJS 应用有自己的一些建议。在本节，将研究适用于不同应用规模的各种目录结构模式，所有这些模式都大量借鉴了 AngularJS 团队的建议。

在深入学习目录结构前，要考虑 AngularJS 文件的命名约定是非常重要的。Google 的 "Best Practice Recommendations for Angular App Structure" 文档推荐以每个组件为基础使用连字符分割的名字命名文件。例如，FooController 将被定义在名为 foo-controller.js 文件中，FooController 的单元测试将被定义在文件 foo-controller_test.js 中。使用这些约定的原因是 Google 内部采用了跨语言文件命名规范。

通常，不需要(或者不推荐)遵守Google之外的命名实践。在实际中，AngularJS控制器通常使用帕斯卡拼写法名称(例如FooBarController)，而服务通常使用驼峰式大小写名称(例如fooBarService)。指令则必须使用驼峰式大小写名称(例如fooBarDirective)，因为在HTML中使用指令时，AngularJS将把驼峰式大小写指令转换成连字符大小写名称(例如foo-bar-directive)。因此使用连字符分隔的文件名称在变量名和定义它的文件之间添加了一个额外的中间层。可以选择遵守连字符分隔的文件名称约定，因为它是容易接受的、独立于语言的实践。不过，我们也可以选择使文件名尽可能地匹配组件名称。例如，如果FooController有它自己的文件，那么该文件的名称应该是FooController.js。类似地，FooController的单元测试应该保存在文件FooController.test.js中。无论哪种约定都是合理的。本节将同时使用这两种方式。不过，最重要的是选择一种方式，并坚持在应用中一直使用它。

不过，如将在本节所看到的，我们不需要为每个组件创建一个单独的文件。较大的应用通常需要为每个组件创建一个文件；在单个文件中保存几个拥有数百行代码的控制器是非常糟糕的组织方式。但如果正在开发一个原型，而且控制器只有 5-10 行代码，那么为组件定义单独的文件可能会降低开发速度。作为通用经验法则，我们认为重要的组件应该有它们自己的文件。例如，控制器通常有自己的文件，但是通常大型的应用甚至为常用的单行过滤器也创建了独立的文件。在本节，将学习各种项目规模的目录构建指南(小型、中型和大型)，从而创建一个允许代码库优雅地进行增长的框架。

3.4.1　小型项目

小型应用、原型和 starter 项目中可以采用的一种目录结构方式就是分别为控制器、服务和指令各创建一个文件。一个好的样例就是 Ionic 框架的"tabs" starter 项目(Ionic 是一个开发混合移动应用的工具，第 10 章"继续前行"将进行详细讲解)，地址为 https://github.com/driftyco/ionic-starter-tabs。该项目把它的 AngualrJS 文件存储在一个 js 目录中，并使用单个 app.js 文件包含了模块定义和应用级别的配置逻辑，包括所有的单页面应用路由。控制器文件 controllers.js 和服务文件 services.js 包含了它们自己的模块定义，app.js 文件将把它们组装成一个模块在 HTML 中使用。AngularJS 文件被分离到了这个 js 目录中，将顶级目录留给了 HTML 和图片所在的目录。

为方便起见，本章样例代码有一个 small_project 目录，其中包含了根据这些指南创建的项目结构。该项目从代码角度来看非常微不足道，但是它提供了一个如何构建此类项目的具体样例。该项目包含了一个 js 目录，其中包含了 app.js、services.js、controller.js 和 directives.js。文件 app.js 将负责启动应用：

```
angular.
  module('foo', ['foo.controllers', 'foo.services', 'foo.directives']).
  config(function($rootScopeProvider) {
    // Configuration logic goes here
  });
```

每个 services.js、controller.js 和 directives.js 文件都包含了一个独立的模块，它们分别是 foo.services、foo.controllers 和 foo.directives。每个文件都负责定义该分类的所有组件；例如，controllers.js 定义了该应用的所有控制器：

```
angular.
  module('foo.controllers', []).
  controller('FooController', function($scope) {
    // 使用$scope
  });
```

该项目结构适用于小型项目，例如 Ionic 框架的 starter 项目，它是构建更加复杂应用的起始点。因为 AngularJS 在底层完成了如此多的工作，所以可以轻松使用该项目结构构建原型(甚至是生产应用)，而不会破坏之前所学到的经验法则。不过生产项目通常很快会突破这个项目结构，因为控制器和服务的复杂性将迅速增长。开始时非常普通的控制器和服务通常也会开始包含额外的业务逻辑。随着项目开始达到单个文件无法容纳所有组件的程度(可读性不佳)，我们会考虑把代码分割成一种接近于"中型项目"指南的模式，下一节将进行讲解。

3.4.2　中型项目

中等规模项目的目录结构可以为控制器、指令和服务分别创建一个目录。然后，每个控制器、指令和服务都可以有自己的文件，或者几个小型的组件可以共享一个文件。此类项目的一个好样例是第 1 章演示的 SotckDog 应用，地址为 github.com/diegonetto/stock-dog。

另外，该应用的样例代码包含了一个 medium_project 目录，其中包含了使用该模式构造的项目骨干。再次，该应用将从 js/app.js 文件启动：

```
angular.
  module('foo', ['foo.controllers', 'foo.services', 'foo.directives']).
  config(function($rootScopeProvider) {
    // 在这里添加配置逻辑
  });
```

该应用现在分别为foo.controllers和foo.directives模块创建了一个目录，但是foo.services模块仍然定义在单个文件中。这就是说services.js与之前的样例相同：

```
angular.
  module('foo.services', []).
  factory('fooService', function() {
    // 空白服务
    return {};
});
```

不过，指令和控制器现在有了自己的目录。controllers/module.js文件负责声明 foo.controllers模块：

```
angular.module('foo.controllers', []);
```

目录controllers还包含了一个负责定义FooController的文件controllers/FooController.js：

```
angular.
  module('foo.controllers').
  controller('FooController', function($scope) {
    // 使用$scope
  });
```

最后，js/app.js 中声明的 foo 模块将被用在 index.html 文件中，用于启动 Web 页面：

```
<html ng-app="foo" >
  <head>
    <title></title>
  </head>

  <body>
    <div ng-controller="FooController">
    </div>

    <script type="text/javascript" src="../angular.js"></script>
    <script type="text/javascript" src="js/controllers/module.js"></script>
    <script type="text/javascript" src="js/controllers/FooController.js">
    </script>
    <script type="text/javascript" src="js/services.js"></script>
    <script type="text/javascript" src="js/directives/module.js"></script>
    <script type="text/javascript" src="js/directives/fooDirective.js">
```

```
    </script>
    <script type="text/javascript" src="js/app.js"></script>
  </body>
</html>
```

该范例是对小型项目目录结构的自然扩展。该应用为服务使用了单个文件，但是它分别为控制器和指令使用了单独的目录，用于演示当小型应用开始增长到无法适用于小型项目模式时的关键点，可以轻松地将不同的组件分割到新目录中的不同文件中。例如，如果有两个控制器变得越来越重要，那么可以创建一个 controllers 目录，并为每个控制器使用一个独立的文件，而不必改变目录结构的其余部分。

中型项目范例可以满足许多应用。不过，成熟的应用有时也会增长到超出该范例的时候：可能有太多的控制器因为合理的原因保持在一个文件夹中，因此我们希望进一步分割项目，使项目的各种组件变得可管理。如果项目达到了这个程度，那么你应该考虑以类似于"大型项目"指南的范例分割代码，下一节将进行详细讲解。

3.4.3 大型项目

大型项目通过按照功能对 AngularJS 组件进行分组的方式获益。例如，如果现在有一个大型的 AngularJS 应用，那么我们可能希望使用一个称为 registration 的独立目录(或者功能组)，其中包含 controllers、services 和 directives 目录，每个目录都包含了应用注册流中的唯一组件。这些不同目录中的每个组件都应该是独立于彼此的；例如，registration 目录中的控制器不应该依赖于 dashboard 目录中的服务。在多个功能组之间共用的组件将被存储在目录 shared 中。根据我们的需求，每个功能组可以为它的控制器、指令和服务包含单个文件或者目录。换句话说，除了对 shared 模块的潜在依赖之外，每个功能组都将按照自己是一个独立项目的方式进行组织。为了提供一个更具体的样例，本章的样例代码包含了一个名为 large_project 的目录，它演示了这种目录构建模式。

large_project 目录中有两个功能组：js/dashboard 和 js/registration。另外，还有一个包含了公用过滤器和服务的 js/shared 目录。dashboard 组包含了一个模块定义和一个定义了所有控制器的文件：

```
angular.module('foo.dashboard',
    ['foo.dashboard.controllers', 'foo.shared']);
```

registration 组稍微有点复杂，它包含了一个控制器的目录，以及一个包含了所有指令的文件。下面是 foo.registration 的模块定义：

```
angular.module(
  'foo.registration',
  [
    'foo.registration.directives',
    'foo.registration.controllers',
    'foo.shared'
  ]);
```

如同"中型项目"指南一样，该目录构建范例是有组织地从小型项目的目录构建指南增长而来。为了开始把"中型项目"转换成"大型项目",可以为每个功能组创建一个目录,并将该功能组的所有控制器、指令和服务都移动到该目录中。另外,可能还需要创建 shared 目录,这样就可以把功能组的服务以及仍然按照"中型"项目指南组织的代码存储在其中。通过这种方式,功能组就不需要依赖于仍然按照"中型"项目指南组织的代码(如果这样做的话,将会破坏功能组应该彼此独立的规则)。现在我们已经学习了将 AngularJS 代码组织成文件的一些不同方法,接下来将学习的是两个解决模块加载问题的开源工具。例如,在"大型项目"范例中,index.html 是非常复杂的,因为它需要使用一个认真排序的 script 标记列表加载项目的所有 JavaScript 文件:

```html
<html ng-app="foo">
  <head>
    <title></title>
  </head>

  <body>
    <div ng-controller="FooController">
    </div>

    <script type="text/javascript" src="../angular.js">
    </script>
    <script type="text/javascript" src="js/shared/filters.js">
    </script>
    <script type="text/javascript" src="js/shared/services.js">
    </script>
    <script type="text/javascript" src="js/shared/module.js">
    </script>
    <script type="text/javascript" src="js/registration/controllers/
        module.js">
    </script>
    <script type="text/javascript"
            src="js/registration/controllers/FooController.js">
    </script>
    <script type="text/javascript" src="js/registration/directives.js">
    </script>
    <script type="text/javascript" src="js/registration/module.js">
    </script>
    <script type="text/javascript" src="js/dashboard/controllers.js">
    </script>
    <script type="text/javascript" src="js/dashboard/module.js">
    </script>
    <script type="text/javascript" src="js/app.js">
    </script>
  </body>
</html>
```

随着应用中文件数量的增长,需要在 HTML 中包含的 script 标记的数量也将随之增加。对于小型项目来说这没什么问题,但是当我们开始使用"大型项目"目录结构时,就需要以特定的顺序使用 script 标记包含 JavaScript 文件，这将使 HTML 变得非常笨重。在较大的应用中，由于忘记 script 标记的顺序或者忘记包含特定的文件很容易引入难以追踪的问题。在 C 或者 Python 这样的编程语言中，每个代码文件都将负责声明自己的依赖，而编译器(对于 C 来说)或者语言运行时(对于 Python 来说)将负责为文件提供这些依赖。现在有几个开源工具允许在 JavaScript 中使用这种模式，这样就不需要使用 script 标记显式地列出文件。尽管可以通过使用 script 标记显式地列出所有文件的方式构建大型 AngularJS 应用 (AngularJS 工程师 Brian Ford 曾经因为写下这么一句话而出名："尚未在实际中看到任何实例因为 RequireJS 而受益")，但是我们会发现模块加载器更加方便，这是一种解决 JavaScript 中声明的依赖的工具，通过它我们就不必依赖 script 标记。在下一节，将学习如何使用 RequireJS 和 Browerify 这两种不同的模块加载工具，它们将使 AngularJS 中的 JavaScript 依赖不容易出错。

3.5 模块加载器

随着应用的增长，我们可能会遇到的一个问题是：如何找到页面中包含所有 JavaScript 依赖的正确解决方案。浏览器端 JavaScript 依赖的根本问题在于：需要通过以特定顺序列出所有 JavaScript script 标记的方式在 HTML 中加载 JavaScript。对于小型应用来说，将依赖包含在一个文件中，并在另一个文件中使用是不方便的。对于大型应用来说，通过 script 标记管理 JavaScript 是异常乏味并且易于出错的：随着代码库变得越来越大，就需要在大量页面中重新安排 script 标记，而这只是为了保证代码不被破坏！你可能已经猜到了，有几个开源工具解决了客户端 JavaScript 依赖的问题。RequreJS 是完成该任务的一个非常流行的工具，本节将进行讲解。另外，我们还将学习常见的 NodeJS-浏览器编译器 Browserify，它为浏览器端 JavaScript 提供了一种新方式。

3.5.1 RequireJS

RequireJS 是用于异步加载 JavaScript 文件的一个框架。每个 JavaScript 文件都将列出它所依赖的 JavaScript 文件，而不是使用 script 标记显式地在 HTML 中列出所有文件。然后 RequireJS 将通过加载该文件依赖的方式解决依赖，再加载真正的文件。另外，JavaScript 文件将通过异步的方式加载——这就是说，浏览器将在等待 RequireJS 加载 JavaScript 文件的同时开始渲染页面。此时的性能是理想的，因为异步加载将允许浏览器在等待 JavaScript 的过程中完成一些有用的工作，而不是阻塞。

在接下来的样例中，将使用 RequireJS 构建之前"目录结构"一节中提到的 small_project 目录。该样例演示了在 AngularJS 中使用 RequireJS 的高级准则。可以在本章样例代码的 small_project_require 目录中找到该样例。 small_project_require 目录与之前使用的 small_project 基本是一致的，但是做出了 3 个重要的改动。第一，js 目录现在包含了一个名为 require.js 的文件，毫无疑问该文件定义了 RequireJS 的 API。第二，为了演示如何在 RequireJS 中使用嵌套依赖，foo.controllers 模块现在依赖于 foo.services 模块，FooController 现在依赖于 fooService。small_project_require/js/controllers.js 文件中 foo.controllers 模块的新代码如下所示：

```
require(
  ['js/services.js'],
  function() {
    angular.
      module('foo.controllers', ['foo.services']).
      controller('FooController', function(fooService) {
        // Use fooService
      });
  });
```

RequireJS的语法非常直观。require()函数将接受两个参数：一个文件的列表和一个函数。RequireJS在执行函数之前加载并执行列表中的文件一次；因此，在之前的代码中 foo.controllers可以依赖于foo.services，而不必担心HTML中script标记的顺序。

配置 RequireJS 同样非常直观。为了初始化 RequireJS，只需要给它一个模块名称到 URL 的映射，从而使 RequireJS 知道到哪里寻找文件。对于 small_project_require 项目来说，它的映射是一个普通的标识映射。例如，'js/services.js'被映射到'js/services.js'。在需要从远程服务器加载 JavaScript 的应用中，可能需要创建一个不平凡的映射，但是标识映射足以满足该样例。接下来是新的 app.js 文件，现在它将负责启动 RequireJS 和主 AngularJS 模块：

```
var paths = [
  'js/controllers.js',
  'js/services.js',
  'js/directives.js'
];

var requireConfigPaths = {};
for (var i = 0; i < paths.length; ++i) {
  requireConfigPaths[paths[i]] = paths[i];
}
require.config({
  paths: requireConfigPaths
});

require(
  paths,
  function() {
    angular.
      module(
        'foo',
        [
          'foo.controllers',
          'foo.services',
          'foo.directives'
        ]).
      config(function($rootScopeProvider) {
        // 在这里添加配置逻辑
```

```
    });

  angular.bootstrap(document, ['foo']);
});
```

在之前的样例中，启动 RequireJS 要求调用 require.config()函数，并传入一个包含了路径映射的配置对象。然后我们就可以调用 require()来加载必需的文件，并声明 AngularJS 模块 foo。

你可能想知道之前代码中调用 angular.bootstrap()的原因。这是集成 AngularJS 和 RequireJS 时的一个重要难点：因为 JavaScript 文件将被异步加载，所以我们无法使用熟悉的 ng-app 语法初始化应用。当 AngularJS 尝试加载 ng-app 指令中指定的模块时，AngularJS 可能尚未加载该模块。幸亏，ng-app 指令是对 angular.bootstrap()函数的一个简单封装，所以可在 RequireJS 完成文件的加载之后，调用 angular.bootstrap()函数来初始化应用。

现在 RequireJS 已经被集成到了 AngularJS 代码中，small_project_require/index.html 可以是非常简明的。再次，注意接下来的 html 标记中没有 ng-app 指令，因为需要在 RequireJS 完成文件的加载之后，调用 angular.bootstrap()函数来手动初始化应用。

```html
<html>
  <head>
    <title></title>
  </head>

  <body>
    <div ng-controller="FooController">
    </div>

    <script type="text/javascript" src="../angular.js">
    </script>
    <script data-main="js/app.js" src="js/require.js">
    </script>
  </body>
</html>
```

注意，之前的代码只使用了两个 script 标记。通过使用 RequireJS 加载 AngularJS，可以进一步将它减少为一个 script 脚本。随着项目发展到需要使用"中型项目"目录构建指南或者甚至是"大型项目"目录构建指南的程度，我们仍然只需要使用两个 script 标记。但是将在每个文件中调用 require()显式地列出该文件所依赖的文件。

如你所见，RequireJS 是一个用于加载 JavaScript 依赖的完美工具，而不是一种列出 script 标记的健壮方式。另外，异步加载可能也有利于性能。不过，正是由于性能问题，异步加载在 RequireJS 之外并不是一个流行的模式：不论 JavaScript 文件多小，加载每个 JavaScript 文件都会引起一个最小的性能开销。在 RequireJS 之外，许多 JavaScript 项目会连结它们的 JavaScript——也就是说，它们将把所有的 JavaScript 文件合并成单个文件，然后把该文件提供给浏览器。这最小化了需要加载的 JavaScript 文件的数量，与异步加载相比，对于某些应用来说这是一个更好的选择。RequireJS 对于拥有大量 JavaScript 资源，但是在页面加载时不需要存在的应用来说是非常有用的。不过，在许多 AngularJS 应用中，AngularJS 的大小比应用代码的大小要大得多。下一个将要学习的工具是 Browserify，它提供了另一种加载模块的方式，与 RequireJS 相比，这是更有利于连结的方式。

3.5.2　Browserify

如果熟悉服务器端 JavaScript 的话，那么可能会好奇为什么 Browserify 会出现在模块加载器列表中。与 RequireJS 相比，Browserify 并不是被设计用作模块加载器的，但是作为该产品的主要目的，它为浏览器端模块加载提供了一种高效的方式：将 NodeJS 样式的 JavaScript 编译成浏览器友好的形式。NodeJS 是一种流行的服务器端 JavaScript 运行时，它拥有大量优雅的功能，包括 5 级作用域和用于导入外部依赖的 require()全局函数。在本节，将学习 NodeJS require()函数的基础知识，以及如何通过 Browserify 在 AngularJS 应用中使用 NodeJS 以更加结构化的方式实现依赖管理。

注意出于本节的目的，我们首先需要安装 NodeJS。如果尚未安装，可浏览 http://www.nodejs.org/downloads 页面，为自己的平台选择对应的指令。

尽管 NodeJS 的确实现了 JavaScript 语言标准，但是 NodeJS 运行时在根本上不同于浏览器的运行时。尤其，在浏览器端 JavaScript 中看到的全局对象 document 和 window 在 NodeJS 运行时中并不存在。而且，NodeJS 实行的是 5 级作用域：默认情况下，在文件顶级作用域中使用 var 声明的变量在其他文件中并不可见。例如，如果现在有两个 JavaScript 文件 foo.js 和 bar.js，而且 foo.js 中包含了下面的代码：

```
var x = 1;
```

如果 bar.js 通过 require()函数包含了 foo.js，那么 bar.js 将无法访问变量 x 的值：

```
require('./foo.js');

console.log(x); // 未定义的
```

为了导出 NodeJS 文件中的函数和对象，需要显式地将它们附加到 module.exports(或者简写为 exports)对象中。例如，如果 foo.js 中包含了下面的代码：

```
exports.x = 1;
```

那么 bar.js 可以访问 x 变量的值，如下所示：

```
var foo = require('./foo.js');

console.log(foo.x); // 1
```

在之前的样例中关于 require()函数有两个重要的细节需要注意。首先，require()的返回值是来自所需文件的 module.exports 对象。其次，传入到 require()函数中的路径必须是相对于调用 require()函数的文件的(除非该路径不在 node_modules 目录中，我们很快将学到这一点)。换句话说，如果另一个目录中的第三个文件调用了 bar.js 中的 require()，那么 bar.js 仍然可以成功调用 require('./foo.js')。

NodeJS 还允许包含 node_modules 目录中的外部依赖，并使用 require()加载它们，而不必使用相对路径。尤其是，如果在一个文件中调用 require('foo')，而且在该文件的目录中没有名为 foo 或者 foo.js 的文件或目录存在，那么 NodeJS 将会遍历项目的目录树寻找名为 node_modules 的目录。如果 NodeJS 找到了该目录，它将在 node_modules 目录中寻找名为 foo 的文件或者目录。如果已经习惯于需要以相对于项目根目录的方式包含文件的编程语言，那么这种方式似乎难以使用。不过，NodeJS 的方式也有它自己的优点。例如，NodeJS 代码的目录结构通常被认为更易于重构，因为每个目录不需要注意它们在目录结构中的位置。

现在我们已经了解了 require()函数的高级概念，接下来将编写一些 NodeJS 样式的 AngularJS 代码，并使用 Browserify 把该代码编译成浏览器友好的格式。可以通过浏览本章样例代码的根目录并运行 npm install 命令的方式安装 Browserify。注意，为了完成这个任务，需要先安装 NodeJS 和 npm。如果尚未安装它们，那么请从 http://nodejs.org/download 页面安装 NodeJS。运行 npm install 命令将把 Browserify 下载到本章样例代码根目录下的 node_modules/browserify 目录中。可在 NodeJS 自身使用 Browserify，但是使用 Browserify 最简单的方式就是将它用作命令行工具。例如，请考虑这两个简单的 NodeJS 文件 browserify_module.js 和 browserify_controller.js，可以在本章样例代码中找到它们。首先是 browserify_controller.js 文件：

```
module.exports = function($scope) {
  $scope.answer = 42;
};
```

接下来是 browserify_module.js 文件：

```
if (typeof window !== 'undefined' && window.angular) {
  var myModule = angular.module('MyModule', []);
  myModule.controller('BrowserifyController',
    require('./browserify_controller.js'));
}
```

当然，因为该代码使用了 require()和 module.exports，所以它在浏览器中无法工作。这时就需要使用 Browserify 命令行工具了。为了从之前的文件中生成名为 browserify_output.js 的浏览器友好的文件，可以运行下面的命令：

```
./node_modules/browserify/bin/cmd.js \
  -o ./browserify_output.js ./browserify_module.js
```

为方便起见，本章样例代码中的 Makefile 为之前的命令提供了一个方便的快捷方式：make browserify。运行该命令后，我们应该能够在本章样例代码的目录中得到一个名为 browserify_output.js 的文件，它的内容将如下所示：

```
(function e(t,n,r){/*...*/({1:[function(require,module,exports){
module.exports = function($scope) {
  $scope.answer = 42;
};
```

```
},{}],2:[function(require,module,exports){
if (typeof window !== 'undefined' && window.angular) {
  var myModule = angular.module('MyModule', []);
  myModule.controller('BrowserifyController',
    require('./browserify_controller.js'));
}

},{"./browserify_controller.js":1}]},{},[2]);
```

browserify_output.js看起来有点难以阅读，但是它是可以在浏览器中运行的有效JavaScript。例如，考虑本章样例代码中的browserify_example.html文件。

```
<body>
  <div ng-controller="BrowserifyController">
    <h1>The answer is {{answer}}</h1>
  </div>

  <script type="text/javascript" src="angular.js"></script>
  <script type="text/javascript" src="browserify_output.js"></script>
</body>
```

在之前的代码中，可以使用在browserify_controller.js文件中声明的BrowserifyController，并在browserify_module.js的MyModule中包含它。编译了browserify_output.js文件后，就可以使用通过NodeJS的require()函数声明的组件和模块，如同所编写的是传统浏览器端JavaScript一样。

以NodeJS样式编写浏览器端JavaScript的关键优点在于NodeJS的require()函数可以实现与RequireJS相似的目的。尤其是，require()函数允许在JavaScript代码中包含外部JavaScript文件，而不是依赖于script标记。

不过，Browserify 与 RequireJS 有一个关键的区别：Browserify 将输出单个文件，可以在页面中使用 script 标记包含它。Browserify 没有加载外部 JavaScript 的客户端机制；它完全是一个编译时工具，用于将所有的 JavaScript 连结成一个浏览器友好的文件。相反，RequireJS 将在浏览器中进行操作，使用 HTTP 加载所需的额外 JavaScript。因此，对于只加载所需的 JavaScript 代码来说，Browserify 不如 RequireJS，因为我们必须使用 Browserify 为每个页面编译出不同的 JavaScript 文件。

不过，这个缺点在特定的情况下可能是一个巨大的优点。通常使用 Browserify 编译的 AngularJS 应用简单地将所有的浏览器端 JavaScript 编译成单个文件、压缩它并使浏览器缓存它。一旦该文件被缓存后，接下来的页面加载将快上许多，因为不需要再加载额外的 JavaScript。这个权衡就在于首次加载页面会更慢一些。实际上，许多 AngularJS 应用更愿意将所有的 JavaScript 文件连结成单个文件，因为即使是请求一个小 JavaScript 文件也会因为网络延迟而引起开销。作为编译 NodeJS JavaScript 的副产品，Browserify 也提供了连结功能。

注意：

Browserify 通过解析代码，并通过一些基本的静态分析来解析对 require()函数的调用。特别是，如果调用了 require('./foo.js')，那么 Browserify 将在输出中包含./foo.js 文件。不过，因为 Browserify 只做静态分析，所以它无法解析传入变量作为参数的 require()函数。例如，var x = './foo.js' && require(x)在 NodeJS 可以正常工作，但是 Browserify 不会尝试解析 x 的值。因此，如果选择使用 Browserify，你应该只传入硬编码的字符串到 require()调用中。

使用Browserify的另一个主要优点是使用NodeJS包管理器npm的能力。如果服务器端代码也使用NodeJS编写，那么在代码库中就可以只使用一个包管理器。即使服务器端代码并不是使用NodeJS编写的，与客户端包管理器(例如Bower)相比，npm通常是更加优雅和易于使用的。另外，到 2014 年为止npm中心仓库已经提供了超过 100 000 个包，使它成为全球最大的包生态系统。通过Browserify，可以在浏览器端JavaScript使用这些包。例如，在本章之前使用了一个名为event-emitter的模块在服务之间传播事件。实际上，该模块最初是为NodeJS编写，并通过npm分发的。本章使用的event-emitter.js文件使用Browserify进行了编译，所以可以在浏览器端JavaScript中访问它。

注意：

不需要使用 Browserify 编译整个客户端 JavaScript。如之前使用的 event-emitter.js 文件，可以使用 Browserify 来编译将在浏览器中使用的特定 npm 模块，并使用 script 标记包含该文件。Browserify 以及相似的工具(例如 OneJS 和 Webmake)，通常用于将 NodeJS JavaScript 模块编译成可以使用 script 标记包含在浏览器 JavaScript 中的文件。例如 Mongoose，这是一个 NodeJS 模式验证工具(第 10 章将进行讲解)，它拥有的一个浏览器组件是使用 Browserify 编译的。

现在我们已经了解了 Browserify 在为浏览器编译 NodeJS 模块中的作用，接下来将学习如何在 Browserify 编译的 AngularJS 应用中使用 event-emitter 模块。在本章的样例代码中，可以看到 event-emitter 模块在 package.json 文件中被列为依赖。

```
"dependencies": {
  "browserify": "6.3.2",
  "event-emitter": "0.3.1"
}
```

npm 将在 package.json 文件中寻找在运行 npm install 命令时需要安装的依赖。当运行 npm install 时，会发现 npm 在 node_modules 目录中创建了一个名为 event-emitter 的目录。然后就可以使用 require()在 AngualrJS 应用中包含 event-emitter：

```
var emitter = require('event-emitter');

if (typeof window !== 'undefined' && window.angular) {
  var myModule = angular.module('MyModule', []);
  myModule.controller('BrowserifyController',
    function($scope) {
```

```
$scope.emitter = emitter();

$scope.numPings = 0;
$scope.emitter.on('ping', function() {
  ++$scope.numPings;
});
});
}
```

接下来可以使用Browserify命令行工具将该文件编译成浏览器友好的单个文件browserify_emitter _output.js：

```
./node_modules/browserify/bin/cmd.js -o ./browserify_emitter_output.js \
  ./browserify_emitter_module.js
```

一旦编译了browserify_emitter_output.js文件，就可以使用script标记包含它，并使用附加到BrowserifyController作用域的事件发射器：

```
<body>
  <div ng-controller="BrowserifyController">
    <h1 ng-click="emitter.emit('ping')">
      You've Clicked This {{numPings}} Times
    </h1>
  </div>

  <script type="text/javascript" src="angular.js"></script>
  <script type="text/javascript" src="browserify_emitter_output.js">
  </script>
</body>
```

如你所见，Browserify 允许在 AngularJS 应用中使用 NodeJSrequire()函数的强大能力和丰富的 npm 生态系统。与 RequireJS 相比，Browserify 是模块加载问题一个非常独特的解决方案。Browserify 完全是一个编译时工具，所以它可以加载不必要的模块，但是它确实将所有的依赖都加载到了一个文件中。根据用例的不同，这可能会成为优点。使用 Browserify 的另一个难点是：AngularJS 应用除非经过 Browserify 编译，否则无法在浏览器中运行，这将使调试变得更加困难。这些困难是否被 Browserify 巨大的优点所弥补，这取决于开发团队的技能集以及服务器代码是否使用 NodeJS 编写的。

3.6 构造用户身份验证的最佳实践

本节将被把本章所学到的概念结合在一起，并将它们提取成构建 AngularJS 登录/注销功能的一些最佳实践。所有应用都是不同的，但是几乎所有应用都有一些用户身份验证的概念。本节将使用用户身份验证作为如何使用模块、服务、控制器和指令组织代码的个案分析。

3.6.1 服务：从服务器加载数据和保存数据

因为服务最多只实例化一次，所以服务是加载关于当前登录用户信息的理想位置。这意味着服务可以在实例化时查询服务器获取数据，然后所有控制器或者服务都可以使用该数据，而不必再次查询服务器。为利用这一点，将实现一个名为 userService 的服务，用于周期性地从服务器得到用户信息。为了避免创建 REST API 的开销，将使用$timeout 模拟异步 HTTP 调用。接下来是使用了$timeout 的 userService 的实现。可以在 authentication_example.html 文件中找到该代码：

```
app.factory('userService', function($timeout) {
  var user = {
    loggedIn: false
  };

  user.loadFromServer = function() {
    $timeout(function() {
      user.loggedIn = true;
      user.name = 'Username';
    }, 500);
  };

  user.login = function(username, password) {
    $timeout(function() {
      user.loggedIn = true;
      user.name = username;
    }, 500);
  };

  user.logout = function() {
    user.loggedIn = false;
    user.name = undefined;
  };

  user.loadFromServer();
  return user;
});
```

该 userService 实现获得了与用户身份验证相关的核心功能：登录、注销和加载关于当前用户的数据。因为 userService 只会实例化一次，所以 loadFromServer()将在服务被实例化时调用一次，logout()将为控制器、服务和指令清除用户数据。

3.6.2 控制器：向 HTML 公开 API

通常，我们会希望创建一个顶级控制器，将它附加到页面的 body 标记中或者一个包含了所有内容的 div 标记中，用于公开 userService 从服务器加载的数据，另外我们还希望创建 logout()和 login()函数。这将使 HTML 可以访问这些功能，而不必使所有控制器都依赖于 userService。该 userService 实现非常适合在顶级 AppController 中公开，因为通常需要在

HTML 中访问它，而不是在控制器中。换句话说，通常其他控制器不会直接调用 logout() 函数。而是通过指令调用该函数，例如 ngClick。下面是顶级 AppController 的实现：

```
app.controller('AppController', function($scope, userService) {
  $scope.user = userService;
});
```

该控制器将通过页面的 HTML 公开 userService 功能。再次，回顾一下控制器的核心目的：向指令公开 JavaScript 数据和函数，从而使指令可以把 DOM 交互绑定到该 API 并创建用户体验。接下来是通过内置指令使用 AppController 提供的 API 的一个基本样例：

```
<body ng-controller="AppController">
  <div ng-show="user.loggedIn">
  <h1>{{user.name}}</h1>
  <input  type="button"
          ng-click="user.logout()"
          value="Log Out">
  </div>
  <div ng-show="!user.loggedIn">
   <input  type="button"
           ng-click="user.login('Username')"
           value="Log In">
  </div>
</body>
```

3.6.3　指令：与 DOM 进行交互

第 5 章将详细讲解自定义指令的编写。不过，出于构建身份验证系统的目的，将主要关注于使用指令创建可重用的 HTML 组件。可重用的 HTML 组件只是指令常用目的的一个小小子集：将 DOM 交互绑定到控制器提供的 API。接下来，将使用指令构建一个可重用的 login 指令，整个应用中都可以使用它：

```
app.directive('login', function() {
  return {
    restrict: 'E',
    scope: true,
    template: 'Username: <input type="text" ng-model="username">' +
      '<br>' +
      'Password: <input type="password" ng-model="password">' +
      '<br>' +
      '<input type="button" ng-click="login()" value="Log In">',
    controller: function($scope, userService) {
      $scope.login = function() {
        userService.login($scope.username, $scope.password);
      };
    }
  }
});
```

然后我们就可以在 HTML 中使用 login 指令，如下所示：

```
<div ng-show="user.loggedIn">
  <h1>{{user.name}}</h1>
  <input  type="button"
          ng-click="user.logout()"
          value="Log Out">
</div>
<div ng-show="!user.loggedIn">
  <login></login>
</div>
```

使用指令构建可重用的组件是一个重要的最佳实践，而且是指令的一个常见用例。

3.7　小结

在本章，我们学习了组织 AngularJS 代码和构建应用的最佳实践。尤其是，我们了解了服务、控制器和指令之间的区别，以及每个组件适用的用例。我们还学习了使用模块将组件组织成相关的组，以及如何使用模块创建 A/B 测试。了解了不同规模项目的目录构建模式。最后，学习了两个模块加载器，一些 AngularJS 应用将通过它们使包含 JavaScript 依赖这个任务变成一个不容易出错的过程。

第 4 章

数 据 绑 定

本章内容：

- 如何创建和使用数据绑定
- 数据绑定性能的最佳实践
- 如何将过滤器绑定到数据绑定中

本章的样例代码下载：

可在http://www.wrox.com/go/proangularjs页面的Download Code选项卡找到本章的wrox.com代码下载文件。

4.1 数据绑定

数据绑定是 AngularJS 所有功能的核心。在第 2 章中，我们已经看到了一些使用{{ }}符号的基本数据绑定。

从高级别上看，数据绑定是把两个 JavaScript 值绑定在一起的能力。当第一个值改变时，第二个将被更新，以反映第一个值的改变。数据绑定最常见的用例就是把用户界面(UI，通常被称作视图)绑定到一组独立于 UI 的值(通常称为模型)。模型将由简单的字符串、数字和其他基本 JavaScript 类型组成。通过使用数据绑定，视图可以定义如何渲染模型。

注意：

在大家熟知的模式的上下文中，例如模型-视图-控制器(MVC)，你可能已经听说过术语"模型"和"视图"。可将"数据绑定"看成对 MVC 中 C 的替代品。出于这个原因，AngularJS 已经被称为"客户端模型-视图-视图管理器(MVVM)"或者"模型-视图-无所谓(Model-View-Whatever，MVW)"框架。是的，"模型-视图-无所谓"是个真正的技术术语。

数据绑定允许在超文本标记语言(HTML)中使用指令将视图直接绑定到模型，第 5 章将会进行详细讲解。为了更好地理解数据绑定的强大功能，将使用一个简单的用例：一个根据用户输入到文本框中的名字向用户说 "Hello" 的页面。下面是这个页面如何使用jQuery(一个流行的轻量级 JavaScript 库)进行工作的样例：

```
<input type="text" id="username">
<div>
    Hello,
    <span id="display_username">
    </span>
</div>

<script type="application/javascript">
    $(document).ready(function() {
        $('#username').on('keyup', function() {
            $('#display_username').html($('#username').val());
        });
    });
</script>
```

如果具备 UI 开发经验，这看起来可能有点熟悉。在特定 UI 元素上为特定的事件赋予事件处理程序是大多数常见 UI 工具箱中的标准模式，无论是 Android、iOS、Swing 或者jQuery。不过，AngularJS 数据绑定将反转这个模式，它将在 HTML 中以声明的方式定义这些处理程序。

```
<div ng-controller="HelloController">
    <input type="text" id="username" ng-model="username">
    <div>
        Hello,
        <span id="display_username">
            {{ username }}
        </span>
    </div>
</div>

<script type="text/javascript">
    function HelloController($scope) {
        $scope.username = "";
    }
</script>
```

在之前 username 变量周围的{{ }}符号是单向数据绑定的一个样例。该符号是下面代码的简写：

```
<span id="display_username" ng-bind="username"></span>
```

特性 ngBind 是一个指令，它将告诉 AngularJS 该 span 有一个绑定到 username 变量的单向绑定。换句话说，ngBind 将告诉 AngularJS，每次 username 的值改变时，span 的内容应该随着更新，以反映 username 的新值。AngularJS 的数据绑定将负责除了这个统计工作；你只需保证 username 含有正确的值。

特性 ngModel 是一个在输入字段和变量 username 之间创建双向数据绑定的指令。换句话说，当输入字段的值因为用户输入而改变时，username 的值也将随之更新，以反映输入字段的新值。另外，当变量 username 的值改变时，输入字段的值将改变为 username 的新值。在下面的样例中可以自己尝试一下，添加一个按钮，用于清除 username 变量：

```
<div ng-controller="HelloController">
    <input type="text" id="username" ng-model="username">
    <button ng-click="clear()">
     Clear Username
    </button>
    <div>
        Hello,
        <span id="display_username">
            {{ username }}
        </span>
    </div>
</div>

<script type="text/javascript">
    function HelloController($scope) {
        $scope.username = "";

        $scope.clear = function() {
          $scope.username = "";
        };
    }
</script>
```

如果认真阅读，可能会注意到之前代码中使用的新类型指令：ngClick。可以使用 onClick 特性在 HTML 中内嵌 JavaScript 单击处理程序，那么为什么还需要一个特殊的指令呢？这个问题的完整答案要求对指令的内部工作机制有更深入的理解，第 5 章将进行深入讲解。不过，从高级别看，我们应该使用 ngClick 附加单击处理程序，而不是 onClick，因为 ngClick 绑定了 AngularJS 两个强大的和完整的组件：作用域和$digest 循环。接下来将详细讲解这些概念。

在之前的两个样例中，我们看到了 ngClick 将以一种不同于 ngBind 的方式与数据绑定进行交互。通常，指令与数据绑定的交互分为三类：1)通过单向绑定只负责显示数据的指令，例如 ngBind；2)封装了事件处理程序的指令，例如 ngClick；3)实现双向绑定的指令，例如 ngModel。从高级别看，这些不同类型的指令在如何与作用域中 JavaScript 数据的交互上是不同的。第一类指令被称为只读指令。这种类型的指令指定了如何显示数据的规则，而不是如何修改数据。第二类指令是一个事件处理程序封装器。此类指令不渲染数据，但是它们可以修改数据。第三类也是最后一类指令：双向指令，既渲染也修改数据。注意这些定义实际上并不是 AngularJS 代码库的一部分。这里只是将它们展示为一个工具，用于帮助把指令分类为更加更容易理解的块，如表 4-1 所示。

表 4-1　指类分类

指令分类	是否渲染数据	是否修改数据	在该分类中的内置指令样例
只读	是	否	ngBind, ngBindHtml, ngRepeat, ngShow, ngHide
事件处理程序封装器	否	或许	ngClick, ngMouseenter, ngDblclick
双向数据绑定	是	是	ngModel

现在我们已经更了解数据绑定的魔力了。在真正开始挖掘数据绑定如何工作和如何高效使用它的细节之前，将回退一步，学习数据绑定的优点是什么。

4.2　数据绑定的作用

与直接使用事件处理程序相比，使用数据绑定主要有 3 个优点。第一，模型和控制器逻辑是完全独立于 UI 的。在之前的代码中，可以添加另一个绑定到变量 username 的 UI 元素，或者也可以创建另一个元素，只在定义了 username 时显示，这些改动都不需要改变控制器代码。控制器代码可以加载数据，并向 HTML 提供应用编程接口(API)，用于操作数据、加载和保存数据，而 UI 中展示数据的方式则可以在 HTML 和层叠样式表(CSS)中实现。

由 AngularJS 提供的视图和控制器之间的清晰分离在单人项目中是非常有价值的，但是请耐心等待看它能为跨领域团队完成什么。在生产团队中，可能有至少一个人专注于用户界面/用户体验(UI/UX)。换句话说，可能有一个或多个开发者负责从服务器抓取数据(也称为模型)到浏览器，有一个或多个设计者负责将数据展示给用户。

没有 AngularJS，在模型和视图之间的胶水代码是一个灰色区域。实际上，最终将会出现开发者和设计者相互踩脚指的情况。一个经典的噩梦场景是：当设计师浏览并调整所有的 CSS 类时，通常需要更新胶水代码确保它正在使用正确的 CSS 类创建元素。即使是强大的 MVC 框架，例如 BackboneJS，分离代码和设计也几乎是不可能的。此时就需要让设计师调整 JavaScript 或者让开发者决定如何渲染数据。

通过数据绑定，设计师不需要编写 JavaScript 代码，开发者也不需要调整 HTML。相反，在一个理想的世界中，这两个角色将通过良好定义的 API 进行交互，开发者负责编写 JavaScript 函数和公开控制器中的变量，设计师负责在 HTML 中使用指令(例如 ngClick)绑定这些它们。

另外，数据绑定还允许在声明式语言(例如 HTML)中编写更多的代码，在命令式语言(例如 JavaScript)中编写较少的代码。一般来说，命令式编程涉及为计算机提供如何执行任务的精确指令。与此相对，声明式编程允许指定希望发生的事情，并且允许计算机优化如何完成的细节。或者换句话说，在命令式编程中使用的是动词，而在声明式语言中，例如 HTML，编写的只是名词。命令式和声明式编程的准确技术定义更加复杂也易于引起争辩，但是知道命令式编程语法使高级概念(例如数据的图形渲染)更加简单就足够了。

声明式语言倾向于更加简洁，并且更有利于 UI/UX 开发，因为从根本上讲 UI 是基于含有相关潜在操作的对象构建的。这意味着与其显式地编写代码构造 UI 对象，不如定义希望如何构造对象，并让浏览器处理渲染细节。想象一下使用 jQuery 构建整个页面结构的混乱场景！使用过 Java Swing 包的开发者将会想起在 Java 代码中必须构建框架和按钮的完整结构的挫败感——难怪 Swing UI 看起来如此糟糕！

通过使用 AngularJS 数据绑定，HTML 不仅可以定义 UI 结构，还可以定义 UX 结构。因为 UX(决定用户可以采用的具体操作)被定义在 HTML 中，不需要与事件处理程序绑定代码(过于冗长而且容易填满全局作用域)掺和在一起。

最后，AngularJS 作用域为组织代码提供了一个简洁框架。ng-controller 指令每次将创建一个 HelloController 新实例，所以 UI 可以在不同的位置重用控制器，而不必对 JavaScript 做出改变。例如，可让 HelloController 以不同的语言问候用户。

```html
<div ng-controller="HelloController">
    English:
    <input type="text" ng-model="username">
    <div ng-click="clear()">
      Clear Username
    </div>

    <div>
        Hello,
        <span>
            {{ username }}
        </span>
    </div>
</div>

<br>
<br>

<div ng-controller="HelloController">
    Spanish:
    <input type="text" ng-model="username">
    <div ng-click="clear()">
      Clear Username
    </div>

    <div>
        Hola,
        <span>
            {{ username }}
        </span>
    </div>
</div>
```

```
<script type="text/javascript">
   function HelloController($scope) {
      $scope.username = "";

      $scope.clear = function() {
        $scope.username = "";
      };
   }
</script>
```

在运行之前的代码时，可能会注意到两个 username 变量是相互独立的。可以在第一个中输入 Jack，在另一个中输入 Juan，对应的 div 元素将分别显示 Hello, Jack 和 Hola, Juan。这就是 AngularJS 在每次使用 ng-controller 指令时创建一个新的作用域所产生的结果。附加了 HelloController 的每个 div 元素都有自己的 HelloController 实例和自己的 username 变量。AngularJS 中的作用域是极其强大的工具，它们在数据绑定的使用中具有不可或缺的作用。因此，值得进一步讲解什么是作用域，以及它们的作用。

4.3 AngularJS 作用域

一个极其强大的 AngularJS 特性就是：在文档对象模型(DOM)中引入了作用域。作用域是 AngularJS 表达式的一个执行上下文。一个表达式是包含了 JavaScript 代码的字符串，它们将由 AngularJS 执行。例如，ngClick 和 ngModel 特性的值，以及 {{ }} 符号中的内容都是表达式。在底层，AngularJS 将解析这些表达式并在所关联的作用域中执行它们。要记住的一个关键点是表达式不同于控制器中的代码：AngularJS 将以自己的方式解析和执行表达式，而控制器代码将直接在浏览器中运行。在表达式中工作的代码可能无法在控制器中工作，反之亦然。

在之前的小节中，我们看到了ng-controller指令，它将创建一个新的作用域，附加到指令的表达式可以访问它。就像在JavaScript中一样，作用域在使代码更加模块化和更加易于使用上有着宝贵的作用。例如，通过作用域的能力，在相同的页面中有两个独立的HelloController实例。另外，嵌套在ng-controller中的ngClick , ngModel , and ngBind表达式都可以访问正确的作用域实例。

大多数其他 JavaScript 库只提供了对内置 HTML 事件处理程序(例如 onClick)的简单封装。这些库都有一个致命的缺点：在 HTML 中事件处理程序里调用的函数必须在页面的全局作用域(通常被称为 window)中可见。依赖于全局状态将使代码难于管理。例如，我们可能使用 onClick 和全局状态编写了 HelloController 样例。此时如果希望添加另一种语言，例如 French，就必须在 window 对象中添加 HelloController 的另一个实例。还必须保证这个新的实例不会覆盖其他元素依赖的任何全局状态。另外，还需要让 DOM 知道应该访问哪个 HelloController，这对于简单的任务来说太复杂了。

不过，通过 DOM 中的作用域，使用 HTML 中的事件处理程序变得更加可行。你可能注意到了传入到控制器中的第一个参数是$scope，它对应于 ng-controller 指令创建的作用

域。然后，我们就可以使用控制器中的变量和函数增强这个作用域。注意，只能从$scope
及其子作用域访问这些函数。AngularJS 将为每个页面创建一个根作用域，所有由
ng-controller 或者其他指令创建的作用域是根作用域的子作用域。需要直接使用根作用域的
情况并不多，但是以防万一，需要知道可以在控制器中通过依赖注入访问根作用域：
$rootScope。

4.3.1　作用域继承

AngularJS 中的 DOM 作用域非常类似于 JavaScript 语言自身的作用域。在 JavaScript
中，像关键字这样的函数(例如 for 和 if)将创建子作用域，这将允许我们使用 var 关键字定
义作用域中的本地变量。

毫无疑问，AngularJS 中对等的 ngRepeat 和 ngIf 将也在 DOM 创建作用域。作用域将
使用基于原型的继承方式继承它们的父作用域，并在$parent 字段中保存父作用域的一个指
针，所以子作用域可以访问父作用域中的变量。在 DOM 中可以访问完整的作用域链：

```
<div ng-controller="LanguagesController">
    <div ng-repeat="language in languages"
ng-controller="HelloController">
        {{ language.name }}:
        <input type="text" id="username" ng-model="username">
        <div>
            {{ greet(language, username) }}
        </div>
    </div>
</div>

<script type="text/javascript">
    function LanguagesController($scope) {
        $scope.languages = [
            { name : "English", greeting : "Hello, " },
            { name : "Spanish", greeting : "Hola, "}
        ];

        $scope.greet = function(language, name) {
            return language.greeting + " " + name;
        };
    }

    function HelloController($scope) {
        $scope.username = "";
    }
</script>
```

作用域是非常强大的工具，如果我们从蜘蛛侠中学到了什么，那就是能力越大，责任
也越大。使用 AngularJS 时，搬起石头砸自己的脚最常见的方式之一就是：忘记了尽管可
以读取父作用域中的变量，但是 AngularJS 不会允许我们为父作用域赋值。这个错误最容

易使用一个看起来似乎完全无害的样例进行说明。可将之前样例中的英语版本和西班牙版本的 username 绑定到单个变量。可以尝试把 username 变量移动到 LanguagesController 中，例如：

```
<div ng-controller="LanguagesController">
    <div ng-repeat="language in languages"
ng-controller="HelloController">
        {{ language.name }}:
        <input type="text" id="username" ng-model="username">
        <div>
            {{ greet(language, username) }}
        </div>
    </div>
</div>
<script type="text/javascript">
    function LanguagesController($scope) {
        $scope.languages = [
            { name : "English", greeting : "Hello, " },
            { name : "Spanish", greeting : "Hola, "}
        ];
        $scope.greet = function(language, name) {
            return language.greeting + " " + name;
        };
        $scope.username = "Juan";
    }
    function HelloController($scope) {
    }
</script>
```

不过，在尝试运行该代码时，我们会看到在英语输入中填入 John 时，西班牙输入不会改变。真正让人感到郁闷的是两个输入开始都将显示 Juan。这里出现了什么问题？尽管 ngModel 可以读取父作用域中 username 变量的值，但是它只可以将该变量赋给当前作用域。因此，当英语输入改变时，ngModel 指令将通过 HelloController 的副本在定义它的作用域中创建一个新的 username 变量。

为解决这个问题，可使用 ngChange 指令，而且可以在父作用域中调用函数。ngChange 指令将在每次对应输入的值改变时计算附加的表达式，所以可以使用它在每次用户名改变时调用 LanguagesController 中的函数：

```
<div ng-controller="LanguagesController">
    <div ng-repeat="language in languages" ng-controller=
        "HelloController">
        {{ language.name }}:
        <input type="text"
                ng-model="username"
                ng-change="updateUsername(username)">
        <div>
            {{ greet(language, username) }}
```

```
                </div>
            </div>
        </div>

        <script type="text/javascript">
            function LanguagesController($scope) {
                $scope.languages = [
                    { name : "English", greeting : "Hello, " },
                    { name : "Spanish", greeting : "Hola, "}
                ];
                $scope.greet = function(language, name) {
                    return language.greeting + " " + name;
                };

                $scope.username = "Juan";

                $scope.updateUsername = function(username) {
                    $scope.username = username;
                }
            }

            function HelloController($scope) {
            }
        </script>
```

　　AngularJS 也允许禁用作用域继承。作用域可以被标记为隔离的，这意味着它不会继承父作用域。第 5 章详细讲解指令时将讨论隔离作用域。

　　搬起石头砸自己的脚另一种常见的方式就是忘记在 AngularJS 表达式中无法访问全局 window 对象中的函数。例如，encodeURIComponent 函数将转换在 URL 中使用的字符串值。几乎所有与服务器通信的 JavaScript 程序都会使用 encodeURIComponent。该函数被附加到了 window 上，并且可以通过 window.encodeURIComponent 访问。为演示这一点，下面是几乎所有刚开始使用 AngularJS 的人都会犯的错误：

```
{{ encodeURIComponent(username) }}
```

　　当尝试执行该表达式时，会注意到 AngularJS 错误处理程序被触发了，并且 UI 中的 span 是空的。这是因为表达式被严格限制为使用当前作用域和它的祖先作用域中的变量：不允许使用全局状态或者函数。事实上，AngularJS 在在线文档中将它自己描述为"对全局对象有致命的过敏"。无论这是一个问题还是一个特性都由你自己决定。无论如何，AngularJS 从第一个公开发布版本开始就无法在表达式中访问 window 对象，在不久的将来也不可能改变。

　　不过，可在控制器中访问 encodeURIComponent 函数。如果回顾一下表达式中代码和控制器中代码的区别(后者由 AngularJS 解析和执行，而前者由浏览器的解释器直接执行)，就不会再感到惊讶。因为它们的代码将直接在浏览器中运行，所以控制器可以访问 window 对象。在表达式中访问 encodeURIComponent 函数的一种方式是将该函数附加到控制器中的作用域。

```
$scope.encodeURIComponent = window.encodeURIComponent
```

不过，如果发现自己需要将 encodeURIComponent 附加到编写的所有控制器作用域中，那么这种方式是让人沮丧的。不要担心；还有一种好的 AngularJS 方式可以从表达式中访问 encodeURIComponent。在本章的最后一节"过滤器和数据绑定"中将学习这个解决方案。

除了存储数据，作用域还有 3 个重要的函数对于数据绑定的工作方式是非常关键的。注意：本书将不断地提到这些函数。这些函数被称为$watch、$apply 和$digest。

1. $watch

$watch 组成了双向数据绑定的一边：通过它可以设置一个回调函数，在指定的表达式改变时调用。回调函数通常被引用为监视器。$watch 的一个简单应用是在每次用户改变名称时更新 firstName 和 lastName 变量：

```
$scope.$watch('name', function(value) {
  var firstSpace = (value || "").indexOf(' ');
  if (firstSpace == -1) {
    $scope.firstName = value;
    $scope.lastName = "";
  } else {
    $scope.firstName = value.substr(0, firstSpace);
    $scope.lastName = value.substr(firstSpace + 1);
  }
});
```

从内部看，$watch 是一个普通的函数。每个作用域都维护了一个监视器的列表，被称为$scope.$$watchers。$watch 简单地添加了一个新的监视器，其中包含了一些内部记录，用于记录表达值的最后计算值。

2. $apply

$apply 组成了双向数据绑定的另一边：它将通知 AngularJS 某些东西改变了，$watch 表达式的值应该重新计算。通常我们不需要自己调用$apply，因为 AngularJS 的内置指令(例如 ngClick)和服务(例如$timeout)将会调用$apply。

最可能在自定义事件处理程序的上下文中遇到的是$apply。当事件发生时，例如用户单击了按钮或者一个未完成的 HTTP 请求结束了，AngularJS 需要得到通知，模型可能已经改变了。出于这个原因，ngClick 和 ngDblclick 这样的指令将在内部调用$apply。

另一个样例是：如果要自己实现 AngularJS 的$http 服务的简单替代品，就需要在对作用域做出改动之后使用$apply，用于保证 AngularJS 注意到模型可能已经改变。例如，可以使用$.get 函数(而不是 AngularJS 的$http 服务)向 OpenWeatherMap API 查询 New York City 当前的天气状况：

```
<div ng-controller="HttpController">
```

```
    <input type="submit" value="Stuck? Click Here!" ng-click="">
    <br>
    {{ weather }}
</div>
<script type="text/javascript">
    function HttpController($scope) {
        var weatherUrl =
            "http://api.openweathermap.org/data/2.5/weather" +
            "?q=NewYork,NY";
        $scope.weather = "Loading...";

        $scope.getNYCWeather = function() {
            $.get(weatherUrl, function(data) {
                $scope.weather = data;
                $scope.$apply();
            });
        }

        setTimeout(function() {
            $scope.getNYCWeather();
        }, 0);
    }
</script>
```

做个实验：注释掉之前代码中的$apply 调用。此时，当 HTTP 请求返回时该视图不会被更新。不过，如果单击了"Stuck? ClickHere!"按钮，视图将会更新，因为 ng-click 指令调用了$apply，即使表达式是空的。

3. $digest

$digest 是将$watch 和$apply 绑定在一起的魔法胶水函数。我们很难找到一个需要与$digest 直接交互(而不是通过$watch 和$apply)的样例。不过，由于该函数在数据绑定核心中的独特地位，它的内部工作方式值得详细进行讨论。

从高级别看，$digest 将计算作用域(以及作用域的孩子)中的所有$watch 表达式，并在任何一个发生改变时调用监视器回调。整个过程似乎很简单，但是这里有一个小小的难点：监视器可以改变作用域，这意味着接下来可能有其他的监视器需要得到这个改变的通知。因此，$digest 实际上发生在一个循环中，从概念上看起来就像下面的伪代码：

```
var dirty = true;
var iterations = 0;
while (dirty && iterations++ < TIMES_TO_LOOP) {
  dirty = false;
  for (var i = 0; i < scope.watchers.length(); ++i) {
    var currentValue = scope.watchers[i].get();
    if (currentValue != scope.watchers[i].oldValue) {
      dirty = true;
      scope.watchers[i].callback(currentValue, scope.watchers[i].oldValue);
```

```
        scope.watchers[i].oldValue = currentValue;
    }
  }
}
```

重要的一点是：TIMES_TO_LOOP 约束的存在是为了阻止 AngularJS 被困在$digest 的无限循环中。如果代码在每次迭代之后将 dirty 标志设置为 true，那么该循环将永远运行下去，并完全使浏览器冻结。现在，AngularJS 将 TIMES_TO_LOOP(简称 TTL)设置为10。如果循环的执行次数超过了 TTL，AngularJS 将抛出一个10 $digest iterations reached. Aborting! 错误。这个限制似乎有点小，但是在实践中除非这是一个无限循环，否则很少会出现3或4个$digest 迭代。

如果发现自己出于某些原因需要改变 TTL 值，那么 AngularJS 允许使用$rootScope 服务和 digestTtl 函数以模块为基准改变这个值。例如，为将 TTL 设置为 15，可在声明顶级应用模块时使用下面的代码：

```
var app = angular.module('MyApp', [], function($rootScopeProvider) {
    $rootScopeProvider.digestTtl(15);
});
```

4.3.2　性能考虑

与把事件处理程序附加到 DOM 相比，你可能认为 AngularJS 使用$digest 实现的脏检查(dirty checking)是极其低效的。实际上，脏检查通常足够高效，而且大多数情况下它在正确性和可预测性上的优点超出了性能的影响。在本节，将学习如何最小化性能影响，并保证应用让用户看起来非常快捷。

首先，在深入学习脏检查的内部工作方式对性能的影响之前，请记住传奇 Stanford 计算机科学教授 Donald Knuth 的名言："Premature optimization is the root of all evil ("Structured Programming with Go To Statements", ACMjournal, 1974)"。在开始优化应用性能之前，首先应该保证它能够按照预期正常运行。

当我们开始考虑性能时，不应该问如何使应用更快；而是应该问如何使应用快到它所需的程度。最后，如果永远不打算向用户提供一个应用的可用版本，那么半成品原型的性能如何也就不重要了。AngularJS 正是用于解决这个问题，它能将复杂的和容易测试的、基于浏览器的客户端便捷地组合在一起。许多开发者发现将 AngularJS 和 vanilla jQuery 代码之间的标准相比较是毫无意义的，因为它们无法使用 jQuery 在一个合理的时间内创建出现有的 AngularJS 功能。

接下来，在考虑 AngularJS 性能时需要记住两个重要的指导。首先，AngularJS 团队非正式地建议在单个页面中不要使用超过 2000 个监视器。在设计应用时要考虑 2000 个监视器的准则，并记得实际上 UI 中的所有指令都将创建至少一个监视器。记住$digest 将检查所有的监视器，如果正在监视许多复杂的变量，那么该循环可能会成为瓶颈。

第二个需要记住的重要指导是：AngularJS 性能问题几乎总是因为以不合理的方式使用 ngRepeat 所引起的。你可能猜到页面创建的 2000 个指令，如果没有某种循环结构的话这几乎是不可能的。ngRepeat 指令是提供了可以在循环中创建指令的循环结构。因此 ngRepeat

指令可以创建额外的监视器：如果在 ngRepeat 中使用了表达式，就已经为数组中的每个元素创建了一个额外的监视器！而且，ngRepeat 通常会监视一个数组，这对于非常大型的数组来说是一个昂贵的操作。

出现问题的 npReat

将创建一个简单的基准，用于演示大量使用 ngRepeat 时所发生的事情。下面的代码将在浏览器中创建 10 000 个 div 元素，分别显示出数字 0~9999。jQuery 代码将如下所示：

```javascript
<script src="https:// code.jquery.com/jquery-1.10.2.min.js">
</script>
<script type="application/javascript">
    $(document).ready(function() {

        var arrayPusher = {};

        arrayPusher.value = [];
        arrayPusher.get = function() {
            return arrayPusher.value;
        };
        arrayPusher.set = function(v) {
            var start = Date.now();
            arrayPusher.value = [];
            $('#container').empty();
            for (var i = 0; i < v.length; ++i) {
                arrayPusher.value.push(v[i]);
                $('#container').append('<div>' + v[i] + '</div>');
            }

            console.log("Time in MS: " + (Date.now() - start));
        };

        var arr = [];
        for (var i = 0; i < 10000; ++i) {
            arr.push(i);
        }

        arrayPusher.set(arr);
    });
</script>
```

实现相同功能的 AngularJS 代码相当简单。调用 setTimeout 的原因是为了保证不会在另一个 $digest 循环中调用 $digest。AngularJS 将在控制器初始化完成之后执行 $digest。setTimeout 调用将保证当 $digest 调用发生时，只有脏监视器在数组中。

```javascript
<script type="application/javascript">
    function ArrayPushController($scope) {
        $scope.arr = [];
```

```
            $scope.push = function(v) {
                setTimeout(function() {
                    var start = Date.now();
                    $scope.arr = v;
                    $scope.$digest();
                    console.log("Time in MS: " + (Date.now() - start));
                }, 500);
            };

            $scope.newArr = [];
            for (var i = 0; i < 10000; ++i) {
                $scope.newArr.push(i);
            }
        }
    </script>
    <div ng-controller="ArrayPushController" ng-init="push(newArr)">
        <div ng-repeat="x in arr">
            {{ x }}
        </div>
    </div>
```

当运行之前的代码时，控制台将告诉你 AngularJS 代码相当缓慢。在 Google Chrome 中，可以看到 AngularJS 代码可能需要花费大约 1500 毫秒，而 jQuery 代码花费了大约 500 毫秒。记住，这些数字来自于 N=1 的实验，而且这里只是使用它们演示相对的性能。

首先，请考虑 AngularJS 样例中有多少作用域和多少监视器。你可能认为唯一的监视器是由 ngRepeat 在 arr 的值上创建的。不过，页面中实际上有 10 000 个其他的监视器。ngRepeat 指令为数组中的每个元素创建了一个新的作用域，所以之前 ngController 指令定义的作用域有一个监视器和 10 000 个子作用域，而每个作用域都有自己的监视器。

这在 AngularJS 中是如何执行的呢？$digest 循环将执行两次。第一个迭代最昂贵，因为此时 AngularJS 将创建 10 000 个作用域，然后将基于 x 值的监视器附加到它们中的每一个。第二次迭代的发生是因为上一次迭代在每个子作用域中都改变了 x 的值。如果对这两个迭代进行分析的话，第一个循环花费了大概 1500 毫秒中的 1300 毫秒，第二次循环使用了 200 毫秒。

如何才能改善性能呢？一种加速 AngluarJS 对大型列表处理的常见模式是：移除子作用域上的 10 000 个监视器。从高级别上看，ngBind 将把一个监视器赋给{{}}的内容，并告诉浏览器在每次监视器触发时改变 DOM 元素的内容。因此，每次 arr 的内容改变时，AngularJS 需要执行两次$digest 迭代。它还需要创建和销毁这些只有一个监视器的作用域。

通过避免创建这些监视器可以节省多少开销呢？对这个问题更加全面的解答要求深入了解指令是如何工作的；第 5 章将讲解这个问题的答案。与此同时，可以做一个简单的实验，在之前的代码中使用一个静态值替换{{ x }}表达式，例如：

```
    <div ng-controller="ArrayPushController" ng-init="push(newArr)">
        <div ng-repeat="x in arr">
```

```
            1
          </div>
        </div>
```

这个结果非常重要。AngularJS 执行之前的代码使用了大约 800 毫秒,并且只执行了一个$digest 循环!

一次性绑定方式看起来似乎是双向数据绑定功能的一个重大障碍。不过,这种方式在实际中的效果也很好。如果某个应用正在为一个非常长的列表使用 ngRepeat,那么这部分应用可以考虑给予用户一个数据项列表,和单击其中某个数据项查看更多细节的能力。这种模式通常被引用为主表明细(master-detail)设计模式——在一个数据项主列表中,单击其中某个数据项将产生一个细节视图。

主表明细(master-detail)模式通常会在主列表中显示出静态信息。假设应用要显示一个将要发生的事件列的表:我们不希望浏览事件的用户能够改变指定事件的标题!如本例所示,在事件标题上设置监视器是一个浪费,因为用户应该不能修改该标题。

4.3.3 过滤器和数据绑定

过滤器是被低估的 AngularJS 功能,而且它与数据绑定和表达式有着紧密的联系。过滤器是可以串联的函数,能够从任何 AngularJS 表达式中访问它。通常它们在渲染数据之前,被用于最后一秒的数据后期处理。过滤器将以单向方式绑定在数据绑定上,所以可以在例如 ngBind 和 ngClick 这样的指令(不能使用 ngModel 这样的指令)中使用过滤器。请回顾一下本章的引言部分,指令被分为了三类;只有前两类指令可以使用过滤器。要记住重要的一点:过滤器不会改变 JavaScript 变量底层的值。

使用|符号调用过滤器,额外的参数将被添加到过滤器名称之后,并使用:符号进行分隔。过滤器的一个简单样例就是内置的 limitTo 过滤器,它将接受一个字符串,并返回一个被限制为拥有特定数量字符的字符串:

```
{{ '123456789' | limitTo:9 }} => "123456789"
{{ '123456789' | limitTo:4 }} => "1234"
```

过滤器有三个常见的用例。接下来将通过样例讲解每一个用例。每个用例还演示了人们同时使用数据绑定和过滤器时常见的错误,所以希望在完成了本节的学习之后,你能真正地成为一个数据绑定专家。

1. 用例 1:将对象转换成字符串的规则

在构建 UI 时,无可避免地需要将对象转换成字符串。例如,现在有一个含有姓和名的用户对象。我们可能需要使用下面的格式显示用户名:

```
{{ user.name.first }} {{ user.name.last }}
```

作为一次性的解决方案,这种方式工作地很好。不过,当这种模式开始出现在多个位置时,我们就开始违反关键的编程实践了:不要重复自己,这通常简写为 DRY。当代码中充满这些语句时,如果稍后我们决定真正需要只是姓的最后一个字母,那么此时会发生什么事情呢？或者如果我们决定自己需要将名字的总长度限制为 40 个字符，该怎么办呢？寻找并替换的方式可以工作，但这是错误的方式，因为它们是混乱并且易于出错的。

此外，还可以将函数附加到 user.name 对象上(称为 user.name.toString())，该对象负责将对象转换成字符串。之前使用面向对象语言(例如 Java 或者 C++)的读者可能认为这是 JavaScript 中的正确方式。尽管这种方式在 JavaScript 可以实现，但是在使用 AngularJS 的 Web 开发环境中通常是不合理的。因为 JavaScript 不是强类型语言，严格面向对象的方式带来的类型检查优点在 JavaScript 中并未实现。而且，因为 JSON API 通常是深层嵌套的，尝试使用 JavaScript 进行严格面向对象编程(或者简称 OOP)将生成许多重复的代码，如下所示：

```
var group = new Group(jsonData.group);
for (var i = 0; i < group.members.length; ++i) {
  group.members[i] = new User(group.members[i]);
}
```

这样的代码将无法使用来自 JavaScript 函数功能的简洁表达式。尽管这种方式可以工作，但是它并不是适用于 JavaScript 语言功能集的最佳方式。

过滤器提供了一种把这个字符串转换功能公开给AngularJS表达式的方式，而且这种方式保留了AngularJS出名的单元测试友好结构。下面是一个处理用户名用例的简单过滤器：

```
angular.
    module('filters').
    filter('displayName', function() {
        return function(name) {
            return name.first + " " + name.last;
        }
    });
```

毫不奇怪，过滤器将使用指定的名称附加到 AngularJS 模块中，然后我们就可以使用该名称从表达式中访问过滤器。例如，为了使用该过滤器，需要使用下面的代码：

```
{{ user.name | displayName }}
```

现在该表达式的监视器知道在计算表达式时，把 user.name 的值传入到之前的函数中。注意，过滤器是使用 AngularJS 中常见的"返回函数的函数"模式定义的。被返回的函数是一个完成实际工作的函数。被返回的函数将收到一个管道值作为它的第一个参数，以及由:分隔的所有参数作为接下来的参数。外部函数是一个工厂，可以绑定到 AngularJS 依赖注入中。尽管过滤器通常应该是没有依赖的轻量级函数，但是过滤器可以访问相关模块中的任意服务。例如，过滤器可以使用 $http 服务，如下面的样例所示。不过，在过滤器中使用 $http 服务通常是一个糟糕的做法，因为每次表达式执行时代码都将发送一个HTTP请求：

```
angular.
    module('filters').
    filter('displayName', function() {
        return function(name) {
```

```
        return name.first + " " + name.last;
    }
});
```

过滤器另一个灵活的特性是它们可以通过管道的方式串联在一起。熟悉 bash shell 的读者会将|符号识别为将一个程序的输出导入到另一个程序的工具。AngularJS 将为过滤器使用|符号，因为过滤器可以通过相似的方式串联在一起。例如，出于设计考虑，我们可能希望在 UI 上的特定部分将用户名限制为 40 个字符。可以通过将之前 displayName 过滤器的输出导入到 AngularJS 的内置 limitTo 过滤器中的方式实现，如下所示：

```
{{ user.name | displayName | limitTo:40 }}
```

但想象一下，如果我们希望把所有 displayName 的输出都限制为最多 40 个字符，该怎么办呢？如果字符串过长，那么可以使 displayName 过滤器返回一个子字符串，但是还有另一种方式，它演示了过滤器的另一种常见用例。与当前模块关联的过滤器可以通过依赖注入作为$filter 服务访问。通过将该服务注入到 displayName 过滤器中，可以重用 limitTo 过滤器，从而使代码比 Sahara Desert 更加符合 DRY 原则：

```
angular.
    module('filters').
    filter('displayName', function($filter) {
        return function(name) {
            return $filter('limitTo')(name.first + " " + name.last, 40);
        }
    });
```

AngularJS 内置过滤器中符合该用例的一个好例子是 date 过滤器。date 过滤器提供了一些复杂的功能，用于将日期或者与日期类似的对象转换成字符串。使用过滤器(而不是创建一个新的对象)的另一个优点是：可为 date 过滤器传入一个日期对象、适当的格式化字符串或者一个数字时间戳，AngularJS 将会正确地对它进行处理。

过滤器 date 的第二个参数指定了输出日期所使用的格式。从概念上讲，date 过滤器类似于 C 和 C++中的 strptime 函数，但是它使用了完全不同的语法。下表 4-2 演示了 date 过滤器最常使用的格式元素。

表 4-2　date 过滤器最常用的格式元素

元素	输出	样例
yyyy	4 位数字的年份	{{"2009-02-03" | date:"yyyy"}} => "2009"
yy	年份的后两位，被填充	{{"2009-02-03" | date:"yy"}} => "09"
MMMM	完整的月份名称，从 January 到 December	{{"2009-02-03" | date:"MMMM yy"}} => "February 09"
MMM	月份名称简写，从 Jan 到 Dec	{{"2009-02-03" | date:"MMM yyyy"}} => "Feb 2009"
MM	填充的数字月份，从 01 到 12	{{"2009-02-03" | date:"MM/yyyy"}} => "02/2009"

(续表)

元素	输出	样例
M	未填充的数字月份，从 1 到 12	{{"2009-02-03" | date:"M/yyyy"}} => "2/2009"
dd	填充的月份中的日期，从 01 到 31	{{"2009-02-03" | date:"MMM dd"}} => "Feb 03"
d	未填充的月份中的日期，从 1 到 31	{{"2009-02-03" | date:"MMM d"}} => "Feb 3"
EEEE	星期几，从 Sunday 到 Saturday	{{"2009-02-03" | date:"EEEE, MMM d"}} => "Tuesday, Feb 3"
EEE	星期几的简写，从 Sun 到 Sat	{{"2009-02-03" | date:"EEE, MMM d"}} => "Tue, Feb 3"
HH	一天中的小时，已填充，从 00 到 23	{{"2009-02-03T08:00:00" | date:"HH"}} => "08"
H	一天中的小时，未填充，从 0 到 23	{{"2009-02-03T08:00:00" | date:"H"}} => "8"
hh	一天中的小时，上午/下午，已填充，从 01 到 12	{{"2009-02-03T14:00:00" | date:"hh"}} => "02"
h	一天中的小时，上午/下午，未填充，从 1 到 12	{{"2009-02-03T14:00:00" | date:"h"}} => "2"
mm	分钟，已填充，从 00 到 59	{{"2009-02-03T14:00:00" | date:"h:mm"}} => "2:00"
m	分钟，未填充，从 0 到 59	{{"2009-02-03T14:00:00" | date:"h:m"}} => "2:0"
ss	秒，已填充，从 00 到 59	{{"2009-02-03T14:00:59" | date:"h:mm:ss"}} => "2:00:59"
s	秒，未填充，从 0 到 59	{{"2009-02-03T14:00:09" | date:"m:s"}} => "0:9"
a	上午/下午	{{"2009-02-03T14:00:00" | date:"h:mm a"}} => "2:00 pm"

除了为自定义日期格式提供大量的选项，date 过滤器还为常见的日期格式提供了一些非常方便的简洁方式。表 4-3 列出一些最常见的日期格式。

表 4-3 一些最常见的日期格式

简写	对等的格式	样例
medium	MMM d, y h:mm:ss a	{{"2009-02-03T14:00:09" | date:"medium"}} => "Feb 3, 2009 2:00:09 pm"
short	M/d/yy h:mm a	{{"2009-02-03T14:00:09" | date:"short"}} => "2/3/09 2:00 pm"
fullDate	EEEE, MMMM d, y	{{"2009-02-03T14:00:09" | date:"fullDate"}} => "Tuesday, February 3, 2009"
mediumTime	h:mm:ss a	{{"2009-02-03T14:00:09" | date:"mediumTime"}} => "2:00:09 pm"

陷阱

AngularJS的ngBind指令(是常用{{}}简写的基础)将转义表达式输出中的HTML。这是对跨站脚本攻击最基本的防御。这对于我们意味着什么呢？使用过滤器格式化字符串的过程就是文本链接化的过程。例如使用HTML的a标记将文本中的所有http://www.angularjs.com实例转换成链接。在运行下面的代码时，我们无法看到所需要的链接，而是得到了HTML标记转义后的文本。

```
<div>
    <h1>Using ngBind</h1>
    <span ng-bind="'Go to http://www.google.com to search' | linkify">
    </span>
</div>

<script type="text/javascript">
    module.filter('linkify', function() {
        return function(str) {
            return str.replace(/(http:\/\/\S+)/ig, function(match) {
                return "<a href='" + match + "'>" + match + "</a>";
            });
        };
    });
</script>
```

解决这个问题的方式非常简单。还有一个称为 ngBindHtml 的指令，它的行为与 ngBind 几乎一致，但它不会对安全合理的 HTML 标记进行转义。换句话说，ngBindHtml 不会转义诸如 a 或者 div 的标记，但是它会转义存在潜在危险的标记，例如 script 和 style。在版本 1.2 之前，较早的、稳定版本的 AngularJS 中不含 ngBindHtml。不过，这些版本有一个 ngBindHtmlUnsafe 指令，它不做任何的转义工作。我们不应该使用 ngBindHtmlUnsafe，除非确信恶意用户无法将 script 标记注入 ngBindHtmlUnsafe 表达式中。

2. 用例 2：全局函数的封装器

记住，被附加到全局 window 对象中的函数(例如 encodeURIComponent)默认无法从 AngularJS 表达式中访问。过滤器是从表达式中访问此类函数的首选解决方案。例如，下面是一个封装了 encodeURIComponent 函数的过滤器。

```
filter('encodeUri', function() {
    return function(x) {
        return encodeURIComponent(x);
    };
});
```

恭喜！现在可在模块中使用 encodeURIComponent 表达式了！关键的区别在于：如与控制器一样，过滤器函数代码将直接运行在浏览器中，而不是在内部根据作用域直接进行计算。这个新指令与 ngHref 指令一起使用是非常有用的。假设我们希望为目录中的产品使用一个 ngRepeat 指令，并包含每个产品的链接。那么该代码将如下所示：

```
<div ng-repeat="product in products">
  <a ng-href="/product/{{product.name | encodeUri}}">
      {{ product.name }}
  </a>
</div>
```

我们还希望将一些其他window函数附加到过滤器中，例如isNan和decodeURIComponent。幸亏，在表达式中希望使用的全局函数并不多，所以只需要通过这种方式创建一些过滤器即可。

陷阱

AngularJS 新手经常遇到的另一个问题是尝试在表达式中使用三元操作符。遗憾的是，这样的表达式无法工作，因为表达式解析器不理解三元操作符：

```
{{ request.done ? "Done" : "In Progress" }}
```

有几种方式可以替代这个有缺陷的方式。可以使用 ngIf 指令作为近似的选项。不过，要注意没有对应的 ngElse 指令，所以这种方式不像三元运算符那样简洁。如果使用的是旧版 AngularJS，请记住 ngIf 是在版本 1.1.5 中引入的。在本例中，如果使用 ngShow 替代 ngIf 也可以正常工作，而 ngShow 从开始就一直存在于 AngularJS 中：

```
<div ng-if="request.done">
  Done
</div>
<div ng-if="!request.done">
  In Progress
</div>
```

不过可以使用过滤器以更简洁的方式实现。再次，请记住过滤器函数代码将在浏览器中执行，而不是由 AngularJS 计算。如果发现自己需要使用 JavaScript 中可用、但在表达式中不可用的功能，那么通常过滤器就是正确的选择。你可能已经猜到了，可以编写一个封装了三元操作符的过滤器，如之前为封装 encodeURIComponent 函数所写的过滤器一样：

```
<div ng-controller="RequestsController">
  <div ng-repeat="request in requests">
      {{ request.done | conditional:'Done':'In Progress' }}
  </div>
</div>

<script type="text/javascript">
  function RequestsController($scope) {
      $scope.requests = [];
      for (var i = 0; i < 50; ++i) {
          $scope.requests.push({ done : (i % 3 == 0) });
      }
  }
```

```
    module.filter('conditional', function() {
        return function(b, t, f) {
            return b ? t : f;
        };
    });
</script>
```

在运行之前的代码时，如预期一样，浏览器将每三行显示一个 Done，在其余行中显示 In Progress。另外，还可以在传给指令的表达式中使用这个 conditional 过滤器。过滤器 conditional 与 ngHref 指令结合使用时特别有用。例如，可以修改之前的 HTML，创建一个条件链接：

```
<div ng-controller="RequestsController">
    <div ng-repeat="request in requests">
        <a ng-href="{{request.done | conditional:'/history':'/request'}}">
            {{ request.done | conditional:'Done':'In Progress' }}
        </a>
    </div>
</div>

<script type="text/javascript">
    function RequestsController($scope) {
        $scope.requests = [];
        for (var i = 0; i < 50; ++i) {
            $scope.requests.push({ done : (i % 3 == 0) });
        }
    }

    module.filter('conditional', function() {
        return function(b, t, f) {
            return b ? t : f;
        };
    });
</script>
```

之前的代码现在每三行将输出一个/history 的链接，否则输出/request 的链接。当然，这些 URL 链接到的都是不存在的页面，但是无论如何使用 conditional 过滤器，生成动态 URL 的方式都是非常清晰的。

3. 用例 3：操作数组

顾名思义，过滤器可用于过滤、排序和操作数组。AngularJS 有两个专门用于操作数组的过滤器：(令人困惑的)名为 filter 的过滤器将搜索数组，名为 orderBy 的过滤器将对数组进行排序。limitTo 过滤器除了作用于字符串，也可以作用于数组，它将操作数组以符合某个最大长度。过滤器是可以串联的，并且可以在 ngRepeat 指令中使用，所以可以同时使用这三个过滤器。

假设现在有一个请求的列表，每个请求有三个字段：完成标志、名字和请求在完成之前所花费的时间。如果希望显示 10 个尚未完成并且花费时间最长的请求，那么可以结合使用 filter、orderBy、limitTo 过滤器和 ngRepeat 指令，如下所示：

```
<div ng-controller="RequestsController">
    <div ng-repeat="request in requests |
        filter:{'done':false} | orderBy:'-time' |
        limitTo:10">
        {{ request.name }}
    </div>
</div>

<script type="text/javascript">
    function RequestsController($scope) {
        $scope.requests = [];
        for (var i = 0; i < 50; ++i) {
            $scope.requests.push({
                done : (i % 3 == 0),
                name : "" + i,
                time : (i - 25) * (i - 25)
            });
        }
    }
</script>
```

在之前的代码中，filter过滤器的第二个参数指定了过滤器只应该返回未完成的请求。orderBy过滤器的第二个参数-time指定了请求应该按照时间以降序进行排序——也就是说time值最大的排在第一位。最后，limitTo过滤器的参数将告诉AngularJS最多显示10个结果。

使用过滤器可以解析的另一个有趣的、与数组相关的问题是部分硬编码数组的顺序。可能我们正在编写购物车应用的结账部分。结账页面为用户提供了一个下拉列表用于选择希望将购买的货物运送到的国家。因为大多数客户都在美国，所以我们希望将美国列为第一个选项，但是其他国家将按照字母顺序进行排列。因此将编写一个把美国排在列表第一位的过滤器。通常这并不是一个特别困难的任务，但是过滤器提供了一个框架，可以使用优雅的和易于重用的方式编写该代码，从而使你不会被各种小问题所淹没。

```
<div ng-controller="CountriesController">
    <select ng-model="country"
        ng-options="country.name for country in countries |
            orderBy:'name' | hardcodeFirst:'name':'USA'">
    </select>
    <br>
    {{ country.name }}
</div>

<script type="text/javascript">
    function CountriesController($scope) {
        $scope.countries = [
```

```
            { name : "Germany" },
            { name : "Australia" },
            { name : "Norway" },
            { name : "USA" },
            { name : "Sweden" },
            { name : "Austria" }
        ];
    }

    module.filter('hardcodeFirst', function() {
        return function(arr, field, val) {
            var first = null;
            for (var i = 0; i < arr.length; ++i) {
                if (arr[i][field] == val) {
                    first = i;
                    break;
                }
            }

            if (!first) {
                return arr;
            }

            var firstEl = arr[first];
            arr.splice(first, 0);
            arr.unshift(firstEl);

            return arr;
        };
    });
</script>
```

hardcodeFirst 有点复杂，但结果足够简单：在数组中找到 field 值等于 val 的第一个元素，从数组中移除该元素，并将它插入到数组开头。可以看到这个过滤器是非常合理的，而且过滤器的框架提供了一种优雅的方式，可以在所需要的位置重用该代码。

陷阱

记住，只要表达式每次计算的结果不同(按照 angular.equals 函数所定义的)，$digest 循环将持续运行下去。编写一个触发无限$digest 循环的简单表达式并不常见。不过，通过 ngRepeat 指令，过滤器可能很容易就搬起石头砸自己的脚。例如，在之前的样例中，我们有一个国家列表，使用一个含有普通字符串的数组进行表示。为将该字符串数组转换成一个含有 name 特性的对象数组，你可能认为可以使用过滤器：

```
<div ng-controller="CountriesController">
    <div ng-repeat="country in countries | lift:'name'">
        {{ country.name }}
    </div>
</div>
```

```
<script type="text/javascript">
    function CountriesController($scope) {
        $scope.countries = [
            "Germany",
            "Australia",
            "Norway",
            "USA",
            "Sweden",
            "Austria"
        ];
    }

    module.filter('lift', function() {
        return function(arr, field) {
            var ret = [];
            for (var i = 0; i < arr.length; ++i) {
                var newEl = {};
                newEl[field] = arr[i];
                ret.push(newEl);
            }

            return ret;
        }
    });
</script>
```

但如果我们运行该代码，控制台输出中将会显示出无限$digest 循环！为什么？肮脏(一语双关)的秘密在于 AngularJS 并不总是使用 angular.equals 检查相等性。作用域中有一个备用的$watchCollection 函数，它只做浅层的相等性检查。这就是说，如果两个数组的大小不同或者数组中的某个元素不恒等于另一个数组中的元素(使用===操作符)，$watchCollection 函数将通过这种方式判断出两个数组是不相等的。注意在 JavaScript 中，只有当两个对象含有相同的内存地址时===操作符才会返回 true。实际中我们很少使用$watchCollection 函数，所以在 AngularJS 内部之外的地方不太可能看到它。

不过，为了改善性能(有点可疑)，ngRepeat 将使用$watchCollection 函数监视 in 右侧的值。因为 lift 过滤器每次都创建新对象的一个数组，所以$watchCollection 认为它每次得到的都是一个不同的数组！尝试使用渲染过滤结果的简单字符串替换 ngRepeat 块，例如{{ countries | lift:'name' }}。我们不再会看到无限$digest 循环，因为表达式的脏检查将使用 angular.equals(ngRepeat 除外)。

$watchCollection 和$watch 之间的区别是一个非常微妙的陷阱。避免这个问题的最佳方式就是避免在过滤器中创建新的对象，尤其是如果打算使用过滤器操作数组(使用 ngRepeat)的话。如果发现自己需要执行某些类似于 lift 过滤器完成的操作，就不应该依赖于过滤器。而是应该在自己的控制器代码或者另一个服务中执行该操作。

4.4　小结

在本章，我们学习了"如何"和"为什么"使用数据绑定。还浏览了数据绑定的内部工作方式和 AngularJS $digest 循环的实现细节，包括如何优化该循环的最佳实践。关于 $digest 循环的内部实现，我们看见了几个常见的陷阱，以及如何避免它们。现在，如果遇到了 10 $digest iterations reached.Aborting!错误消息，那么应该知道发生了什么问题。另外，我们还学习了如何使用 AngularJS 数据绑定在前端 JavaScript 和 UI/UX 决定之间实现更加清晰的分离，从而使团队合作更加高效。

第 **5** 章

指　　令

本章内容：

- 指令的定义和强大之处
- 三类基本指令
- 指令对象和指令组合
- 使用指令操作作用域
- 使用内嵌和编译

本章的样例代码下载：

可在 http://www.wrox.com/go/proangularjs 页面的 Download Code 选项卡找到本章的 wrox.com 代码下载文件。

5.1　指令

你可能已经注意到了单词"指令"被用于描述 AngularJS 特有的 HTML 特性，例如 ngClick 和 ngBind。指令是数据绑定正常工作不可或缺的一部分：作用域允许使用$watch 监视变量的改变，并使用$apply 触发 digest 循环，但是如何使用这些函数更新用户界面(UI) 呢？指令正是为了这个目的而提出的一个抽象。

之前我们已经看到了内置的指令，例如 ngClick，但这只是冰山一角。在本章，我们不止要学习内置指令的内部工作机制，还要学习如何编写复杂的自定义指令。

5.1.1　了解指令

从根本上讲，指令是定义 UI 如何与数据绑定进行交互的规则。换句话说，指令定义了相关元素如何与对应的作用域进行交互。将通过编写一个简单的指令进行实验：内置

ng-Click 指令的自定义实现。从根本上讲，ngClick 指令需要在元素被单击时，针对相关元素的作用域执行 DOM 特性中提供的 JavaScript 代码。尽管这可有点麻烦，但是 AngularJS 将为你追踪元素所属的作用域，而且针对作用域执行代码是非常简单的事情。所有必须要做的就是在元素和作用域之间提供胶水代码。

数据绑定和指令交互幕后的关键想法是：超文本标记语言(HTML)应该用于定义用户界面/用户体验(UI/UX)，JavaScript 应该为 HTML 提供应用编程接口。换句话说，我们的控制器应该通过将函数和变量附加到作用域中的方式提供 API，HTML 应该定义如何使用该 API 创建页面的用户体验。与其他许多框架中编写的 JavaScript 相比，这个想法是一个重要的模式改变，因为这些框架中的 HTML 只是提供了由 JavaScript 负责修改的基本结构。这种区别的另一个特点是：在 AngularJS 中，HTML 是 JavaScript 的客户端，而在 jQuery 中，JavaScript 是 HTML 的客户端。

除了已经看到过的 filter、controller 和 service 函数，AngularJS 模块还有一个 directive 函数，用于将指令附加到模块中。可以通过几种不同的方式使用该函数，但是最简单的方式就是将指令名称(驼峰式命名法)和一个返回链接函数的工厂函数传给它。返回链接函数的工厂函数将被绑定到依赖注入中，通过它们我们可以通过在指令中使用服务，例如$filter。链接函数将在指令被附加到的每个元素上调用。该函数将接受 DOM 元素、它的相关作用域和元素特性的映射作为参数。下面是创建 myNgClick 指令的实际代码：

```
var module = angular.
    module('MyApp', []);

module.directive('myNgClick', function() {
    return function(scope, element, attributes) {
        element.click(function() {
            scope.$eval(attributes.myNgClick);
            scope.$apply();
        });
    };
});
```

注意在HTML中，将使用指令名称的连字符版本访问该指令，对于本例来说就是 my-ng-click。例如：

```
<div my-ng-click="counter = counter + 1">
    {{Counter}}
    Increment Counter
</div>
```

在 JavaScript 代码中为了可读性，AngularJS 将在内部把 my-ng-click(连字符版本)转换成 myNgClick(驼峰式版本)。通常，在 JavaScript 中命名变量使用驼峰式命名是正确的规范。不过，通常层叠样式表(CSS)和 HTML 会采用连字符分隔的名称；AngularJS 将自动实现这个转换，以便我们在适当的上下文中使用适当的命名规范。

注意：
特性是与 HTML 的 DOM 元素相关的字符串名/值对。例如，在下面的 HTML 代码中：

```
<div style="width:100px" my-ng-click="counter = counter + 1"></div>
```

元素 div 有两个特性 style 和 my-ng-click，它们的值分别为"width:100px"和"counter = counter + 1"。

恭喜！你已经真正地实现了 ngClick 指令，如同 AngularJS 1.0.8 版本中的代码一样！严格地讲，下面是 AngularJS 代码库中的完整代码：

```
forEach(
  'click dblclick mousedown mouseup mouseover mouseout mousemove mouseenter
mouseleave submit'.split(' '),
  function(name) {
    var directiveName = directiveNormalize('ng-' + name);
    ngEventDirectives[directiveName] = ['$parse', function($parse) {
      return function(scope, element, attr) {
        var fn = $parse(attr[directiveName]);
        element.bind(lowercase(name), function(event) {
          scope.$apply(function() {
            fn(scope, {$event:event});
          });
        });
      };
    }];
  }
);
```

现在我们已经向成为指令专家迈出了第一步。在下一节中，将迈出成为指令专家的第二步。

5.1.2 指令的帕累托分布

指令的功能集真的十分丰富，而且在学习指令时很容易掉进陷阱中。不过，我已经发现了指令的帕累托分布：使用 AngularJS 编写的大量指令只会用到可用特性和设计模式中很小的比例。第 4 章定义的三类指令，每个都对应着一个简单的设计模式。掌握这些设计模式将为编写所需的大量指令提供一个坚实的基础。

这三类指令分别是：

- 只渲染指令——这些指令将渲染作用域中的数据，但不会修改数据。
- 事件处理封装器——这些指令将封装事件处理程序，从而与数据绑定进行交互，例如 ngClick。这些指令不渲染数据。
- 双向指令——这些指令既渲染数据也修改数据。

注意这些指令的分类并不是 AngularJS 代码库真正的一部分，它们也不是面向对象编程意义上的类。我们不会声明只渲染指令类型的一个新对象。这些分类只是将指令的主题分解成更加容易管理的块的一种有用方式。

注意我们已经知道了三类简单的指令，接下来将学习的是编写每类指令的设计模式。这些分类似乎是有限的，但是它们涵盖了大量不同的用例。为了演示这一点，将构建一个由不同分类的自定义指令组成的图像轮转。轮转(carousel)是一个常见的 UI 元素，它可以在幻灯片中循环显示一组图像。

1. 编写自定义的只渲染指令

将要编写的第一种指令类型是只渲染指令。这些指令遵守一个简单的设计模式：它们将监视变量并更新 DOM 元素，以反映变量的变化。这种设计模式是灵活的，大量内置指令都使用这种模式，例如 ngBind 和 ngClass。

本节将要编写的只渲染指令是实现轮播的基础：myBackgroundImage 指令，它将把 HTML div 元素的背景图片绑定到作用域中的一个变量。该指令将监视所提供的表达式，并更新相关 HTML div 元素的 background-image CSS 属性。言归正传，myBackgroundImage 指令的代码如下所示：

```
var module = angular.
    module('MyApp', []);

module.directive('myBackgroundImage', function() {
    return function(scope, element, attributes) {
        scope.$watch(attributes.myBackgroundImage, function(newVal, oldVal) {
            element.css('background-image', 'url(' + newVal + ')');
        });
    };
});
```

这个简单的七行指令开始看起来并不多，但是由于使用了数据绑定，它变得非常强大。通过使用数据绑定，该指令允许把一个 JavaScript 变量绑定到任何元素的背景图片。这对于构建轮转来说是非常重要的，因为轮转需要循环一组图片。该指令最基本的用法是显示一个静态图片，本例中显示的是 Google 的商标：

```
<body ng-init="image = 'http://upload.wikimedia.org/wikipedia/commons/a/aa/
    Logo_Google_2013_Official.svg';">
    <div style="height: 180px; width: 840px; border: 1px solid red"
    my-background-image="image">
    </div>
</body>
```

而且，监视并更新模式(分配作用域用于监视一个变量，并在值改变时更新某个 CSS 属性)是在编写指令时经常看到的模式。只渲染指令实际上是由该模式定义的。只渲染指令的一个经典样例是 ngBind，它是{ { } }简写幕后的指令。下面是 AngularJS 1.0.8 版本中 ngBind 的定义。你会注意到该指令依赖于相同的监视和更新模式(之前用于编写 myBackgroundImage 指令的模式)：

```
var ngBindDirective = ngDirective(function(scope, element, attr) {
    element.addClass('ng-binding').data('$binding', attr.ngBind);
    scope.$watch(attr.ngBind, function ngBindWatchAction(value) {
        element.text(value == undefined ? '' : value);
```

```
    });
  });
```

除了 ngClass 和 ngBind 这样的内置指令，还可以使用这个简单的设计模式编写各种各样强大的指令。常见用例从普通的指令(例如实现一个在旧版 Internet Explorer 中渲染输入字段占位符的指令)到绚丽的指令(例如可以在 Google Map 上显示数据列表的指令)。

AngularJS 在底层使用数据绑定和指令完成了大量的魔法。为了揭示指令是如何工作的，看一下如何使用 jQuery(一个流行的轻量级 JavaScript 库，它与 AngularJS 数据绑定没有类似的地方)实现 myBackgroundImage 指令。尽管下面的样例不支持数据绑定，但是它提供了一个 AngularJS 如何处理指令的高级概述。类似于下面的代码，AngularJS 将在所有包含指令名称连字符版本的元素上运行链接函数：

```html
<!DOCTYPE html>
<html>
<head>
    <title>jQuery directive</title>
    <script src="https://
ajax.googleapis.com/ajax/libs/jquery/1.10.2/jquery.min.js">
    </script>
    <script type="application/javascript">
      var image = 'http://upload.wikimedia.org/wikipedia/commons/c/ca/' +
     'AngularJS_logo.svg';

      $(document).ready(function() {
        $('div[my-background-image]').each(function(i, el) {
          $(el).css({
            'background-image': 'url(' + eval($(el).attr
            ('my-background-image')) +')',
          });
        });
      });
    </script>
</head>

<body>
    <div my-background-image="image" style="width: 700px; height: 180px">
      </div>
</body>

</html>
```

与之前的 jQuery 伪指令模式相比，AngularJS 有两个关键的优点。首先 myBackgroundImage 指令将与数据绑定绑在一起。一旦定义了链接函数，JavaScript 将不再直接修改元素的 CSS；所有需要做的就是将一个新的图片 URL 赋给该变量，所有监视该变量的元素将自动更新它们的背景图片。

其次，伪指令在本质上是绑定到全局作用域的。换句话说，为使伪指令工作，

my-background-image 特性中指定的变量必须在包含了 eval 函数调用的 JavaScript 作用域中可见。换句话说，除非对伪指令代码做出修改，否则图片变量必须在全局作用域中。填充全局作用域是一个短视的决定，这将阻止高效地重用代码，我们应该避免这种方式。幸亏，AngularJS 创建了一个独立于 JavaScript 作用域的 HTML 作用域结构，所以它不需要在指令的 my-background-image 特性中引用全局作用域中的变量。

恭喜！你已经编写了第一个只渲染的指令，并了解了指令如何使复杂的 UI 代码变得更容易。接下来，将编写一个事件处理程序指令，并将详细了解把 AngularJS 作用域用作 API 的概念。

2. 编写自定义事件处理程序指令

从高级别上看，事件处理程序指令可以通过调用$apply 函数将 DOM 事件与数据绑定绑定在一起。这听起来应该很熟悉，因为这正是本节编写的第一个指令：myNgClick 指令。请回顾一下它的定义：

```
module.directive('myNgClick', function() {
    return function(scope, element, attributes) {
        element.click(function() {
            scope.$eval(attributes.myNgClick);
            scope.$apply();
        });
    };
});
```

指令 myNgClick 是一个标准的事件处理程序指令，这是第二个将要学习的简单指令模式。通常事件处理程序指令将注册一个传统的非 AngularJS 事件处理程序(在作用域上执行一些操作)，之后是一个$apply 调用。

不要低估调用$apply 的重要性！忘记在事件处理程序中调用$apply 是在开始编写指令时容易犯的错误，因为所有内置事件处理程序指令将自动调用$apply，例如 ngClick。不过，因为事件处理程序回调(之前传给 element.click()的函数)将被异步调用，所以除非显式地调用$apply，数据绑定不知道何时会触发$digest 循环。为了真正理解这一点，请在 myNgClick 指令中移除$apply 调用，并在浏览器中访问页面：

```
module.directive('myNgClick', function() {
    return function(scope, element, attributes) {
        element.click(function() {
            scope.$eval(attributes.myNgClick);
            console.log('Counter is ' + scope.counter);
        });
    };
});
```

在控制台中，将看到 counter 变量正在递增，但是应该显示 counter 变量值的 div 永远显示的都是 0！

现在我们已经了解了编写事件处理程序指令的基础知识，接下来我们编写更多有趣的事件处理程序指令集。尤其是，将编写两个对于使用 AngularJS 进行移动开发来说必不可少的指令：ngSwipeLeft 和 ngSwipeRight。通过这些指令以及 myBackgroundImage 指令，我们可以创建一个支持滑动的基本轮转。

为了计算什么构成了一个滑动，将使用为 JavaScript 开发的、流行的多点事件库：HammerJS。实际上，最常见的事件处理程序指令将把现有的事件生成库绑定到数据绑定中。类似地，在该样例中，将编写把 HammerJS 的滑动事件生成器绑定到数据绑定的指令。下面的 3 个指令将绑定在一起实现一个轮转，它们使用了只渲染和事件处理程序设计模式：

```
module.directive('myBackgroundImage', function() {
    return function(scope, element, attributes) {
        scope.$watch(attributes.myBackgroundImage, function(newVal,
            oldVal) {
            element.css('background-image', 'url(' + newVal + ')');
        });
    };
});

module.directive('ngSwipeLeft', function() {
    return function(scope, element, attributes) {
        Hammer(element).on('swipeleft', function() {
            scope.$eval(attributes.ngSwipeLeft);
            scope.$apply();
        });
    };
});

module.directive('ngSwipeRight', function() {
    return function(scope, element, attributes) {
        Hammer(element).on('swiperight', function() {
            scope.$eval(attributes.ngSwipeRight);
            scope.$apply();
        });
    };
});
```

新增的ngSwipeLeft和ngSwipeRight是标准的事件处理程序指令。虽然其中使用了HammerJS事件处理程序的特有语法，但是从本质上讲这些指令与myNgclick指令是一致的。事件处理程序设计模式非常灵活，我们可以编写无数的指令，但只需要对该设计模式做出一点小小的改动。可以使用该设计模式编写的其他指令包括：含有自定义验证的提交按钮指令，Google Places自动补充的指令封装器，以及当用户输入接近字符限制时为输入字段显示出橘色边框的指令。

为了将这些指令绑定在一起并提供数据，需要创建一个控制器(其中定义了轮转中的图片列表)和一个辅助函数(它将被发给 ngSwipeLeft 和 ngSwipeRight)。控制器代码将如下所示：

```
function CarouselController($scope) {
```

```
$scope.images = [
  "http://upload.wikimedia.org/wikipedia/commons/c/ca/
    AngularJS_logo.svg",
   "http://upload.wikimedia.org/wikipedia/commons/a/aa/" +
    "Logo_Google_2013_Official.svg",
"http://upload.wikimedia.org/wikipedia/en/9/9e/
  JQuery_logo.svg"
];

$scope.currentIndex = 0;

$scope.next = function() {
  $scope.currentIndex =
    ($scope.currentIndex + 1) % $scope.images.length;
};

$scope.previous = function() {
  $scope.currentIndex = $scope.currentIndex == 0 ?
    $scope.images.length - 1 :
    $scope.currentIndex - 1;
};
}
```

next 和 previous 是非常方便的函数，它们将分别被 ngSwipeLeft 和 ngSwipeRight 所调用。现在我们已经创建了 CarouselController，接下来创建一个 HTML，并在其中使用滑动的轮转(在 AngularJS 商标、Google 商标和 jQuery 商标之间循环)是非常简单的事情。现在我们已经可以通过单击并快速地向左或向右拖动，在桌面浏览器中触发向左滑动和向右滑动的事件：

```
<body ng-controller="CarouselController">
    <div   my-background-image="images[currentIndex]"
        ng-swipe-left="next()"
        ng-swipe-right="previous()"
        style="height: 120px; width: 600px; border: 1px solid red">
    </div>
    <h1>Image index: {{currentIndex}}</h1>
</body>
```

请回顾一下将作用域和控制器用作 HTML 的 API 的想法。这三个指令将使用 CarouselController 附加到它对应作用域中的变量和函数来定义具体的用户体验。如果设计师决定应该只允许用户向左滑动，那么这个改动将被显示在 HTML 中。一个更加实际的例子是添加向左循环和向右循环的按钮。这不需要修改控制器的 API——只需要在 HTML 中 UI/UX 决定中添加一点东西即可：

```
<body ng-controller="CarouselController">
    <div   my-background-image="images[currentIndex]"
        ng-swipe-left="next()"
        ng-swipe-right="previous()"
```

```
            style="height: 120px; width: 600px; border: 1px solid red">
    </div>
    <h2 ng-click="previous()">Previous</h2>
    <h2 ng-click="next()">Next</h2>
    <h1>Image index: {{currentIndex}}</h1>
</body>
```

这个模式创建了一个强大的解耦合效果,这在团队环境中是不可或缺的。Web 开发中一个常见的冲突是:多个开发者同时在不同上下文中的相同代码上工作。例如,当你在重构与服务器 REST API 的交互时,设计师可能正在尝试为新的按钮添加功能。在旧 JavaScript 范例中,该代码最可能位于同一 JavaScript 文件中,这意味着有两个开发者在修改相同的代码。AngularJS 数据绑定和将作用域用作为 HTML 设计的 API 的想法帮助消除了这个摩擦,通过在开发者和设计者关心的代码之间创建一个具有良好定义的、清晰的分离方式实现。

现在我们已经浏览了基本事件处理程序指令的特点和应用,接下来要学习的是最后一个基本的指令设计模式。最后一个设计模式是之前两个指令的结合,用于协助管理指定变量的状态。

3. 编写自定义双向指令

本节将要学习的第三个也是最后一个设计模式就是双向指令。该设计模式同时使用了只渲染设计模式和事件处理程序模式,用于创建控制变量状态的指令。尤其是,将实现一个切换按钮指令,用于启用和禁用图片每两秒钟一次的自动循环。

这个切换按钮应该既能精确地反映底层 JavaScript 变量的状态,也能在按钮被单击时切换 JavaScript 变量的状态。前者将调用只渲染指令,后者将调用事件处理程序指令。言归正传,下面是结合了两种指令设计模式的代码,以及修改后的 CarouselController:

```
module.directive('toggleButton', function() {
    return function(scope, element, attributes) {
        // 监视和更新
        scope.$watch(attributes.toggleButton, function(v) {
            element.val(!v ? 'Disable' : 'Enable');
        });

        // 事件处理程序
        element.click(function() {
            scope[attributes.toggleButton] =
                !scope[attributes.toggleButton];
            scope.$apply();
        });
    };
});

function CarouselController($scope) {
    $scope.images = [
"http://upload.wikimedia.org/wikipedia/commons/c/ca/AngularJS_logo.svg",
```

```
        "http://upload.wikimedia.org/wikipedia/commons/a/aa/" +
         "Logo_Google_2013_Official.svg",
      "http://upload.wikimedia.org/wikipedia/en/9/9e/JQuery_logo.svg"
      ];

      $scope.currentIndex = 0;

      $scope.next = function() {
          $scope.currentIndex =
              ($scope.currentIndex + 1) % $scope.images.length;
      };

      $scope.previous = function() {
          $scope.currentIndex = $scope.currentIndex == 0 ?
              $scope.images.length - 1 :
              $scope.currentIndex - 1;
      };

      $scope.disabled = false;

      setInterval(function() {
          if ($scope.disabled) {
              return;
          }
          $scope.next();
          $scope.$apply();
      }, 2000);
  }
```

然后我们就可以从 HTML 中访问 toggleButton 指令了，如下所示：

```
<input type="button" toggle-button="disabled">
```

还有其他几种有用的指令，可以简单地结合只渲染指令和事件处理程序指令来构建。例如，可以构建一个 YouTube 样式的评级指令，允许用户单击第三颗星提供某种三星评级。许多 AngularJS 项目选择实现自己的日期选择器指令，这是该设计模式的另一个标准应用。

你可能已经猜到了将 toggleButton 指令分解到两个不同的指令中是非常直观的。确实，我们可以使用内置指令 ngBind 和 ngClick 实现相同的功能：

```
<input type="button"
       ng-click="disabled = !disabled;"
       value="{{ { true : 'Enable', false : 'Disable' }[disabled] }}">
```

那么哪种方式是正确的呢？这两种方式都可行，但是正确的选择取决于个人的用例。AngularJS 使以各种基于其他指令构建指令的方式变得非常简单，下一节将学习更多的细节。不过，在软件开发中经常会遇到这种情况，需要在可用性和可自定义性之间取得平衡。

在 toggleButton 的两个不同实现中，后一个实现使用了内置指令 ngBind 和 ngClick，这将使它很容易改变每个 toggleButton 的行为，但是重用它将要求复制/粘贴一些重要的代码。前一种实现使用了一个集成的toggleButton指令，它易于使用，但难以改变单个toggleButton的行为。一般来说，如果需要将toggleButton功能用在代码库的多个不同部分中，那么集成指令通常是正确的选择。不过，如果需要进行深度的自定义，那么分离指令的方式通常更具有优势。如在接下来的小节中所见到的，指令为如何把指令绑定在一起提供了深度控制。

4. 超越简单的设计模式

现在我们已经浏览了三种最基本的指令设计模式，就会知道80%的指令可以从众所周知的20%功能中获益。当然，这些数字并不准确，但是通过到目前为止所学到的设计模式我们可以编写一些复杂的指令，并基本了解在开源社区中有多少指令被实现了。不过，到目前为我们所看到的只是一个开始。在接下来的小节中，将学习 AngularJS 提供的复杂特性，用于重用代码和通过组合其他指令来构建指令。

5.2　深入理解指令

如果之前看到过指令，那么可能已经看到了如何使用一种不同的语法实现它们(返回一个链接函数)。确实，到目前为止，我们所使用的工厂函数只返回单个函数，但是它可以返回一个丰富的配置对象，用于调整更加底层的参数。之前小节中使用的链接函数可以使用配置对象的 link 进行设置。例如，下面是使用配置对象语法实现的 myBackgroundImage 指令：

```
module.directive('myBackgroundImage', function() {
    return {
        link: function(scope, element, attributes) {
            scope.$watch(attributes.myBackgroundImage, function(newVal) {
                element.css('background-image', 'url(' + newVal + ')');
            });
        }
    };
});
```

配置对象还可以调整其他哪些选项呢？接下来将学习几个实际中使用的配置对象设置。尤其是，下一节在将之前构造的轮转指令结合到单个指令的上下文中，将学习三个常见的指令设置——template、templateURL 和 controller。

5.2.1　使用模板的指令组合

指令有两个强大的组合功能：将控制器和 HTML 模板(它们可能包含了其他指令)与指令关联在一起的能力。默认情况下，AngularJS 将把 HTML 模板的内容插入为与指令相关的 DOM 元素的子节点。它还附加了一个控制器。一般的想法是采用一种不依赖于底层指令实现细节的方式，将复杂的指令结构合并成一个指令。在本节，将通过把 myBackgroundImage、ngSwipeLeft、ngSwipeRight 和 toggleButton 指令组合成单个 imageCarousel 指令，来学习这种方式。下面是 imageCarousel 指令的实现：

```
        module.directive('imageCarousel', function() {
            return {
                template:
                 '<div my-background-image="images[currentIndex]"' +
                 '    ng-swipe-left="next()"' +
                 '    ng-swipe-right="previous()"' +
                 '    style="height: 120px; width: 600px; border: 1px solid
                     red">' +
                 '</div>' +
                 '<input type="button" toggle-button="disabled">' +
                 '<h1>Image index: {{currentIndex}}</h1>',
                controller : CarouselController,
                link : function(scope, element, attributes) {
                    scope.$watch(attributes.imageCarousel, function(v) {
                        scope.images = v;
                    });
                }
            }
        });
```

除了在所有拥有指令特性的元素上运行链接函数之外，该指令还将把模板设置中指定的 HTML 插入为每个含有指令特性的元素的子节点。另外，该指令将在模板 HTML 所在的作用域中运行 CarouselController。在下一节，将学习可以创建自己作用域的指令，所以模板 HTML 可能在子作用域中。不过在本例中，CarouselController 将运行在与指令所在的相同作用域中。

注意，imageCarousel 指令的链接函数将使用监视和"更新只渲染"指令设计模式。不过，在简单的链接函数幕后，模板有一个以不同方式与 images 变量进行交互的指令生态系统。尽管由于作用域的魔法，这些指令可以访问 images 变量(它被绑定到与指令相关联的元素的 imageCarousel 特性的值)。例如，可以通过编写一个简单的控制器使用该指令，这个控制器中定义了将在轮转中使用的图片：

```
        function BodyController($scope) {
            $scope.defaultImages = [
                ANGULARJS_LOGO_URL,
                GOOGLE_LOGO_URL,
                JQUERY_LOGO_URL
            ];
        }
```

当这个控制器就绪后，我们就可以使用下面的简单 HTML 创建 imageCarousel 指令：

```
<body ng-controller="BodyController">
    <div image-carousel="defaultImages"></div>
</body>
```

作为template设置的替代方法，还可以使用templateURL。该设置将告诉AngularJS向指定的templateURL发出一个HTTP GET请求，并使用服务器响应的内容作为指令的template。

实际上，通常推荐使用templateURL，因为它可以更加清晰地分离关注点，并且更容易实现模板复用；不过，这种方式有一定的性能成本。由templateURL所产生的性能开销是由一个事实所限制的：AngularJS只发送一个请求到templateURL，即使多个指令使用了相同的templateURL。不过，因为template不发出任何HTTP请求，所以它产生的性能开销更小。

现在我们已经将 imageCarousel 指令绑定到一个隔离的指令中。这个强大的代码重用模式将使指令在设计师之间更加流行，因为它提供了一种组织复杂 UI 结构的复杂方式。与开发者编写函数抽象出实现细节的方式非常相似，设计师可以使用指令构建出更加易于重用和合理的高级组件。例如，作为开发者，我们更喜欢使用单个名为 readFile 的函数，而不是编写代码直接操作硬盘。设计师能从中获得类似的好处，"这个 div 应该含有标准的轮转能力"，而不是每次都通过 div 元素和事件处理程序构建结构。

目前 imageCarousel 指令的实现有两个缺点。第一个是 Angular 中一个遗憾的限制：不修改指令的代码就无法改变指令的模板。不过我们的指令只在自己的项目中使用，所以这个限制不会引起大的问题；但是，如果我们正在维护一个开源 AngularJS 轮转，例如 AngularUI 团队，那么这就是一个严重的问题。在 AngularUI 的用例中，无法自定义模板将阻止 AngularUI 模块的客户端调整 AngularUI 轮动的外观和感觉(如果不修改代码的话)。这就是为什么 AngularJS 0.10 版本发布了两个不同的文件：一个为所有指令都指定了模板，另一个所有指令都未指定模板。

当你尝试使用为两个不同的图片集分别使用两个指令时，第二个缺点将变得更加明显：

```
<body ng-controller="BodyController">
    <div image-carousel="defaultImages"></div>
    <div image-carousel="otherImages"></div>
</body>
```

两个轮转指令都只显示出了 Google 商标。为什么呢？原因就在于 imageCarousel 指令没有自己的作用域，所以第二个 imageCarousel 指令将影响第一个 images 变量。幸运的是，AngularJS 为指令作用域提供了一些高级功能，下一节将进行学习。

5.2.2　为指令创建不同的作用域

如你在之前看到的，指令可以管理自己的内部状态。但是，为了高效地实现这一点，指令需要有自己的作用域，为自己的内部状态提供封装。幸运的是，AngularJS 在指令对象中提供了几个强大的设置，用于为指令创建新的作用域。

指令对象可以通过下面的三种方式之一指定一个作用域设置：

- { scope: true }为指令的每个实例创建一个新的作用域。
- { scope: {} }为指令的每个实例创建一个新的隔离作用域。
- { scope: false }是默认设置。使用了这个设置之后，AngularJS 不会为指令创建新的作用域。

第三种方式正是到目前为止所使用指令的方式。不过如你所见，当相同作用域中的多个轮转影响彼此的内部状态时，复杂的指令通常需要有自己的作用域。前两种方式提供了为指令创建自己作用域的两种不同方式。第一种和第二种方式通常是混淆的源泉。区别在于：第二个选项将为指令的每个实例创建一个隔离作用域。记住隔离作用域不会继承它的父作用域，所以隔离作用域中的指令模板无法访问指令作用域之外的任何变量。尽管第二种方式听起来似乎限制很大，但是它拥有众多强大的特性，需要进行认真讨论。但首先，我们可以使用第二种方式为 imageCarousel 指令的内部状态提供正确的封装。

注意：

为避免混淆，在本章的剩余内容中，指令声明所在的作用域被称为隔离作用域的父作用域。尽管隔离作用域没有非隔离作用域所拥有的父作用域的概念，但是将隔离作用域放在作用域层次的上下文中有许多好处。尤其是，隔离作用域仍然是作用域层次一部分的这个事实是理解内嵌的关键——本章涵盖的最后一个主题。请记住，即使隔离作用域不继承父作用域的内容，它仍然有父亲。

1. 使用作用域设置的第一种方式

使用作用域设置第一种方式的代码如下所示：

```
module.directive('imageCarousel', function() {
  return {
    template:
    '<div my-background-image="images[currentIndex]"' +
    '     ng-swipe-left="next()"' +
    '     ng-swipe-right="previous()"' +
    '     style="height: 120px; width: 600px; border: 1px solid
           red">' +
    '</div>' +
    '<input type="button" toggle-button="disabled">' +
    '<h1>Image index: {{currentIndex}}</h1>',
    controller : CarouselController,
    scope : true,
    link : function(scope, element, attributes) {
      scope.$parent.$watch(attributes.imageCarousel,
        function(v) {
          scope.images = v;
        });
    }
  }
});
```

在这个 imageCarousel 指令的实现和原来的实现之间有两个关键的区别。最明显的区别是：使用 scope 设置为指令的每个实例创建一个新的作用域。第二个区别是这个新的实现将调用父作用域中的$watch——也就是 scope.$parent.$watch()，而不是 scope.$watch()。这个改动的原因很微妙，你可能并未注意到它，因为如果使用 scope.$watch()的话，这个代码仍然可以工作。

问题在于$watch()函数将按照名字监视指定作用域中的指定值。因此，如果 attributes.imageCarousel 碰巧指定了一个变量名存在于指令的作用域中，那么该指令就无法监视到正确的变量。例如，如果 attributes.imageCarousel 有一个 images 值，那么 scope.$watch() 将会监视指令作用域中的 images 变量。使用 scope.$parent.$watch() 通过保证指令不会覆盖客户端代码变量的方式，改善了这个问题。

通常，指令作者选择以第二种方式使用作用域设置。将会看到，隔离作用域的一个主要优点是它们消除了出现变量覆盖(variable occlusion)的可能性。

2. 使用作用域设置的第二种方式

记住使用作用域设置的第二种方式，指定一个 JavaScript 对象(可能为空，也就是{})，为没有父作用域的指令创建一个新的作用域。因此，之前小节中的 scope.$parent.$watch() 模式无法正常工作，因为指令的作用域在页面的作用域层次之外。如果担心通过这种方式，指令无法访问页面作用域中的变量，那么不要担心——AngularJS 提供了一种将外部变量拉入到隔离作用域中的灵活方式。下面是这种工作方式的一个样例：

```
module.directive('imageCarousel', function() {
    return {
        template:
        '<div my-background-image="images[currentIndex]"' +
        '    ng-swipe-left="next()"' +
        '    ng-swipe-right="previous()"' +
        '    style="height: 120px; width: 600px; border: 1px solid
                 red">' +
        '</div>' +
        '<input type="button" toggle-button="disabled">' +
        '<h1>Image index: {{currentIndex}}</h1>',
        controller : CarouselController,
        scope : {
            images : '=imageCarousel'
        }
    }
});
```

作用域设置中的=imageCarousel 语法是对之前小节中 scope.$parent.$watch()调用的简写。在作用域设置中，=将告诉 AngularJS：变量 images 应该被绑定到 imageCarousel 特性指定的变量，并表明 imageCarousel 特性应该在指令的父作用域中执行。我们可以看到这个简写在 AngularJS 指令代码中使用的非常广泛，所以一定要记住它的语义。尤其是，要记住在作用域设置中，对象键是作用域中的变量，对象值指的是作用域变量应该绑定到的 HTML 特性。

那么这个简写是不是击败了使用隔离作用域的观点呢？实际上，如果需要一个严格的隔离作用域，在隔离作用域和页面的作用域结构之间没有数据绑定，那么可以在作用域设置中使用一个空对象{}。不过，严格隔离作用域的用例比较有限，因为这样的指令必须是完全自包含的。这样的指令通常被称为组件，本章稍后将进行讨论。

隔离作用域的简写=提供了两个主要的功能。第一，书写=imageCarousel 比书写完整的 scope.$parent.$watch()调用要简洁得多。第二，作用域被标记为隔离作用域的事实将保证指令的模板不会访问任何指令之外的变量(除非在作用域设置中显式地指定)。这将使指令更加易于理解和使用，因为我们可以向客户保证自己的指令只通过作用域设置与外部世界进行交互。隔离作用域还将用作一种预防愚蠢错误的方法。例如，请尝试指出下面代码中的问题：

```
module.directive('imageCarousel', function() {
    return {
        template:
         '<div my-background-image="defaultImages[currentIndex]"' +
         '      ng-swipe-left="next()"' +
         '      ng-swipe-right="previous()"' +
         '      style="height: 120px; width: 600px; border: 1px solid
                red">' +
         '</div>' +
         '<input type="button" toggle-button="disabled">' +
         '<h1>Image index: {{currentIndex}}</h1>',
        controller : CarouselController,
        scope : true,
        link : function(scope, element, attributes) {
            scope.$parent.$watch(attributes.imageCarousel,
                function(v) {
                scope.images = v;
            });
        }
    }
});
```

模板中的 myBackgroundImage 指令将使用 defaultImages 变量(定义在父作用域中)。这种方式在某些情况下可以工作，但是依赖于变量在父作用域中是否存在是编写指令的一个糟糕实践。记住，指令被用作面向 JavaScript 的 HTML 内 API，不同的控制器将定义不同的 API。依赖于父作用域中变量的指令将使指令的 API 依赖于另一个 API，这样客户只需要维护这个 API 即可。换句话说，指令是非常棒的，因为他们允许定义 HTML 的抽象，从而避免了每次使用轮转时都重写相同的 15 行代码。当客户希望搞清楚如何使用你的指令时，不要让他们不得不阅读这个 HTML。

如果不讨论 AngularJS 为作用域设置提供的其他简写：@和&，那么这个对使用隔离作用域的指令的讨论就不算完整。当你刚开始使用 AngularJS 时，这 3 个简写之间的区别通常是混淆的源泉。首先，注意=是双向数据绑定的简写。在=imageCarousel 实现中，如果要修改指令作用域中的 images 变量，那么这个改动还将影响 images 变量被绑定到的父作用域中的任意变量，例如 defaultImages。

另外，=简写将把 images 变量的值绑定到另一个变量。这个行为，尽管非常平滑，但不允许将 images 变量绑定到一个 AngularJS 表达式的值。指令属性中表达式的一个简单的常见用例是：imageCarousel 指令的标题。假设我们希望指令的用户可以为他们的轮转指定自己的标题。如果我们决定用户可以在标题中使用表达式，那么这个简单的任务将变得复杂许多。例如，我们希望下面表达式的值显示为轮转的标题：

```
There are {{defaultImages.length}} images
```

@简写的存在为元素特性中提供的表达式提供了一种单向的、只渲染绑定。换句话说，通过使用@简写，在 HTML 中添加一个 carouselTitle 特性，imageCarousel 指令的用户就可以将轮转标题绑定到上面的表达式。下面是启用了标题的 imageCarousel 指令代码：

```
module.directive('imageCarousel', function() {
    return {
        template:
        '<h1>Title: {{carouselTitle}}</h1>' +
        '<div my-background-image="images[currentIndex]"' +
        '     ng-swipe-left="next()"' +
        '     ng-swipe-right="previous()"' +
        '     style="height: 120px; width: 600px; border: 1px solid
                 red">' +
        '</div>' +
        '<input type="button" toggle-button="disabled">',
        controller : CarouselController,
        scope : {
            images : '=imageCarousel',
            carouselTitle : '@'
        }
    }
});
```

注意：

carouselTitle: '@ '设置等同于 carouselTitle: '@carouselTitle '。如果未指定特性名的话，AngularJS 将假设特性名称与作用域变量的名称相同。例如，images: ' = '将把 images 变量绑定到 images 特性指定的变量。

通过使用该指令，指令的用户可以把轮转标题绑定到他们所选择的表达式。例如：

```
<div   image-carousel="defaultImages"
       carousel-title="There are {{defaultImages.length}} images">
</div>
<div   image-carousel="otherImages"
       carousel-title="I have {{otherImages.length}} images">
</div>
```

注意：因为 carouselTitle 是指令作用域中的变量，所以可以向它赋值并覆写用户的表达式。不过，因为@简写只提供了单向绑定，所以任何对指令作用域中 carouselTitle 的改动都不影响指令作用域外的变量。

最后一个简写&实际上是@简写的反转。从高级别上看，&简写将把一个函数变量附加到作用域，这个作用域将在指令的父作用域中的对应特性的值上执行$eval。如果未使用隔离作用域，那么等同于&简写的代码将通过指令链接函数中的下列代码实现：

```
scope.onChange = function() {
  scope.$parent.$eval(attributes.onChange);
```

```
        scope.$parent.$apply();
    };
```

&简写通常用于提供一个将自定义事件传输到隔离作用域之外的接口。可以通过使用 &简写，允许 imageCarousel 指令的用户为所渲染的图片的改变指定一个自定义事件处理程序。尤其是，可以允许 imageCarousel 指令每次在指令的控制器中调用 next()和 previous()时，执行 onChange 特性的内容。在本例中，onChange 特性递增一个计数器，它将追踪轮转改变图片的总次数。下面是新的 imageCarousel 指令的代码：

```
module.directive('imageCarousel', function() {
    return {
        template:
        '<h1>Title: {{carouselTitle}}</h1>' +
        '<div my-background-image="images[currentIndex]"' +
        '    ng-swipe-left="next()"' +
        '    ng-swipe-right="previous()"' +
        '    style="height: 120px; width: 600px; border: 1px solid
            red">' +
        '</div>' +
        '<input type="button" toggle-button="disabled">',
        controller : CarouselController,
        scope : {
            images : '=imageCarousel',
            carouselTitle : '@',
            onChange : '&'
        }
    }
});
```

现在作用域有一个 onChange 函数，它将用作 onChange 特性上$eval 的封装器。注意，正如 arouselTitle 设置一样，隔离的'& '值等同于 ''&onChange'。现在 CarouselController 控制器可以在它的 next()和 previous()函数中调用该函数了。下面是新的 CarouselController 实现：

```
function CarouselController($scope) {
    $scope.currentIndex = 0;

    $scope.next = function() {
        var old = $scope.currentIndex;
        $scope.currentIndex =
            ($scope.currentIndex + 1) % $scope.images.length;
        if ($scope.currentIndex != old) {
            $scope.onChange();
        }
    };

    $scope.previous = function() {
        var old = $scope.currentIndex;
```

```
        $scope.currentIndex = $scope.currentIndex == 0 ?
            $scope.images.length - 1 :
            $scope.currentIndex - 1;
        if ($scope.currentIndex != old) {
        $scope.onChange();
        }
    };

    $scope.disabled = false;

    setInterval(function() {
        if ($scope.disabled) {
            return;
        }
        $scope.next();
        $scope.$apply();
    }, 2000);
}
```

在 HTML 中设置 onChange 将要执行的表达式是非常简单的。记住，onChange 中的表达式将针对指令的父作用域执行。为了演示这一点，请看下面这个集成了 onChange 的 imageCarousel 指令的 HTML：

```
<body ng-controller="BodyController" ng-init="count = 0;">
    <h1>Image has changed {{count}} times</h1>
    <div    image-carousel="defaultImages"
            carousel-title="There are {{defaultImages.length}} images"
            on-change="count = count + 1">
    </div>
    <div    image-carousel="otherImages"
            carousel-title="I have {{otherImages.length}} images"
            on-change="count = count + 1">
    </div>
</body>
```

注意 count 变量在页面的根作用域中，但是正在从一个隔离作用域中进行修改。这个新功能允许为指令定义许多复杂的 HTML 挂钩。现在，将看到如何将作用域设置绑定到指令的核心主题，作为声明式 UI/UX API。

再次，记住将指令用作 JavaScript API 的想法，这将用于决定 HTML 中的高级别 UI/UX 决定。=、@和&简写允许以声明的方式添加额外的参数，扩展这个 JavaScript API。与 Web 开发者如何查看 REST API 并找到实现目标功能所需的参数非常相似，设计师可以轻松地检测到作用域变量的列表，并明白他们可以调整指令中的什么参数，而不必深入了解底层代码。另外，因为 HTML 是 AngularJS 中所有 UI/UX 决定的真正来源，这些将在 HTML 中进行调整，而不是使用 JavaScript 配置对象。

5.2.3 限制和替换设置

许多指令库中大量使用了 restrict 和 replace 设置。这些设置主要被用作语法糖，使得使用指令的 HTML 更直观和令人愉悦。尽管这些设置并未为使用指令的方式添加更多内容，但是永远不要低估某些特殊的、优雅的语法糖的优点。

许多指令(例如 imageCarousel 指令)感觉上应该只是 DOM 元素。使用 imageCarousel 特性创建一个 div 元素并没有什么问题，但是如果我们可以忽略 div，在 HTML 中创建一个 imageCarousel 标记是不是很酷呢？而自定义 HTML 标记只是通过 restrict 和 replace 设置所能完成的很酷的功能之一。

直到此时，指令完全是由 HTML 特性定义的。实际上，AngularJS 支持 4 种方式在 HTML 中使用指令：

- **通过特性**——<div image-carousel='images'></div>
- **通过 CSS 类**——<div class="image-carousel: images;"></div>
- **通过注释**——<!— directive: image-carousel images —>
- **通过元素**——

可以使用限制设置指定自定义指令支持哪些用法。restrict 设置将接受一个字符串，该字符串列出了指令允许的 4 种用法。4 种用法中的每一种都由单个字符表示：当且仅当目标用法的字符出现在 restrict 字符串中，这种用法才是允许的。对应的字符如下所示：

- **通过特性**——'A'
- **通过 CSS 类**——'C'
- **通过注释**——'M'
- **通过元素**——'E'

例如，下面是使用了 restrict: 'E' 设置的 imageCarousel 指令：

```
module.directive('imageCarousel', function() {
    return {
        restrict: 'E',
        template:
        '<h1>Title: {{carouselTitle}}</h1>' +
        '<div my-background-image="images[currentIndex]"' +
        '     ng-swipe-left="next()"' +
        '     ng-swipe-right="previous()"' +
        '     style="height: 120px; width: 600px; border: 1px solid
                red">' +
        '</div>' +
        '<input type="button" toggle-button="disabled">',
        controller : CarouselController,
        scope : {
            images : '=',
            carouselTitle : '@',
            onChange : '&'
        }
    }
});
```

注意，作用域的 images 变量现在已经被绑定到了元素的 images 特性，而不是之前的 imageCarousel 特性。通常，指令不会同时在 restrict 中同时支持 E 和 A 值。这是因为，对于 A 来说，指令自身就是一个含有相关值的特性。对于 E 来说，没有关联到指令自身的字符串，因为指令是一个 HTML 标记而不是一个特性。调和这个区别引起的麻烦通常比它的价值更大，所以我们可能会选用其中一个。

下面是使用了支持 HTML 标记的 imageCarousel 指令的相关 HTML 代码：

```
<body ng-controller="BodyController" ng-init="count = 0;">
    <h1>Image has changed {{count}} times</h1>
    <image-carousel images="defaultImages"
            carousel-title="There are {{defaultImages.length}} images"
            on-change="count = count + 1">
    </image-carousel>
    <image-carousel images="otherImages"
            carousel-title="I have {{otherImages.length}} images"
            on-change="count = count + 1">
    </image-carousel>
</body>
```

尽管没有额外的功能，但是这个新的 imageCarousel 指令在语法上更加优雅。值得注意的一个限制是：E 样式的指令在 Internet Explorer 9 和更早版本中无法正常工作。有一个使用了 MIT 许可的 JavaScript 库，称为 HTML5 shiv，在旧版本 Internet Explorer 中需要包含它(本章样例代码中已经包含了一个副本)才能正常使用 E 样式的指令。

如果在页面加载之后查看 DOM 的状态，将看到 imageCarousel 标记会以模板中 HTML 的父级的方式存在于 DOM 中。下面是使用了 imageCarousel 之后的 DOM 状态：

```
<image-carousel      images="defaultImages"
                     carousel-title="There are 3 images"
                     on-change="count = count + 1"
                     class="ng-isolate-scope ng-scope">
    <h1 class="ng-binding">
        Title: There are 3 images
    </h1>
    <div    my-background-image="images[currentIndex]"
            ng-swipe-left="next()"
            ng-swipe-right="previous()"
            style="height: 120px; width: 600px; border: 1px solid red;
                background-image: url(.  .  .);">
    </div>
    <input type="button" toggle-button="disabled" value="Disable">
</image-carousel>
```

对于大多数指令来说，该行为就足够了。不过如果非常希望在 DOM 中使用 imageCarousel 标记，那么可以使用 replace 设置。replace 设置是一个布尔值(默认为 false)，它将决定模板是被插入为 DOM 元素的子节点，还是完全替换 DOM 元素。下面是如何结合使用 replace 设置和 imageCarousel 指令的方式：

```
module.directive('imageCarousel', function() {
    return {
        restrict: 'E',
        replace: true,
        template:
            '<div>' +
            '    <h1>Title: {{carouselTitle}}</h1>' +
            '    <div    my-background-image="images[currentIndex]"' +
            '            ng-swipe-left="next()"' +
            '            ng-swipe-right="previous()"' +
            '            style="height: 120px; width: 600px; '+
            '                   border: 1px solid red">' +
            '    </div>' +
            '    <input type="button" toggle-button="disabled">' +
            '</div>',
        controller : CarouselController,
        scope : {
            images : '=',
            carouselTitle : '@',
            onChange : '&'
        }
    }
});
```

与之前的实现相比，replace: true 实现中有两个关键的区别。第一个是明显的 replace: true 设置。第二个是该 HTML 模板现在包含了一个 div 标记，其中封装了 h1、div 和 input 标记。当你查看含有新指令的 DOM 的状态时，使用新 div 标记的原因就很清晰了：

```
<div    images="defaultImages"
        carousel-title="There are 3 images"
        on-change="count = count + 1">
    <h1 class="ng-binding">
        Title: There are 3 images
    </h1>
    <div    my-background-image="images[currentIndex]"
            ng-swipe-left="next()"
            ng-swipe-right="previous()"
            style="height: 120px; width: 600px; border: 1px solid red;
                   background-image: url(.  .  .);">
    </div>
    <input type="button" toggle-button="disabled" value="Disable">
</div>
```

设置 replace: true 将使用指令 HTML 模板中的根元素替换 image-carousel 标记——在本例中为顶级 div 标记。注意 HTML 模板中必须只有一个根元素；否则，AngularJS 将抛出一个错误：Template must have exactly one root element。

5.2.4 继续前行

现在我们已经学习了如何使用指令对象的基本设置，所以现在就有了足够的知识能够理解以后看到的大多数开源指令。另外，我们已经构建了相当灵活的图片轮转。在本章的最后一节，将深入学习指令对象中两个最复杂的设置：compile 和 transaclude。这些设置不会经常出现，但是在特定的用例中它们是不可缺少的。在下一节，将通过浏览 ngRepeat 指令的内部细节和为 imageCarousel 指令添加关键内容的方式，深入学习这些设置是如何工作的。

5.3 在运行时改变指令模板

你可能已经注意到了之前章节中使用的指令有一个限制：HTML 模板是静态的。这意味着当前的 imageCarousel 指令总是有标题的。不过，使用了高级编译和内嵌设置后，我们可以允许 imageCarousel 指令的用户以复杂的方式修改模板。稍后浏览 ngRepeat 的简化实现时将会看到：这些设置还与 ngRepeat 指令如何工作紧密相关。

5.3.1 内嵌

根据维基百科，内嵌(transclusion)就是将一个文档中通过引用包含另一个文档。该术语由 Ted Nelson 创造，他因发明术语超文本(HTTP 和 HTML 中的 HT)而被众人所知。与这个定义一致，AngularJS 指令的 transclude 设置及其对应的 ngTransclude 指令用于在指令的 HTML 模板中引用外部的 HTML 代码。换句话说，内嵌允许参数化指令的模板，从而允许基于个人需求修改模板中的某些 HTML。

类似于 scope 设置，transclude 设置可以接受三个不同值中的一个。transclude 设置默认为 false，但是可以将它设置为 true 或者字符串'element'。如果内嵌似乎有点不够直观，请不要担心；一旦开始学习一个直观的样例，你就会知道它实际上非常简单。

1. 使用 transclude:true 设置

下面是实际中使用 transclude:true 的一个基本样例。首先，下面是一个简单的指令，它将使用指定的名称介绍一个人：

```
module.directive('ngGreeting', function() {
    return {
        restrict: 'E',
        transclude: true,
        template:
            'Hi, my name is ' +
            '<span ng-transclude></span>',
    };
});
```

注意，模板 HTML 有一个含有 ng-transclude 特性的元素。特性 ng-transclude 意味着 span

的内容将被原始 HTML 元素的内容所替代。下面是 ngGreeting 在 HTML 中的使用方式：

```
<ng-greeting>
    Val
</ng-greeting>
<br>
<br>
<ng-greeting>
    <b>Val </b>
</ng-greeting>
```

当 AngularJS 完成后，如果查看 DOM 的状态的话，真正的魔法已经发生了：

```
<ng-greeting>
    Hi, my name is
    <span ng-transclude="">
        <span class="ng-scope">
            Val
        </span>
    </span>
</ng-greeting>
<br>
<br>
<ng-greeting>
    Hi, my name is
    <span ng-transclude="">
        <b class="ng-scope">
            Val
        </b>
    </span>
</ng-greeting>
```

恭喜！现在你有了一个含有参数化模板的指令！AngularJS 将把设置在指令元素中的任何 HTML 添加到指令的模板中。

不过，这如何与隔离作用域一起工作呢？如果 ngGreeting 有一个隔离作用域，是否意味着所有内嵌在 ngGreeting 指令中的 HTML 将只能够访问隔离作用域中的变量？下面是含有隔离作用域的 ngGreeting 指令：

```
module.directive('ngGreeting', function() {
    return {
        restrict: 'E',
        transclude: true,
        scope: {},
        template:
            'Hi, my name is ' +
            '<span ng-transclude></span>',
    };
});
```

现在尝试使用含有内嵌 HTML 的指令，其中包含一个绑定到隔离作用域之外变量的绑定：

```
<body ng-init="myName = 'Val';">
    <ng-greeting>
        {{ myName }}
    </ng-greeting>
</body>
```

一旦浏览器完成渲染后，这段代码在 DOM 中应该显示成什么样呢？结果是 AngularJS 做了正确的事情：它允许内嵌的 HTML 访问变量 myName，尽管事实上 HTML 被内嵌到一个隔离作用域中！

```
<body ng-init="myName = 'Val';">
    <ng-greeting class="ng-isolate-scope ng-scope">
        Hi, my name is
        <span ng-transclude="">
            <span class="ng-scope ng-binding">
                Val
            </span>
        </span>
    </ng-greeting>
</body>
```

鉴于隔离作用域的特性，这似乎是有点奇怪的决定。实际上，内嵌的 HTML 实际上并不是在隔离作用域中执行的；它将在隔离作用域的父级中执行！为了演示这一点，请尝试在隔离作用域中添加一个变量：

```
module.directive('ngGreeting', function() {
    return {
        restrict: 'E',
        transclude: true,
        scope: {},
        template:
            'Hi, my name is ' +
            '<span ng-transclude></span>',
        link: function(scope) {
            scope.lastName = 'Karpov';
        }
    };
});
```

现在，尝试从内嵌的 HTML 中访问这个作用域变量：

```
<body ng-init="myName = 'Val';">
    <ng-greeting>
        {{ myName }} {{ lastName }}
    </ng-greeting>
</body>
```

变量未在内嵌的 HTML 中定义，所以输出将显示为 "Hi, my name is Val."。这是因为内嵌 HTML 执行的时候就像指令根本没有作用域一样。这个决定使指令的使用更加容易，因为我们可以编写内嵌 HTML，而不必担心指令使用的是隔离作用域还是任何其他作用域。

2. 使用 transclude:'element'设置

transclude: 'element'设置的工作方式几乎与 transclude: true 完全一致，但是有两个小小的区别。首先使用 transclude: 'element'设置时，需要负责在编译设置中修改 DOM(下一节将进行讲解)，除非指定了 replace: true。刚开始使用 transclude:'element'设置时，这是一个常见的问题：如果不设置 compile 或者 replace，那么指令根本不会出现！

另外，transclude: 'element'设置将以某种程度上类似于 replace: true 的方式修改 DOM。下面是使用了 transclude: 'element'设置的 ngGreeting 指令：

```
module.directive('ngGreeting', function() {
    return {
        restrict: 'E',
        transclude: 'element',
        replace: true,
        scope: {},
        template:
            '<div><h1 ng-transclude></h1></div>',
        link: function(scope) {
            scope.lastName = 'Karpov';
        }
    };
});
```

使用下面的 HTML：

```
<ng-greeting>
    Hi, my name is {{ myName }}
</ng-greeting>
```

在浏览器完成渲染之后得到的最终 DOM 状态为：

```
<body ng-init="myName = 'Val';">
    <div>
        <h1 ng-transclude="">
            <ng-greeting class="ng-isolate-scope ng-scope ng-binding">
                Hi, my name is Val
            </ng-greeting>
        </h1>
    </div>
</body>
```

如果已经设置了 transclude: true，那么 ng-greeting 标记不会出现在这里。相反，AngularJS 将插入一个 span 标记。如果需要将整个指令声明元素拉入到模板中，并尝试避免将内容封装到 span 标记中，那么这种行为是非常有用的。这将给予指令的用户对模板中 HTML 更加精细的控制。

现在我们已经学习了内嵌是如何工作的，接下来该通过学习编译设置来完成对指令的学习了。

5.3.2　编译设置或者编译与链接

对于初学者来说，Compile 函数和它与 link 函数的关系是一个常见的混淆来源。对于大部分将要编写的指令来说，编译设置是不必要的。使用 Compile 函数有两个主要原因。第一个是解决含有大量 DOM 操作的指令的性能问题——最常见的样例是 ngRepeat 和创建多个 DOM 元素的类似指令。第二个原因是编译函数可以修改指令的模板。不过第二个原因会受一点限制，因为 Compile 函数将在指令的作用域被创建之前运行。因此，Compile 函数无法访问指令的作用域，所以它不能计算特性。

那么 Compile 函数真正的用途是什么呢？在本节，将通过构建内嵌 ngRepeat 指令的简化版本，浏览 Compile 函数的优点和限制。

将把ngRepeat指令简化为ngRepeatOnce，实现一个常见的AngularJS性能优化：减少页面中监视器的数量。回顾第 4 章"数据绑定"中，我们看到了在一个大型数组上使用ngRepeat指令将使页面变得迟缓，因为每个$apply调用必须迭代整个数组。现在ngRepeatOnce通过不在底层数组上调用$watch的方式改善了这个问题。该指令在用户从底层数组添加或者删除元素时不会更新，但是它允许处理比ngRepeat更大的数组。尽管无法在元素添加或者删除时更新是一个限制，但是在许多用例中这个功能是不必要的。

要记住关键的一点：不应该依赖于同时在指令对象中设置 Compile 和 link 函数。Compile 函数被期望返回一个 link 函数。如果覆写了默认的编译设置，链接设置将被忽略，除非显式地在链接设置中返回该函数。将在 ngRepeatOnce 指令中看到，设置链接函数是不必要的；可以只让 Compile 函数返回一个匿名的 link 函数。下面是 ngRepeatOnce 指令的代码：

```
module.directive('ngRepeatOnce', function() {
    return {
        restrict: 'A',
        transclude: 'element',
        compile: function(originalEl, attributes, transcludeFn) {
            return function(scope, element, attributes) {
                var loop = attributes.ngRepeatOnce.split(' in ');

                var elementScopeName = loop[0];
                var arr = scope.$eval(loop[1]);

                for (var i = 0; i < arr.length; ++i) {
                    var childScope = scope.$new();
                    childScope['$index'] = i;
                    childScope[elementScopeName] = arr[i];

                    transcludeFn(childScope, function(clone) {
                        originalEl.parent().append(clone);
                    });
```

```
                }
            }
        }
    });
```

这段代码开始看起来有点吓人，但是一旦按步骤来分析它，它就变得非常简单了。首先，为了复制 ngRepeat 优雅的 in 循环语法，使用字符串' in '对输入字符串进行分隔。左侧是应该将每个数组元素赋给对应子作用域中的名字，右侧是将要遍历的数组。接下来，遍历数组，为每个元素创建一个新的作用域，并在每个新的作用域上调用 transcludeFn 函数。这个函数将使用我们提供的作用域创建一个新的 DOM 元素，并内嵌在由内嵌设置指定的 HTML 中。然后 transcludeFn 函数将使用新创建的 DOM 元素触发回调，需要负责将它插入到 DOM 合适的位置。

恭喜！你已经实现了简化的并且有用的 ngRepeat 版本！对于该指令来说，Compile 函数是不可缺少的，因为 Compile 函数提供的 transcludeFn 函数允许我们使用正确内嵌的作用域创建一个新的 DOM 元素。实际上，没有 Compile 函数，像 ngRepeat 这样的指令将变得极其难于编写。不过，多亏了编译和内嵌设置，指令可以通过强大但直观的方式操作 DOM。例如，ngRepeat 指令的实现是相当复杂的，并且要求对某些 AngularJS 深入的功能有所了解，但是使用 ngRepeat 指令是非常简单和直观的。

5.4 小结

如果已经成功完成了本章内容的学习，那么恭喜你！你学到了所有编写高度复杂指令(可以让浏览器做任何事情)所需的工具。我们学习了可以仅仅使用一个链接函数编写的三类指令：只渲染指令，例如 myBackgroundImage；事件处理程序指令，例如 swipeLeft 和 swipeRight；和双向指令，例如 toggleButton。然后学习了如何通过指令对象和它的设置使用模板将指令组合在一起。最后，深入了解了指令的模范，并学习如何使用内嵌和编译设置参数化和组合指令模板。

所有这些概念都是通过一个概念绑定在一起的，这个概念就是将指令用作操作 DOM(绑定到由控制器指定的 UI/UX API 中)的规则。像模板和内嵌这样的工具允许将高度可自定义的 HTML 和 JavaScript 包轻松地封装到一个从 HTML 中可以访问的包里，并绑定到控制器和数据绑定。指令在高级别上提供了一个 HTML 视图的清晰抽象，这样我们就可以获得轮转和其他 UI 控件，而不是低级别的 div 元素。另外，像作用域设置这样的工具允许把数据绑定绑定到指令中，所以我们的指令可以通过简洁的和强大的方式集成数据绑定 API。

第 6 章

模板、位置和路由

本章内容：

- 在模板中使用 ngInclude 指令
- 模板的性能影响
- 使用$location 保存页面状态
- 使用 ngView 在不同视图之间进行路由
- 使用 ngView 实现单页面应用
- 单页面应用的搜索引擎集成
- 视图之间的动画转换

本章的样例代码下载：

可以在 http://www.wrox.com/go/proangularjs 页面的 Download Code 选项卡找到本章的 wrox.com 代码下载文件。

在本章，将学习如何使用 AngularJS 的模板系统、$location 服务和 AngularJS 的客户端路由系统。通过使用这些构建块，可以创建一个单页面应用(简称 SPA)。SPA 范例指的是构建一个完全正常运行的 Web 应用并且永远不重新加载页面。SPA 通过支持使用 JavaScript 从服务器加载 HTML(超文本标记语言)的方式消除了痛苦的页面重载，从而提供了对网站用户体验(UX)极其精细的控制。

为了完全理解 SPA 在 AngularJS 中是如何工作的，需要理解模板、位置和路由是如何工作的。本章将被分为三个部分，每个部分都对应于这三个构建块中的一个。模板一节和位置一节几乎是完全独立于彼此的，所以如果仅仅希望学习模板，但不学习$location 服务，或者相反，请随意跳到目标章节。不过，第三个小节是关于如何使用 AngularJS 路由框架构建 SPA 的，它要求必须熟悉前两个小节中的信息。

在本章的课程中，将构建一个 SPA 样例：图书目录。该应用将使用主表明细
(master-detail)设计模式，这意味着将有两个视图：一个用于显示图书的主列表，另一个视
图用于显示每个图书的细节信息。在 AngularJS 中，术语"模板"和"视图"基本是可以
相互交换的，尽管术语"视图"通常描述的是绑定到 ngView 指令(第Ⅲ部分将进行学习)
的一个模板。

本章将使用一个 NodeJS 超文本传输协议(HTTP)服务器提供 HTML 内容。HTTP 服务
器是必需的，因为 AngularJS 将使用 JavaScript HTTP 请求加载模板，如果只是使用 file:///
在浏览器中打开一个 HTML 文件，这是无法正常工作的。如果尚未安装 NodeJS，那么请
访问网址 http://www.nodejs.org 并执行所选择平台的对应指令。在安装了 NodeJS 之后，请
从本章样例代码的根目录中运行 npm install，此时我们应该能够通过运行 node server.js 命
令在端口 8080 上启动一个 HTTP 服务器。该服务器简单地通过 HTTP 协议提供静态文件，
所以我们应该能够在浏览器中通过访问地址 http://localhost:8080/angular.js 查看文件
angular.js。

不过，图书目录应用不会从服务器加载数据。将使用在$books 服务中包含的一个硬编
码的图书列表(参见样例代码中的 book.js)。下面是$books 服务的代码。它将主要被用作服
务的存根，通过它可以加载一个图书的列表或者加载特定的图书。

```javascript
var booksService = function() {
  var books = [
    {
      _id: 1,
      title: "Les Miserables",
      author: "Victor Hugo",
      image: "// upload.wikimedia.org/wikipedia/commons/6/6c/
        Jean_Valjean.JPG",
      preview: "In 1815, M. Charles-Francois-Bienvenu Myriel was Bishop..."
    },
    {
      _id: 2,
      title: "The Book of Five Rings",
      author: "Musashi Miyamoto",
      image: "// upload.wikimedia.org/wikipedia/commons/2/20/
        Musashi_ts_pic.jpg",
      preview: "I have been many years training in the Way of strategy..."
    },
    {
      _id: 3,
      title: "Moby Dick",
      author: "Herman Melville",
      image: "// upload.wikimedia.org/wikipedia/commons/3/36/" +
             "Moby-Dick_FE_title_page.jpg",
      preview: "Call me Ishmael. Some years ago¡ªnever mind how long
        precisely..."
    },
    {
```

```
     _id: 4,
     title: "The Hour of the Dragon",
     author: "Robert E. Howard",
     image: "// upload.wikimedia.org/wikipedia/en/6/60/
       Conan_the_Conqueror.jpg",
     preview: "The long tapers flickered, sending the black shadows..."
   },
   {
     _id: 5,
     title: "The Brothers Karamazov",
     author: "Fyodor Dostoyevsky",
     image: "// upload.wikimedia.org/wikipedia/commons/2/2d/" +
             "Dostoevsky-Brothers_Karamazov.jpg",
     preview: "Alexey Fyodorovitch Karamazov was the third son..."
   }
 ];

 return {
   getAll: function() {
     return books;
   },
   getById: function(id) {
     for (var i = 0; i < books.length; ++i) {
       if (books[i]._id === id) {
         return books[i];
       }
     }
     return null;
   }
 };
};
```

出于本章的目的，将使用之前所示的简单双函数接口：用于加载所有 5 本图书的 getAll()
和按照标志符_id加载特定图书的getById(id)。每本书除了标志符都还包含了4个属性：title、
author、image 和 preview(用于显示图书的前几段内容)。现在可以开始使用这个新的服务编
写第一个模板了。

6.1　第 1 部分：模板

Web 开发中一个常见的难点在于重用 HTML。某个特定的 HTML 可能出现在多个页面
中。在过去，Web 开发者将使用服务器端模板工具，在把页面发到客户端之前，向其中添
加 HTML 片段。AngularJS 模板将把外部 HTML 包含到页面中的概念引入到了客户端。尽
管 AngularJS 的模板在功能上类似于服务器端模板工具，例如 Jade 和 eRuby，但是 AngularJS
模板提供了额外的特性和性能优势。

与服务器端模板相比，客户端 HTML 最重要的优点是能够交换当前页面的大部分

HTML，而不必重新加载页面。这将为我们提供了对 UX 更加精细的控制，从而可以使 UX 变得更加平滑。例如，当用户单击链接时，可以展示一个漂亮的加载界面，而不是让用户在请求页面加载的过程中，在一个不提供任何信息的空白界面上等待。

　　将使用客户端模板为图书分类 SPA 实现主视图、查看所有图书的列表。尽管在不使用模板的情况下也可以实现主视图，但是模板提供了对如何渲染数据的更广泛控制。

　　注意：

　　你可能会好奇模板和指令之间的区别是什么。指令也提供了通过 template 和 templateURL 选项包含 HTML 块的能力。实际上，这些 template 和 templateURL 选项将使用相同的模板框架(本章将要学习)。区别在于：指令通常与相关 JavaScript 代码一起定义用户交互，而模板实际上只是 HTML 字符串。不过，指令可能有一个相关联的模板，而且模板的 HTML 可以使用指令。在本章，将通过样例学习，一个样例将使用指令而不是普通的模板，而另一个样例则相反。

6.1.1　在模板中使用 ngInclude 指令

　　指令ngInclude是使用客户端模板最简单的方式。通过该指令可以使用指定模板的HTML替换相关文档对象模型(DOM)元素的内部HTML。本节稍后你将会看到ngInclude最大的优势之一是：被渲染的模板被绑定到了双向数据绑定中，所以可以轻松地为不同的数据片段渲染不同的模板。下面是一个简单的样例，它将使用ngInclude指令和ngRepeat指令来渲染图书的列表，并在两个不同的模板之间切换。可以在样例代码的part_i_ng_include.html文件中找到该页面：

```html
<div ng-controller="BooksController">
  <div ng-repeat="book in books"
      ng-include="book.templateUrl">
  </div>
</div>

<script type="text/javascript" src="angular.js"></script>
<script type="text/javascript" src="books.js"></script>
<script type="text/javascript">
  var booksModule = angular.module('booksModule', []);
  booksModule.factory('$books', booksService);

  function BooksController($scope, $books) {
    $scope.books = $books.getAll();

    for (var i = 0; i < $scope.books.length; ++i) {
      $scope.books[i].templateUrl = (i % 2 === 0 ?
        'master_img_left.template.html' :
        'master_img_right.template.html');
    }
  }
</script>
```

注意:

在本章,模板文件将以.template.html 为结尾,用于将它们与完整的 HTML 文件区分开。以区别于完整 HTML 文件的方式命名模板文件是良好的实践,这将保证不会出现混淆。出于相同的原因,在许多应用中,模板文件都被存储在不同于完整 HTML 文件的目录中。

如之前的样例所示,ngInclude 指令将接受一个表达式作为参数,AngularJS 将执行该表达式获得模板的统一资源定位符(URL)。在该样例中,每本书都被赋予了一个 templateURL 属性,然后 ngInclude 指令将计算它并决定加载哪个模板。模板将使用懒加载的方式——就是说 ngInclude 不会加载模板直到用户请求这样做。而且,ngInclude 将按照 URL 缓存模板,所以指定的模板将只从服务器加载一次。

为了正确地使用 ngInclude 指令,要记住几个重要的细节。第一,因为 ngInclude 指令指令的模板缓存只是一个普通的 JavaScript 对象(POJO),当页面被重新加载时该缓存将被销毁(稍后在"$templateCache 服务"一节中将讲解如何清除模板缓存)。如果正在标准页面中使用模板,那么模板必须每次在页面刷新时重新加载。不过,因为模板是通过 HTTP 请求加载的,所以可以使用浏览器缓存 HTTP 响应。

第二,模板缓存是跨所有 ngInclude 指令实例的全局对象。换句话说,如果两个完全不同的 ngInclude 实例要渲染 foo.template.html,那么只有一个请求被发送到服务器,而且两个 ngInclude 指令的实例都将接收到相同的数据。

现在的问题是,这些.template.html 文件包含了什么内容呢?模板文件中包含了标准的 AngularJS 注入的 HTML,而且模板将按原样被包含在所有使用 ngInclude 指令包含模板的元素中。下面是第一个模板 master_img_left.template.html 的内容:

```
<div class="book-preview">
  <div class="book-preview-image">
    <img ng-src="{{ book.image }}">
  </div>
  <div class="book-preview-text">
    <h3>
      {{ book.title }}
    </h3>
    <h4>
      By {{ book.author }}
    </h4>
    <em>
      {{ book.preview | limitTo:140 }}
    </em>
  </div>
  <div style="clear: both">
  </div>
</div>
```

注意:

因为 ngInclude 指令使用 HTTP 请求加载模板,所以可以使用服务器端模板语言(例如

Jade 和 eRuby)编写模板。唯一的要求是 HTTP 响应要包含 HTML，所以可以使用 Jade 编写自己的模板，只要服务器在发送响应给客户端之前能够将 Jade 解析成 HTML 即可。

如你所见，master_img_left.template.html 文件包含了相当标准的注入 AngularJS 的 HTML。你可能好奇之前表达式中引用的boo变量是什么。该模板中的book变量是 part_i_ng_include.html文件中定义在ngRepeat里的book变量。尽管能够包含使用了外部变量的模板是非常强大的，但是要小心！没有什么可以阻止你在一个不含book变量的作用域中添加master_img_left.template.html模板，也可以在一个包含了book变量但没有图片的作用域中添加该模板。请保证模板尽可能减少对外部变量的使用，从而最大化它们的可重用性，并最小化了解它们的障碍。

part_i_ng_include.html 文件中还使用了另一个模板：master_img_right.template.html 模板。下面是该模板的内容：

```
<div class="book-preview">
  <div class="book-preview-text">
    <h3>
      {{ book.title }}
    </h3>
    <h4>
      By {{ book.author }}
    </h4>
    <em>
      {{ book.preview | limitTo:140 }}
    </em>
  </div>
  <div class="book-preview-image">
    <img ng-src="{{ book.image }}">
  </div>
  <div style="clear: both">
  </div>
</div>
```

该模板和 master_img_left.template.html 模板之间的区别是：图书图片在标题的右侧，而不是在左侧。在 AngularJS 中有众多其他方式可以实现这个效果；不过，这些通常涉及 HTML 中的条件逻辑。AngularJS 新手通常会发现在 HTML 中包含逻辑的概念是如此令人激动，所以他们往往会走极端，将 HTML 转换成意大利面条一样的代码。模板是一个当 HTML 的复杂性超出控制时简化注入 AngularJS 的 HTML 的工具：如果有一个包含了 10 个子元素的 div 元素，而且它们都有 ngClass 和 ngIf，那么我们应该抽象出两个或多个模板之后的复杂性。

6.1.2　ngInclude 和性能

与传统的服务器端模板相比，AngularJS 客户端模板提供了两个性能优势。第一，HTML 模板只需要加载一次。因此，如果页面含有大量重复的 HTML，那么可以通过使用模板加载 HTML 的重复块来节省珍贵的带宽。第二个有点更加微妙。因为模板是懒加载的，或者直到 ngInclude 指令需要它才加载，所以模板 HTML 的加载将被推迟到主页面完成加载时。HTML 的这种懒加载对于显示通过$http 调用加载内容的模板来说尤其有用，因为直到$http 调用返回之前不会显示任何数据。

　　当然，在提到性能时，懒加载就是一把双刃剑。在某些情况下，懒加载可以带来巨大的好处。不过，演示懒加载性能不佳的经典用例是 Facebook 样式的通知窗口。在 Facebook 中，无论何时用户访问他们的主页，都可以单击按钮查看最近的通知。在 AngularJS 中实现这样一个组件，可以选择为每种类型的通知实现一个不同的模板(例如，我们可能希望渲染一个不同于墙面评论的图片通知)。另外，当用户单击 Show Notification 按钮时，我们可能希望使用 HTTP 请求从服务器加载通知。这意味着，在最糟糕的情况下，我们必须发起 6 次 HTTP 请求加载 5 个通知：一个用于加载通知数据，5 个用于加载不同的模板。换句话说，通过这种原生的方式，通知将比我们所期望的更慢出现。幸亏，如果有类似的情况，也还可以继续使用 ngInclude。下一节将学习加载模板的另一种方式，它改善了这个问题。

　　为了演示懒加载是如何工作的，在加载 http://localhost:8080/part_i_ng_include.html 页面时，请查看 Chrome Developer Tools 中的 Network 标签页。时间轴显示：模板将在页面 HTML 完成加载时加载，然后再加载被包含在模板中的图片。

6.1.3　使用脚本标记包含模板

　　指令 ngInclude 加载模板的能力是十分强大的，但并不是对于所有的应用来说都是如此。当懒加载不是正确的选择时，AngularJS 允许将模板内嵌到一个标准的 HTML script 标记中。这将允许我们避免使用一个单独的 HTTP 请求加载特定的模板，但是它要求将模板代码内嵌在页面中。下面演示了实际中是如何使用 script 标记加载模板的：

```
<div ng-controller="BooksController">
  <div  ng-repeat="book in books"
      ng-include="book.templateUrl">
  </div>
</div>

<script type="text/javascript" src="angular.js"></script>
<script type="text/javascript" src="books.js"></script>
<script type="text/javascript">
  var booksModule = angular.module('booksModule', []);
  booksModule.factory('$books', booksService);

  function BooksController($scope, $books) {
    $scope.books = $books.getAll();

    for (var i = 0; i < $scope.books.length; ++i) {
      $scope.books[i].templateUrl = (i % 2 === 0 ?
        'master_img_left.template.html' :
        'master_img_right.template.html');
    }
  }
</script>
```

```html
<script type="text/ng-template" id="master_img_left.template.html">
  <div class="book-preview">
    <div class="book-preview-image">
      <img ng-src="{{ book.image }}">
    </div>
    <div class="book-preview-text">
      <h3>
        {{ book.title }}
      </h3>
      <h4>
        By {{ book.author }}
      </h4>
      <em>
        {{ book.preview | limitTo:140 }}
      </em>
    </div>
    <div style="clear: both">
    </div>
  </div>
</script>
<script type="text/ng-template" id="master_img_right.template.html">
  <div class="book-preview">
    <div class="book-preview-text">
      <h3>
        {{ book.title }}
      </h3>
      <h4>
        By {{ book.author }}
      </h4>
      <em>
        {{ book.preview | limitTo:140 }}
      </em>
    </div>
    <div class="book-preview-image">
      <img ng-src="{{ book.image }}">
    </div>
    <div style="clear: both">
    </div>
  </div>
</script>
```

在之前的样例中，master_img_left.template.html和master_img_right.template.html都被作为HTML页面的一部分加载。如果查看ChromeDeveloper Tools Network标签页的话，你会注意到ngInclude指令并未发起HTTP请求加载任何一个模板文件。这是因为$templateCache服务将找到所有使用了type=text/ng-template的script标记并存储它们的内容，下一节将会进行讲解。然后每个模板都将被关联到它的id特性(它的作用与懒加载模板时使用的模板URL相同)，接着ngInclude就可以通过id引用它们。

注意，真正的 HTML 结构并未改变。模板最大的优势之一就是清晰地分离了考虑事项。页面或模板本身的结构都不必根据模板加载方式而改变。这非常方便，因为将在下一节中看到，把模板加载到模板缓存中有许多其他方式。

6.1.4 $templateCache 服务

在完成了 ngInclude 一节的学习之后，我们已经看到了大量关于 AngularJS 模板缓存的内容。实际上，除了知道模板缓存的存在之外，我们很少与它进行交互，但是有时可能需要清空缓存或者手动地向其中添加模板。出于这个原因，AngularJS 以$templateCache 服务的形式为模板缓存提供了一个接口。通过标准的依赖注入器可以使用$templateCache 服务，所以可以在任何指令、控制器或者服务中使用它。

可能$templateCache 服务最常见的用例就是在页面完成加载之后通过 HTTP 请求加载模板。记住到目前为止加载模板的方法有：通过在第一次使用模板时懒加载它、使用 script 标记将模板包含在 HTML 中。通过使用$templateCache 服务，我们不用再受限于这两种方式；实际上，可以更细粒度地控制何时加载模板。下面这个简单的样例将在控制器初始化时使用$http 和$templateCache 服务加载 master_img_left.template.html 和 master_img_right.template.html 模板。这种方式实现了两全其美的性能：可以将模板加载延迟到主页面完成渲染之后，但是模板可以在用户能够切换视图时完成加载。该代码在本章样例代码的part_i_template_cache.html 文件中：

```
<div ng-controller="BooksController">
    <div  ng-repeat="book in books"
          ng-include="book.templateUrl">
    </div>
</div>

<script type="text/javascript" src="angular.js"></script>
<script type="text/javascript" src="books.js"></script>
<script type="text/javascript">
  var booksModule = angular.module('booksModule', []);
  booksModule.factory('$books', booksService);

  function BooksController($scope, $books, $templateCache, $http) {
    var templates = [
      'master_img_left.template.html',
      'master_img_right.template.html'
    ];

    $scope.loadBooks = function() {
      $scope.books = $books.getAll();

      for (var i = 0; i < $scope.books.length; ++i) {
        $scope.books[i].templateUrl = templates[i % 2];
      }
    };
```

```
      var done = 0;
      angular.forEach(templates, function(templateUrl) {
        $http.get(templateUrl).success(function(data) {
          $templateCache.put(templateUrl, data);
          if (++done === templates.length) {
            $scope.loadBooks();
          }
        });
      });
    }
  </script>
```

之前代码中使用的$templateCache.put函数允许将一个模板插入到模板缓存中。$templateCache服务还公开了$templateCache.get函数(通过它可以根据指定的ID获得相关的模板)以及$templateCache.removeAll函数(用于从缓存中删除所有模板)。$templateCache.removeAll是保证ngInclude指令从服务器重新加载模板的标准方式。$templateCache没有显式地从缓存中移除单个模板的函数,但是$templateCache.put(id, undefined)可以使用指定的ID删除相关模板。

关于ngInclude和模板缓存最后一个需要记住的细节是:如果需要ngInclude指令渲染一个不在缓存中的模板,那么它将尝试使用HTTP请求加载模板,并放回到缓存中。不过,ngInclude指令被绑定到了AngularJS的$digest循环,所以它不会检查模板缓存或者发起任何HTTP请求,除非它正在监视的表达式的值发生了改变。对于图书目录的主视图来说,为了强制ngInclude指令重新加载master_img_left.template.html和master_img_right.template.html模板,必须调用$templateCache.removeAll函数,或者改变每个book.templateUrl的值触发ngInclude指令的监视器。

6.1.5 下一步:模板和数据绑定

你可能已经注意到了 ngInclude 指令将计算表达式,并决定渲染哪个模板。实际上,ngInclude 指令被绑定到了双向数据绑定中。在图书的主列表中,如果某本书的 templateUrl 成员发生改变,那么此书的 div 元素将使用一个不同的模板进行渲染。可以在本章样例代码的 part_i_template_data_binding.html 文件中看到其工作原理:

```
<div ng-controller="BooksController">
    <select ng-model="currentOption"
            ng-options="key for (key, value) in options"
            ng-change="currentOption()">
    </select>
    <div ng-repeat="book in books"
         ng-include="book.templateUrl">
    </div>
</div>

<script type="text/javascript" src="angular.js"></script>
<script type="text/javascript" src="books.js"></script>
<script type="text/javascript">
```

```
var booksModule = angular.module('booksModule', []);
booksModule.factory('$books', booksService);

function BooksController($scope, $books) {
  $scope.books = $books.getAll();

  $scope.setAlternatingTemplates = function() {
    for (var i = 0; i < $scope.books.length; ++i) {
      $scope.books[i].templateUrl = (i % 2 === 0 ?
        'master_img_left.template.html' :
        'master_img_right.template.html');
    }
  };

  $scope.setAllLeft = function() {
    for (var i = 0; i < $scope.books.length; ++i) {
      $scope.books[i].templateUrl = 'master_img_left.template.html';
    }
  };

  $scope.setAllRight = function() {
    for (var i = 0; i < $scope.books.length; ++i) {
      $scope.books[i].templateUrl = 'master_img_right.template.html';
    }
  };

  $scope.options = {
    'Alternating': $scope.setAlternatingTemplates,
    'All Left': $scope.setAllLeft,
    'All Right': $scope.setAllRight
  };
  $scope.currentOption = $scope.options['Alternating'];
  $scope.setAlternatingTemplates();
}
</script>
```

　　该页面有一个下拉列表，允许设置使用哪种方式渲染图书：只使用master_img_left.template.html 模板、只使用 master_img_right.template.html 模板或者在两者之间交替。由于 AngularJS 的数据绑定，除了设置每本书的 templateUrl 属性，我们不需要做任何额外的事情；ngInclude 将负责完成剩下的工作。

　　基于用户的行为动态地改变模板的最常见应用就是 SPA，页面的所有内容都是一个可以被换出的模板。这正是本章第 3 部分将要讲解的内容。不过，在深入学习路由和 SPA 之前，需要学习如何追踪 URL 中用户正在使用哪个视图。使 URL 如此方便的部分原因是可以复制/粘贴(或者收藏)指定的 URL，并在稍后返回到该页面。遗憾的是，当用户停留在相同的页面中只切换 AngularJS 模板时，URL 会保持不变，而且用户无法只是通过粘贴 URL返回到原来的页面。在下一节，将学习如何使用$location 服务改善这个问题，这是第 3 部分将使用的 AngularJS 路由代码。$location 服务提供了在页面 URL 中追踪 JavaScript 状态的简洁方式，不必触发页面重载。

6.2　第 2 部分: $location 服务

与 AngularJS 的模板框架如何工作非常相似(允许轻松地转换大型 HTML 块)，$location 服务提供了一个方便的接口，用于读取和修改当前 URL，而不必重载页面。在 JavaScript 中修改当前 URL 最常见的原因是深度链接(deep linking)：在 URL 编码页面状态，例如复选框的状态或者窗口的当前滚动位置。你可能已经猜到了，深度链接对于 SPA 来说是极其重要的。不过，因为关于 URL 哪个部分改变时不必重新加载页面有着严格的规则，所以 $location 服务有几个要点需要注意。

注意:
与 $location 服务有关的常见混淆来源是无法使用 $location 强制页面重新加载。不能使用 $location 服务将用户重定向至一个全新的页面。

6.2.1　URL 中包含的信息

URL是一个可以输入到浏览器中，用于加载指定文件的字符串。一个常见的样例是 http://www.google.com，它将被解析为Google主页的HTML。不过，URL可以比这个简单的样例复杂上许多，出于本节的目的，需要熟悉URL的不同组件。

与之前的普通样例相比，一个更加有趣的 URL 可能会是这样的：http://www.google.com/foo?bar=baz#qux。需要熟悉 URL 的 3 个部分是：路径/foo、查询字符串# ?bar=baz #和哈希# qux。路径和查询字符串将告诉服务器我们正在寻找的特定资源。改变路径或者查询字符串将在现代浏览器中触发页面重新加载。不过，浏览器不会将哈希部分发送到服务器；因此，可以修改哈希组件，而不必触发页面重新加载。哈希部分通常用于深度链接功能。

浏览器通常将?的第一个实例看成查询字符串的开头，将#的第一个实例看作是哈希部分的开头。这意味着哈希部分可以包含应用所需要的任何内容。尤其是，在本节稍后可以看到，AngularJS 的$location 服务提供了一个接口，用于构建像 http://www.google.com/#/foo?bar=baz 这样的 URL。注意/foo?bar=baz 在哈希部分中！

注意:
IETF RFC-3986 规范(URL 格式的明确规范)并未显式地指定查询字符串的格式。既定的规范是查询字符串应该是一个由&分隔的键/值对列表，但这个不是必需的。从技术角度看，查询字符串可以是任何所需的内容。

6.2.2　介绍$location

$location 服务是 AngularJS 推荐用于操作 URL 中哈希部分的方法。尤其是，$location 公开了 4 个重要的函数：url()、path()、search()和 hash()。你将看到，由于既定的 URL 命名法，这些函数的名称有点混淆。例如，path()函数并不会修改 URL 真正的路径部分。

　　$location 被设计用于 SPA 路由，所以这些函数被设计为操作 URL 的哈希部分。例如，$location.path('foo')将把用户导航至/#/foo(注意#标志着哈希部分的起始)，而不是/foo，而且不会引起页面重新加载。换句话说，$location 将与 URL 哈希部分中定义的伪 URL 交互。

　　例如，假设用户正在访问 URL http://google.com/foo?bar=baz#qux 。如果在用户访问这个 URL 时执行下面的指令，那么浏览器的地址将会显示出如下内容：

```
// 之前: http://google.com/foo?bar=baz#qux
$location.url('/path/to?query=1');
// 之后: http://google.com/foo?bar=baz #/path/to?query=1

// 之前: http://google.com/foo?bar=baz#qux
$location.path('/path/to');
// 之后: http://google.com/foo?bar=baz #/path/to

// 之前: http://google.com/foo?bar=baz#qux
$location.search('query', '1');
// 之后: http://google.com/foo?bar=baz#/qux?query=1

// 之前: http://google.com/foo?bar=baz#qux
$location.hash('fi');
// 之后: http://google.com/foo?bar=baz #/qux#fi
```

　　如你所见，$location 服务将完全利用 URL 的哈希部分可以是任意字符串的这个事实，并在哈希部分提供一个易于操作的伪 URL。出于本章的目的，为了避免与浏览器地址栏中实际 URL 产生混淆，哈希部分的 URL 将被引用为哈希伪 URL。哈希伪 URL 的每个部分将通过它们的函数名进行引用。例如，为了避免在地址栏 URL 搜索部分和哈希伪 URL 的搜索部分之间引起混淆，哈希伪 URL 的搜索部分将被引用为$location.search。

　　关于这 4 个函数与$lcoation 服务相关的一个重要细节是：它们都既是设置器也是读取器。在不使用参数的情况下调用 url()、path()或者 hash()将会分别返回哈希伪 URL 的当前值、伪路径或者伪哈希。类似地，不使用参数调用 search()函数将返回一个伪 URL 搜索部分的 JavaScript 对象表示。例如：

```
// URL: http://google.com/foo?bar=baz#qux
$location.url(); // => '/qux'

// URL: http://google.com/foo?bar=baz#qux
$location.path(); // => '/'

// URL: http://google.com/#/foo/bar?baz=qux
$location.search(); // => '{ "baz": "qux" }'

// URL: http://google.com/#/foo/bar#baz
$location.hash(); // => 'baz'
```

6.2.3 使用$location 追踪页面状态

修改URL哈希部分最常见的用例是：使用户可以保存一些页面内的状态，例如JavaScript变量或者用户的滚动位置。$location服务允许对URL的哈希部分做更多的操作。在本节，将使用$location服务允许用户在图书预览中高亮显示文本，并在页面的URL中追踪它们高亮显示了什么。这将使用户可以收藏最喜爱的段落或者在社交媒体中分享有号召力的名言。

在本节，将编写图书目录 SPA 的细节视图——也就是显示一本书细节信息的视图。为了简单起见并避免使用客户端路由,该页面将硬编码所显示的图书,在本例中是 VictorHugo 的小说《Les Miserables》。更有趣的是，该页面允许用户通过单击高亮显示图书预览中的某块文本的方式，在页面的 URL 中存储高亮显示的位置。例如，在阅读预览时，你的用户可能被 Hugo 的格言 "That which is said of men often occupies as important a place in their lives, and above all in their destinies, as that which they do" 所打动。当用户选择该文本时，下面的代码将高亮显示指定的文本,并把页面的 URL 改为 part_ii_highlight.html#?highlight=that%2520which%2520is%2520said...，该代码可在本章样例代码的 part_ii_highlight.html 文件中找到：

```html
<div ng-controller="BookDetailController">
  <div style="float:left; width: 300px; margin: 25px">
    <img ng-src="http://{{ book.image }}" style="width: 300px">
  </div>
  <div style="float: left; width: 600px;">
    <h1>
      {{ book.title }}
    </h1>
    <h3>
      By: {{ book.author }}
    </h3>
    <p ng-click="getSelection()"
       ng-bind-html-unsafe="book.preview | highlight:selectedText">
    </p>
  </div>
  <div style="clear: both"></div>
</div>

<script type="text/javascript" src="angular.js"></script>
<script type="text/javascript" src="books.js"></script>
<script type="text/javascript">
  var booksModule = angular.module('booksModule', []);
  booksModule.factory('$books', booksService);

  function BookDetailController($scope, $books, $location) {
    $scope.book = $books.getById(1); // Les Miserables
    $scope.selectedText = $location.search()['highlight'] ?
      decodeURIComponent($location.search()['highlight']) :
      null;
```

```
    $scope.getSelection = function() {
      var selected = window.getSelection().toString();
      $location.search('highlight', encodeURIComponent(selected));
      $scope.selectedText = selected;
    };
  }

  booksModule.filter('highlight', function() {
    return function(input, highlight) {
      if (!highlight) {
        return input;
      }
      return input.replace(highlight,
        '<span class="highlight">' + highlight + '</span>');
    }
  });

  booksModule.directive('ngBindHtmlUnsafe', function() {
    return function(scope, element, attrs) {
      scope.$watch(attrs.ngBindHtmlUnsafe, function(v) {
        element.html(v);
      });
    }
  });
</script>

<style rel="stylesheet">
  .highlight {
    background-color: yellow;
  }
</style>
```

注意：

你可能已经注意到，在本样例中，代码决定高亮显示什么内容时只搜索指定的字符串，而不是真正地在文本中存储格言的内容。这种方式非常有限，而且会产生许多糟糕的行为 (尝试高亮显示之前样例中 BookDetailController 包含的单词)。以这种方式实现一个真正的高亮显示系统是一个糟糕的决定。不过，实现这样一个系统的细节将为本样例增加不必要的复杂性，从而降低它作为学习 $location 服务的工具的有效性。

之前的代码演示了与 $location 服务交互的基本设计模式。通常，使用 $location 服务在 ULR 中追踪 JavaScript 状态时，在页面加载之后 (也就是控制器初始化时)，我们首先会立即从 URL 中加载数据。在本样例中，$scope.selectedText = $location.search()['highlight'] 展示了这个步骤。该设计模式的第二个部分是在变量改变时更新 URL，所以 URL 将与 JavaScript 状态保持一致。在本样例中，该步骤是由 $location.search('highlight', encodeURIComponent(selected));这行代码表示的。

通常，为了存储 JavaScript 数据，使用$location.search 函数是正确的方式，因为它提供了修改命名特性的能力。例如，在之前的代码中，我们只存储了一个 highlight 特性。添加其他特性用于存储其他 JavaScript 状态将是非常直观的。不过，$location.url 、$location.hash、$location.path 只允许直接修改单个字符串，所以如果在其中某个部分存储了 selectedText 变量，那么将被复杂的工程问题所阻碍(如果需要在 URL 中添加额外的 JavaScript 状态的话)。

再次，值得注意的是$location.search 函数无法改变 URL 中真正的查询部分(搜索部分是另一个常用于表示 URL 查询部分的术语)。它将修改哈希伪 URL 的查询部分。因此，使用$location.search 函数对 ULR 做出的改动不会影响服务器交互；不过，任何解析查询字符串的非 AngularJS 函数不会看到这个改动。

6.2.4　下一步：路由和 SPA

在第 2 部分的学习中，我们主要通过$location 服务使用$location.search 函数以最小的容量追踪页面状态。我们尚未真正使用 url()、path()或者 hash()函数。原因是：$location.search 函数非常适于存储一般的 JavaScript 状态，因为它提供了操作键值对的能力。相反，url()、path()或者 hash()将操作哈希伪 URL 的整个部分。这些函数被设计用于不同的目的：为 SPA 提供一个与 URL 类似的接口。如果对 SPA 不感兴趣，可能就不需要使用 url()、path()或者 hash()函数。然而，理解这些函数是理解客户端路由和 SPA 如何工作的关键，所以在第 3 部分中请记住这一点。

6.3　第 3 部分：路由

现在我们已经学习了模板是如何工作的，以及$lcoation 服务是如何操作哈希伪 URL 的基础知识，接下来将要学习的是如何结合这两个概念，为图书目录 SPA 实现客户端路由。

从高级别讲，Web 开发中的术语"路由"意味着将 URL 的路径部分映射到这个特定路由的处理器。在 AngluarJS 的上下文中，路由是由哈希伪 URL 的路径部分所定义的。AngularJS 有一个称为$routeProvider 的提供者，通过它可以使用声明的方式定义一个从哈希伪路径到处理器的映射。在 AngularJS 中，路由处理器通常是一个定义了模板 URL(应该被渲染的)和模板控制器的对象。

注意：

通常，在服务器端路由框架中，路由是通过结合路径和 HTTP 动词(GET、POST、PUT 或者 DELETE)定义的。不过，因为 AngularJS 将在客户端处理路由，不接收请求，所以使用 HTTP 动词组件并不合理。这就是为什么 AngularJS 路由只使用(哈希伪 URL)路径的原因。如果习惯于使用服务器端路由框架(例如 Ruby on Rails 或者 Express)，那么请注意这个区别。

AngularJS 的路由框架并未包含在核心 angular.js 文件中；相反，它被打包为一个单独的文件 angular-routes.js。可以从 http://code.angularjs.org 为指定版本的 AngularJS 下载对应的 angular-routes.js 文件。为了方便使用，对应于 AngularJS 1.2.16 版本的 angular-routes.js

文件已经被打包到了本章的样例代码中。该文件包含了一个称为 ngRoute 的模块，其中包含了构建 SPA 所需的所有服务和指令。

在底层，ngRoute 模块将管理$location 服务和被渲染视图之间的交互——也就是说，当$location.path()使用了一个特定值时，ngRoute 模块将渲染为该特殊值指定的模板。这个功能组成了基本 SPA 的核心。AngularJS 中在 SPA 背后的一般概念是：链接应该修改 URL 的哈希部分，而不是链接到一个新的页面。ngRoute 模块然后将负责与$location 服务进行交互，保证基于$location.path()的值渲染出了正确的视图。

SPA 模式拥有众多优点。除了提供对 UX 更加精细的控制之外，SPA 还提供了客户端和服务器端之间清晰的分离，以及数据和显示之间的清晰分离。在 SPA 背后的服务器不需要处理模板和路由；只需要提供另一个 REST API 和代表 AngularJS 模板的静态 HTML。因此客户端 JavaScript 和 HTML 可以完全负责如何显示数据，服务器则可以专注于提供操作数据的 API。另外，因为 AngularJS 模板是静态的 HTML，所以它们可以被浏览器所缓存，从而减少带宽使用和获得更好的性能。在构建 SPA 时可以详细地浏览这些优点。

SPA 最大的限制就是搜索引擎优化。像 Google 这样的搜索引擎将使用称为爬虫的程序浏览我们的网站，并把页面的相关信息报告给搜索引擎。不过，这些爬虫只被设计为分析静态 HTML；它们不会真正地执行 JavaScript。这意味着我们的 SPA 无法被 Google 所爬取！幸亏在本章结束的时候，将会学习解决这个限制的工具。

注意：

在 AngularJS 1.2 中，ngRoute 模块默认并未与 AngularJS 打包在一起。它被包含在一个名为 angular-route.js 的文件中；可以从 code.angularjs.org 下载对应于所选择的 AngularJS 版本的文件。为了方便起见，AngularJS 1.2.16 版本的 ngRoute 模块已经被打包到本节的样例代码中。如果正在使用 AngularJS 1.0.x，就不需要这个额外的文件，因为 ngRoute 与 AngularJS 被打包到了一起。

6.3.1　使用 ngRoute 模块

关于模块 ngRoute 的基础知识通过样例学习最容易。使用 ngRoute 模块时，将使用两个视图构建图书目录 SPA：一个主视图和一个细节视图。这两个视图分别与第 1 部分编写的主视图和第 2 部分编写的细节视图是一致的。接下来的代码展示了 SPA 的完整 JavaScript，可以在本章样例代码的 part_iii.html 文件中找到它。该代码的大部分都应该与第 1 部分和第 2 部分的内容相似，但要注意这里使用了三个新的 AngularJS 组件：ngView 指令、$routeProvider 提供者和$routeParams 服务。

```html
<div ng-view="true">
</div>

<script type="text/javascript" src="angular.js"></script>
<script type="text/javascript" src="angular-route.js"></script>
<script type="text/javascript" src="books.js"></script>
<script type="text/javascript">
  var booksModule = angular.module('booksModule', ['ngRoute']);
```

```
booksModule.factory('$books', booksService);

booksModule.config(function($routeProvider) {
  $routeProvider.
    when('/', {
      templateUrl: 'part_iii_master.template.html',
      controller: BooksController
    }).
    when('/book/:id', {
      templateUrl: 'part_iii_detail.template.html',
      controller: BookDetailController,
      reloadOnSearch: false
    });
});

function BooksController($scope, $books) {
  $scope.books = $books.getAll();

  for (var i = 0; i < $scope.books.length; ++i) {
    $scope.books[i].templateUrl = (i % 2 === 0 ?
      'master_img_left.template.html' :
      'master_img_right.template.html');
  }
}

function BookDetailController($scope, $books, $location,
  $routeParams) {
  $scope.book = $books.getById(parseInt($routeParams.id, 10));
  $scope.selectedText = $location.search()['highlight'] ?
    decodeURIComponent($location.search()['highlight']) :
    null;
  $scope.getSelection = function() {
    var selected = window.getSelection().toString();
    if (selected) {
      $location.search('highlight', encodeURIComponent(selected));
    }
    $scope.selectedText = selected;
  };
}
</script>
```

　　这里的新代码并不多,但正是这一小部分代码完成了大量的工作。第一个组件 ngView 指令将执行相对直观的任务:通知 ngRoute 哪个 div 应该包含当前路由的模板。指令 ngView 自身并不是特别复杂。在 AngularJS 中,通常可以创建一个附加了 ngView 指令的 div 元素,然后就再也不用管它了。当我们在第 3 部分的最后一个小节中学习动画时将会再次接触到 ngView 指令。不过,现在将深入学习之前代码中其他两个新组件的特殊之处:$routeProvider 提供者和$routeParams 服务。

6.3.2　$routeProvider 提供者

前一节中介绍了一个新的提供者$routeProvider，它值得深入进行讲解。这个组件是配置客户端路由的标准工具，所以几乎所有 AngularJS SPA 中都可以看到它。$routeProvider 提供者必须在一个配置块中进行配置——也就是在一个传入到模块的 config()函数中的函数。可以使用可串联的 when()函数配置$routeProvider 提供者，它将在路由和处理器对象之间创建映射。记住 part_iii.html 文件中$routeProvider 提供者的用法：

```
booksModule.config(function($routeProvider) {
  $routeProvider.
    when('/', {
      templateUrl: 'part_iii_master.template.html',
      controller: BooksController
    }).
    when('/book/:id', {
      templateUrl: 'part_iii_detail.template.html',
      controller: BookDetailController,
      reloadOnSearch: false
    });
});
```

处理器有几个可配置的参数，但最常用的是 template、templateUrl 和 controller。如果学习了第 5 章 "指令"，那么这些参数看起来是非常熟悉的，因为它们的行为与对应的指令对象设置一致。通过参数 template 可采用内嵌的方式编写模板 HTML。通过参数 templateUrl 参数，可以通过模板缓存 ID 指定 ngRoute 模块应该渲染哪个模板，与第 1 部分中如何使用 ngInclude 指令是非常相似的。

参数controller将告诉ngRoute模块使用特定的控制器封装指定的模板。关于controller参数的一个重要细节在之前的样例中并未强调，那就是controller参数可以接受字符串以及函数。在part_iii.html文件中，controller参数总是被设置为一个函数变量——也就是BookController或者BookDetailController。不过，如果使用module.controller()语法声明控制器的话，就可以在controller参数中按照名字引用控制器。例如，如果声明的BookDetailController代码如下所示：

```
booksModule.controller('DetailController', function($scope, $books,
  $location, $routeParams) {
  $scope.book = $books.getById(parseInt($routeParams.id, 10));
  $scope.selectedText = $location.search()['highlight'] ?
    decodeURIComponent($location.search()['highlight']) :
    null;

  $scope.getSelection = function() {
    var selected = window.getSelection().toString();
    if (selected) {
      $location.search('highlight', encodeURIComponent(selected));
    }
    $scope.selectedText = selected;
```

```
      };
    });
```

那么可以像下面的代码一样声明路由配置:

```
booksModule.config(function($routeProvider) {
  $routeProvider.
    when('/', {
      templateUrl: 'part_iii_master.template.html',
      controller: BooksController
    }).
    when('/book/:id', {
      templateUrl: 'part_iii_detail.template.html',
      controller: 'DetailController',
      reloadOnSearch: false
    });
});
```

在之前的样例中,传给 controller 参数的字符串必须与控制器的名字相匹配——也就是传给 module.controller()函数的第一个参数。

注意:

你可能已经注意到之前的样例为/book/:id 路由在处理器中设置了一个 reloadOnSearch 选项。它强调了一个与$location 和 ngRoute 之间交互相关的小细节。默认情况下,ngRoute 模块将模拟传统的服务器端路由;因此,默认每次$location.path 或者$location.search 改变时,它都将"重新加载"视图。当 AngularJS 重新加载视图时,它将销毁旧的$scope,创建新的作用域并再次执行控制器函数。因此,如果在控制器初始化时修改了$location.search,而且包含了 ngRoute 模块,但未将 reloadOnSearch 选项设置为 false,那么 AngularJS 将阻塞在创建和销毁作用域的无限循环中。有三种方式可以避免这个问题。可以将该路由的 reloadOnSearch 选项设置为 false、在$location.hash 中存储 JavaScript 状态(对$location.hash 的改变永远不会引起 ngRoute 改变视图)或者避免使用 ngRoute 模块。

在 part_iii.html 文件中使用$routeProvider 时的第一个重要概念是路由参数。模块 ngRoute 允许路由字符串包含参数化的组件(由: 符号表示)。一个典型的用例是/book/:id 路由,如果用户导航至#/book/3、#/book/42 或者#/book/foo,那么/book/:id 路由的处理器将被使用。不过,处理器可以访问 URL 中由:id 表示的部分所指定的(字符串)值。在之前的样例中,处理器将访问一个分别等于'3'、'42'或者'foo'的 id 参数(通常使用下一节将要讲解的$routeParams 服务)。如果熟悉 MVC 框架(例如 Ruby on Rails 或者 Express)中路由的话,AngularJS 中的路由参数实际上是与它们是一致的。

注意:

记住,提供者是一个用于创建 AngularJS 服务的函数。$routeProvider 提供者是非典型的,因为它提供的服务$route 不像提供者自身那么有用。$route 服务公开了关于当前路由的数据(包含了路由参数),但为了使用它,需要使用$routeProvider 为该应用定义路由结构。

如你在 part_iii.html 文件中所看到的，可以相当轻松地编写一个 SPA，而不必使用$route
服务。

6.3.3　$routeParams 服务

$routeParams服务提供了一个POJO，其中包含了当前路由的路由参数和$location.search
值。为了避免冲突，例如，如果用户将要访问part_iii.html 中的#/book/foo?id=bar，那么路
由参数的优先级将高于 $location.search 值。也就是说在 #/book/foo?id=bar 样例中，
$routeParams.id将等于'foo'，而不是'bar'。

注意：

大多数情况下，在控制器的整个生命周期中，$routeParams 属性的值都是保持不变的。,
因为控制器和作用域将在视图改变时被销毁。不过，如果在路由处理器中将之前提到的
reloadOnSearch 选项设置为 false，那么$routeParams 的键和值可能会改变，但不会重新实
例化控制器。

6.3.4　SPA 中的导航

你可能已经注意到了我们尚未看到主模板 part_iii_master.html 和细节模板
part_iii_detail.html 的源代码。这是因为它们几乎与第 1 部分的 HTML 代码
(part_i_ng_include.html)和第 2 部分的 HTML 代码(part_ii_highlight.html)是一致的。为了完
整性，下面是 part_iii_master.html 文件的代码：

```
<div  ng-repeat="book in books"
      ng-include="book.templateUrl">
</div>
```

使用 ngInclude 包含的模板实际上与第 1 部分中看到的 master_img_template.left.html 和
master_img_template.right.html 模板是一致的。下面是稍微经过修改的 master_img_template.
left.html 模板：

```
<div class="book-preview">
  <div class="book-preview-image">
    <img ng-src="{{ book.image }}">
  </div>
  <div class="book-preview-text">
    <h3>
      <a ng-href="#/book/{{book._id}}">
        {{ book.title }}
      </a>
    </h3>
    <h4>
      By {{ book.author }}
    </h4>
    <em>
      {{ book.preview | limitTo:140 }}
```

```
    </em>
  </div>
  <div style="clear: both">
  </div>
</div>
```

接下来是 part_iii_detail.html 模板：

```
<h3 style="cursor: pointer">
  <a ng-href="#/">
    Back to Master List
  </a>
</h3>
<div style="float:left; width: 300px; margin: 25px">
  <img ng-src="{{ book.image }}" style="width: 300px">
</div>
<div style="float: left; width: 600px;">
  <h1>
    {{ book.title }}
  </h1>
  <h3>
    By: {{ book.author }}
  </h3>
  <p  ng-click="getSelection()"
     ng-bind-html-unsafe="book.preview | highlight:selectedText">
  </p>
</div>
<div style="clear: both"></div>
```

如你所见，master_img_template.left.html 和 part_iii_detail.html 模板已经被修改为包含一些链接，以便于浏览。不过，这些链接将使用 ngHref 指令，而且只修改 URL 的哈希部分。例如，注意在 part_iii_detail.html 模板中，用于返回主视图的链接将把用户导航至#/，而不是/。为了正确地集成 ngRoute 模块，a 标记链接到的 URL 必须以#/开头。

你可能已经知道了，AngularJS 能够正确地计算 a 标记 href 特性中的表达式。指令 ngHref 严格来讲没有必要让 AngularJS 计算表达式，但是与 a 标记相比，它确实有两个优点。首先，如果表达式存在错误的话，ngHref 指令不会改变 href 特性的值，所以当表达式中存在问题时，用户也不会被重定向至一个垃圾 URL。第二个原因是为了阻止搜索引擎爬虫爬取 AngularJS 链接。通常搜索引擎爬虫不执行 JavaScript。相反它们只是解析页面的 HTML，并找到所有 href 特性链接到的位置，在 AngularJS 上下文中这可能是一个包含了大量变量名称的 URL(封装在{{}}中)。幸亏，现在有工具可以使搜索引擎爬取 AngularJS 网站。接下来将讲解一个这样的工具。

6.3.5 搜索引擎和 SPA

搜索引擎爬虫不会真正执行页面的 JavaScript，所以如果正在构建 SPA，那么有一个潜在的问题：Google 无法爬取这个网站。当然，这可能也是一个优点。例如，如果该应用是面向公司内部的，或者要求在展示任何有意义的功能之前必须登录，那么我们可能不希望搜索引擎爬取自己网站。不过，如果希望编写一个面向大众的 SPA，那么让网站展示的商业计划显示在 Google 搜索引擎的顶部是非常关键的，不要担心；本节将讲解一种策略，用于保证 SPA 是搜索引擎友好的。

首先有一句警告：在本节，将要完成一些服务器端工作。没有一个正常运行的 Web 服务器，就无法与典型的搜索引擎爬虫进行正确地交互，所以必须在 NodeJS 中编写六行 JavaScript 代码。如果正在使用不同的服务器框架集成 AngularJS，那么不要担心；可以采用本节将要讲解的方式，与 Ruby on Rails、PHP 的 Zend 框架、Nginx 和大多数其他 Web 服务器工具进行集成。

而且，本节内容只要求编写很少的代码(数行服务器端 JavaScript、1 行 HTML 和两行 AngularJS JavaScript)，但是该代码密度很高，它将在底层执行大量复杂的操作。尤其是，在本书的所有其他小节中，我们只是编写客户端 JavaScript，而本节学习的内容将在机器上创建两个服务器。不过，不要被吓到；只要足够熟悉 Linux 样式的终端，应该就能够创建一个爬虫友好的 SPA。

6.3.6 在服务器上设置 Prerender

本节将要学习的方式依赖于一个称为 Prerender 的服务(www.prerender.io)。从高级别上看，Prerender 将使用 PhantomJS(使用 JavaScript API 的一个开源的无领导者的浏览器)爬取该网站。因为 PhantomJS 是一个全功能浏览器，所以它将真正地运行 AngularJS 应用，方式几乎与 Google Chrome 一致。当爬虫将页面识别为 SPA 时，它将向服务器索要页面爬虫友好的预渲染版本——实际上是 SPA 的一个普通 HTML 版本。Prerender 为许多服务器框架提供了插件和指南(可以在 Prerender 的网站 http://www.prerender.io 中找到这些指南)，但是在本章将使用它的 NodeJS 插件。

注意：

Prerender 有一个付费选项，但出于本章的目的，你不需要注册 Prerender 的账户。Prerender 的代码是开源的，而且本节你将创建 Prerender 爬取服务的本地托管版本。尽管考虑到性能和可靠性等原因，在生产环境中使用 Prerender 的付费平台可能是更好的选择，但是创建自己的版本更有利于评估和教学。

Prerender 设置由两个组件组成。第一个组件是独立的 NodeJS 服务器，它将被用作对 PhantomJS 的封装：事实上，可以向这个 PhantomJS 服务器发送一个 HTTP 请求(使用 URL 路径部分的 URL)，服务器将返回一个渲染页面的静态 HTML 版本。该服务器在 NodeJS 包管理器 npm 中是可用的，包名为 prerender。为了看到实际的服务器，请浏览至包含了本章样例代码的目录，并运行 npm install。然后通过运行 node./node_modules/prerender/server.js 启动 PhantomJS。最后，打开浏览器并访问 http://localhost:3000/http://www.google.com。你应该看到熟悉的 Google 主页。在终端中，应该大约看到下面的输出：

```
2014-08-21T18:53:52.265Z getting google.com
2014-08-21T18:53:52.339Z got 200 in 74ms for google.com
```

在预渲染的 Google 主页和实际的 Google 主页(在浏览器中看到的)之间有一个关键的区别:预渲染版本没有 JavaScript,也没有 script 标记。它只是页面加载完成之后(包括所有的 JavaScript),页面 HTML 状态的一个快照。

注意:
Prerender 的付费服务实际上由之前描述的 PhantomJS 服务器的受管理的云版本所组成的。因为可以在本地运行开源版本,所以在评估它的时候就没必要注册使用它的付费版本。接下来要描述的第二个组件可以被配置为向任何 Prerender PhantomJS 服务器发起请求,无论它是运行在本地还是 Prerender 的受管理服务器。

第二个组件是我们所选择的 Web 服务器中间件(对于本章来说,就是基于 NodeJS 的 Web 服务器),它将拦截搜索引擎爬虫的请求,并把这些请求发送给 PhantomJS 服务器。该组件是特定于 Web 服务器的,但是 Prerender 在网址 http://www.prerender.io 中提供了将该组件集成到常见 Web 服务器工具 Nginx、Apache 和 Ruby onRails 的指南。NodeJS 的 Prerender 中间件可以通过 npm 获得,名字为 prerender-node。可以通过在包含了本章样例代码的目录中运行 npm install 安装该包。遗憾的是,prerender-node 中间件目前只兼容于 Express Web 框架(这是目前在 NodeJS 社区中最流行的 Web 服务器框架)。Express 4.8.5 作为依赖被包含在了本章样例代码的 package.json 文件中,所以如果尚未运行 npm install,那么请运行该命令安装这两个组件 Prerender 和 Express。下面是本节用于提供 HTML 页面的 Web 服务器:

```
var express = require('express');
var prerender = require('prerender-node');

var app = express();
app.use(prerender);
app.use(express.static('./'));

app.listen(8080);

console.log('Listening on port 8080');
```

如果不熟悉 Express 也不要担心;所有真正需要了解的是:之前的代码将使用两个中间件函数在端口 8080 上创建一个 Web 服务器:Prerender 中间件,然后是返回当前目录中静态文件的静态中间件(也就是说,使用./foo.html 的内容响应 http://localhost:8080/foo.html 的请求)。尝试使用 node server_prerender.js 命令启动该服务器,并访问 http://localhost:8080/part_iii_seo.html 。该页面是 part_iii.html 的搜索引擎友好版本,因此它有两处改动。为了解 part_iii_seo.html 的特殊之处,需要理解 Google 的爬虫是如何处理大量使用 AJAX 的页面的。

6.3.7　Google AJAX Crawling 规范

Google AJAX爬取规范定义了搜索引擎爬虫应该如何处理大量使用JavaScript的页面,例如 AngularJS SPA。可在http://developers.google.com/webmasters/ajax-crawling/docs/specification网址

中读取增强的完整规范，但是出于AngularJS SPA的目的，下面的简略概述应该足够了。

AJAX 爬取规范的存在是为了帮助爬虫识别大量使用 JavaScript 的页面，并依赖于一个事实：SPA 中没有页面重载。实际上，当爬虫找到 href 以#!开头的 a 标记时(规范称之为美观的 URL)，它将假设该链接会引起 JavaScript 转换页面。注意：美观的 URL 必须以#!开头，从而使爬虫可以区别表示客户端路由的链接和包含用户滚动位置的链接。然后该爬虫将把美观的 URL 转换成所谓的丑陋的 URL，它将使用?_escaped_fragment_=替换#!。例如，对于图书目录 SPA 来说，爬虫将看到类似于 part_iii_seo.html#!/book/5 的美观 URL，并尝试爬取对应的丑陋 URL part_iii_seo.html?_escaped_fragment_=/book/5。因为该转换将把 URL 的哈希部分添加到查询部分中，所以 Web 服务器实际上接收的是客户端路由。

你可能会好奇，现在 Web 服务器将接收到_ escaped_fragment _查询参数中的客户端路由，那么服务器应该如何处理它呢？答案是我们已经完成了所有必需的工作！Prerender 中间件将通过拦截所有含有_ escaped_fragment _查询参数的请求，并把它们发送到 PhantomJS 服务器的方式处理这种情况。PhantomJS 服务器将为 SPA 视图返回为一个静态 HTML，而 Web 服务器将把这个静态 HTML 发送给爬虫，然后爬虫就高高兴兴地索引该 HTML。

6.3.8 为搜索引擎配置 AngularJS

现在我们已经为 SPA 搜索引擎集成创建了服务器设置，接下来需要对 AngularJS SPA 做一些小小的调整。首先，需要在 HTML 头标记中添加一行代码：

```
<head>
  <title>Part III: Basic SPA with SEO</title>

  <meta name="fragment" content="!">
</head>
```

该代码将使 Google 立刻把该页面识别为 SPA。记住，搜索引擎爬虫擅长理解传统的 HTML 链接。如果爬虫无法将该页面识别为 SPA，它就不知道如何添加_ escaped_fragment _查询参数；因此，爬虫将只会看到一个空白页面。使用了 meta 标记后，爬虫知道使用含有_ escaped_fragment _查询参数的请求重新请求页面，以获得预渲染的页面。

另外，需要对 AngularJS 应用配置做一个小小的改动。记住，默认 AngularJS 将为客户端路由使用#，而不是#!。幸亏，AngularJS 使它变得易于配置：

```
booksModule.config(function($routeProvider, $locationProvider) {
  $routeProvider.
    when('/', {
      templateUrl: 'part_iii_master.template.html',
      controller: BooksController
    }).
    when('/book/:id', {
      templateUrl: 'part_iii_detail.template.html',
      controller: BookDetailController,
      reloadOnSearch: false
    });
```

```
$locationProvider.html5Mode(false);
$locationProvider.hashPrefix('!');
});
```

通过 hashPrefix()函数可以设置客户端路由中#和/之间的任何字符串。这只有一种用例:为搜索引擎集成插入必需的!。html5Mode()函数将强制 AngularJS 使用它的遗留 URL 配置,这对于使客户端路由在非 HTML5 浏览器中正常工作是必需的。

6.3.9　真正的搜索引擎集成

恭喜!你已经完成了所有保证 SPA 被正确爬取所需的工作。最后一步是将所有的工作组织在一起,查看爬虫爬取 SPA 的方式。打开两个终端,并浏览至本章的样例代码。Makefile 文件中包含了两个简单的命令: make phantomjs-server 用于启动 Prerender PhantomJS 服务器,make seo-web-server 用于启动启用了 Prerender 的 Web 服务器。在第一个终端窗口中运行 make phantomjs-server,在第二个窗口中运行 make seo-web-server。现在我们应该能够在浏览器中打开 http://localhost:8080/part_iii_seo.html?_escaped_fragment_=/,查看图书目录的静态 HTML 版本!

尝试单击 Les Miserables 的标题。浏览器地址栏中的路径应该变成了/part_iii_seo.html?_escaped_fragment_=/#!/book/1。正确配置的爬虫将使用/part_iii_seo.html?_escaped_fragment_=/book/1 替换它。尝试浏览该 URL,我们应该看到为 Les Miserables 预渲染的细节视图。

注意:
对于生产应用,你可能更希望在另一台机器上运行 PhantomJS 服务器,并使用 Prerender PhantomJS 服务器的缓存能力。本节使用的设置对于教学目的是非常理想的,但是使用单个生产机器在每次爬虫尝试抓取页面时执行客户端 JavaScript,将会引起重大的性能开销。如果它的性能是不可接受的,那么可以在另一台含有本地 Redis 或者 MongoDB 缓存的服务器上创建 PhantomJS 服务器,或者使用 Prerender 的付费服务。

6.3.10　介绍动画

AngularJS 1.1.5 引入了一个令人激动的功能:使用 CSS3 动画在视图之间实现动画转换的能力!通过演示页面之间使用运动的方式实现导航,证明了转换可以使 UI 变得更加直观。例如,通常采用了主表明细(master-detail)模式的应用将从右将细节设计视图滑入,再将它们向右滑出。这与常见的移动浏览器规范(在页面中滑动实际上将触发"后退"按钮)集成得非常好。AngularJS 动画使得在 SPA 中集成这个功能变得非常简单。

注意:
AngularJS 动画要求浏览器支持 CSS3 动画。Chrome、Firefox 和 Safari 最新的版本都支持 CSS3 动画。不过,Internet Explorer 10 和更新的版本才会支持 CSS3 动画支持。

类似于 ngRoute 模块,AngularJS 的动画支持被添加在一个不同的 ngAnimate 模块中。为了使用该模块,需要从 http://code.angularjs.org 下载对应于所选择的 AngularJS 核心版本的 angular-animate.js 文件。为方便起见，对应于 AngularJS1.2.16 版本的 angular-animate.js 文件已经被打包到了本章的样例代码中。一旦使用 script 标记包含了 angular-animate.js 文件，还需要在 ngAnimate 模块中添加一个依赖：

```
var booksModule = angular.module('booksModule',
    ['ngRoute', 'ngAnimate']);
```

为有效地使用 ngAnimate 模块，需要了解 CSS3 @keyframes 规则的基础知识。@keyframes 规则是 CSS 动画的主要构建块：它允许定义从一组 CSS 值到另一组 CSS 值的转换。例如，下面是一个@keyframes 的使用样例，本节将使用该代码让视图逐渐地从右侧移动到屏幕中：

```
@keyframes slideInRight {
  from  { transform:translateX(100%); }
  to    { transform: translateX(0); }
}
```

@keyframes 规则的最基本使用方法是使用 from 和 to 关键字分别表示动画的起始和结束状态。在动画开始时，浏览器将应用对应于 from 关键字的 CSS 样式，并做一个线性转换到 to 关键字对应的样式。在之前的样例中，当动画开始时，相关的元素将被转换到屏幕的最右边，在结束时，它将回到正常的位置。不过，@keyframes 规则只定义了高级别的动画。为了在 SPA 中添加具体的动画，需要使用 CSS3 动画规则。

注意：

对于更复杂的动画来说，通过@keyframes 规则可以按照百分比指定动画中的点。也就是说，可以告诉@keyframes 规则：动画应该有某些 CSS 属性从 22%开始使用，在 48%的位置开始使用另一组属性。关键字 from 对应于 0%，关键字 to 对应于 100%。不过，这个功能通常只对于创建混合动画有用：例如，创建弹跳动画，一个元素滑到左边，然后再滑回右边。不过，在 Angular 中视图之间的转换上下文中，该功能通常是不必要的，因为像淡入淡出或者滑动这样的进入动画不要求使用多个组件。

通过 CSS3 动画规则可以向 CSS 选择器中附加真正的动画(也就是由@keyframes 规则定义的动画)。下面是本节将使用的一个 ng-enter CSS 类的样例，通过该类可以使用 slideInRight @keyframes 规则：

```
.ng-enter {
  animation:slideInRight 0.25s both linear;
}
```

无论元素在何时创建(或者何时被 JavaScript 标记了 ng-enter CSS 类)，所有含有 ng-enter CSS 类的元素都将被添加动画。之前，我们为动画指定了 4 个属性。第一个参数 animation-name 属性被设置为 slideInRight，这是将要使用的@keyframes 规则名称。第二个参数 animation-duration 属性被设置为 0.25s，意味着动画应该在 0.25 秒的时间中发生。第三个参数 animation-fill-mode 属性被设置为 both，意味着关键帧的 from CSS 样式应该在动画启动之前应用，关键帧的 to CSS 样式应该在动画完成之后持久化。最后，第 4 个参数 animation-timing-function 属性被设置为 linear，这意味着元素应该以恒定的速度滑入。

注意，目前名称 ng-enter 没有什么特殊的地方。可以使用任何内容命名该类，并得到相同的效果，但是一旦我们开始用 ngAnimate 模块，名称 ng-enter 的重要意义就变得非常清晰了。

6.3.11 实际的 ngAnimate 模块

现在我们已经基本掌握了 CSS3 @keyframes 和动画规则是如何工作的，接下来就可以为图书目录 SPA 添加一些基本的动画了。将在主视图和细节视图之间创建几个基本的转换。尤其是，当用户单击主视图上的一本书时，主视图将从左边滑出，细节视图将从右侧滑入。相反，当用户单击细节视图上的返回链接时，细节视图将滑动到右侧，主视图将从左侧滑入。整体的效果是：细节视图是"to the right of"主视图。可以在本章的样例代码的 part_iii_animations.html 文件中看到实际的样例。

为了实现这个效果，需要 4 个不同的动画。主视图需要能够从左侧滑入，并向左侧滑出，细节视图需要能够从右侧滑入并向右侧滑出。因此，需要 4 个@keyframes 规则：

```css
@keyframes slideOutRight {
  to    { transform: translateX(100%); }
}
@-moz-keyframes slideOutRight {
  to    { -moz-transform: translateX(100%); }
}
@-webkit-keyframes slideOutRight {
  to    { -webkit-transform: translateX(100%); }
}

@keyframes slideOutLeft {
  to    { transform: translateX(-100%); }
}
@-moz-keyframes slideOutLeft {
  to    { -moz-transform: translateX(-100%); }
}
@-webkit-keyframes slideOutLeft {
  to    { -webkit-transform: translateX(-100%); }
}

@keyframes slideInRight {
  from { transform:translateX(100%); }
  to    { transform: translateX(0); }
}
@-moz-keyframes slideInRight {
  from { -moz-transform:translateX(100%); }
  to    { -moz-transform: translateX(0); }
}
@-webkit-keyframes slideInRight {
```

```
    from  { -webkit-transform:translateX(100%); }
    to    { -webkit-transform: translateX(0); }
  }

@keyframes slideInLeft {
    from  { transform:translateX(-100%); }
    to    { transform: translateX(0); }
  }
@-moz-keyframes slideInLeft {
    from  { -moz-transform:translateX(-100%); }
    to    { -moz-transform: translateX(0); }
  }
@-webkit-keyframes slideInLeft {
    from  { -webkit-transform:translateX(-100%); }
    to    { -webkit-transform: translateX(0); }
  }
```

遗憾的是，-moz-keyframes 和 -webkit-keyframes 规则是必须的，因为在当前版本的
Chrome 和旧版 Firefox 中，不支持普通的旧 @keyframes。类似地，需要在实际的 CSS 类中添
加 -webkit-animation 和 -moz-animation：

```
.master-view.ng-enter {
  z-index: 1;
  -webkit-animation:slideInLeft 0.25s both linear;
  -moz-animation:slideInLeft 0.25s both linear;
  animation:slideInLeft 0.25s both linear;
}
.master-view.ng-leave {
  -webkit-animation:slideOutLeft 0.25s both linear;
  -moz-animation:slideOutLeft 0.25s both linear;
  animation:slideOutLeft 0.25s both linear;
}

.detail-view.ng-enter {
  z-index: 1;
  -webkit-animation:slideInRight 0.25s both linear;
  -moz-animation:slideInRight 0.25s both linear;
  animation:slideInRight 0.25s both linear;
}
.detail-view.ng-leave {
  -webkit-animation:slideOutRight 0.25s both linear;
  -moz-animation:slideOutRight 0.25s both linear;
  animation:slideOutRight 0.25s both linear;
}
```

注意，之前 CSS 规则的目标是多个类。也就是说，.detail-view.ng-leave 规则只应用于
同时含有 detail-view 类和 ng-leave 类的元素。将目标选择为 detail-view 类的原因是：这样
我们就可以为细节视图指定一个不同于主视图的动画。可以将一个 CSS 类附加到视图中，

如下所示:

```
<div  ng-view="true"
      class="{{pageClass}}"
      style="position: absolute"
      autoscroll="true">
</div>
```

然后可以在视图的每个控制器中为 pageClass 变量赋一个值。例如，下面是可以在主视图控制器中可以完成的工作:

```
function BooksController($scope, $books) {
    $scope.pageClass = 'master-view';
    // ... 其余代码
}
```

现在有一个更棘手的问题，那就是为什么选择 ng-enter 和 ng-leave 类呢？ngAnimate 模块将分别把这些类添加到正在创建或者销毁的元素中。对于 SPA 中视图的特殊情况，当视图将要切换出去时，ngAnimate 模块将添加 ng-leave 类，并在销毁元素之前等待动画完成。当视图需要被切换进来时，ngAnimate 模块将添加 ng-enter 类，并等待动画完成，然后移除 ng-enter 类。

注意:

你可能已经注意到，在本节中，ngView 元素被设置为使用 position: absolute。正确实现动画的一个特别棘手的细节是: 尽管进入和离开这两个 ngView 元素都是可见的，但是要保证它们在垂直方向上处于相同的级别。通常，当两个 div 元素有相同的父亲时，第二个将显示在第一个的下方，除非使用 CSS 对它们进行重新定位。使用绝对定位通常是保证在动画过程中，一个视图不影响另一个视图位置的最简单方式。

这就是为 SPA 实现动画所需的所有工作了！一旦包含了 ngAnimate 模块，剩下大部分工作就是创建 CSS 类了。当 CSS 类完成之后，只要动画设计良好，就可以使应用的 UI 变得更加直观。

6.4 小结

恭喜!我们已经构建了自己的第一个 AngularJS SPA,并实现了搜索引擎兼容性和动画。SPA 是一个强大的范例，它将为开发者提供对页面 UX 更精细的控制，以及通过更清晰的模板、数据分离得到潜在的更佳性能。不过，SPA 并不是所有应用的最佳选择。对于简单的搜索引擎依赖网站，例如博客，如果使用简单的静态 HTML 就足够了，那么使用 SPA 可能有点大材小用。不过，在学习 SPA 过程中，我们还学习了 AngularJS 模板和$location 服务，它们可以将强大的功能注入到传统的多页面应用中。因此，即使觉得 SPA 不是个人应用的正确选择，也可以从模板和$location 服务中受益。

第 **7** 章

服务、工厂和提供者

本章内容：

- 依赖注入的基础知识和优点
- 推断、标注和内联函数注解
- 将服务绑定到依赖注入器
- 创建服务的三种方式
- 服务的常见用例
- 使用提供者配置 AngularJS

本章的样例代码下载：

可以在 http://www.wrox.com/go/proangularjs 页面的 Download Code 选项卡找到本章的 wrox.com 代码下载文件。

AngularJS 既是代码库也是框架。除了提供复杂的工具之外，它还提供了组织代码的结构。尤其是，AngularJS 的依赖注入提供了一个框架，用于编写高度可重用、高度模块化和易于单元测试的代码。如果之前编写过 AngualrJS 控制器，那么就等于已经使用依赖注入了。例如，在下面样例中，依赖注入器将把$scope 和$http 服务传入 MyController 函数中：

```
function MyController( $scope, $http ) {
  // 代码在这里
}
```

你可能已经理所当然的认为 AngularJS 可以通过一些魔法将正确的参数传入 MyController中，从而使可以访问正确的$scope，并使用$http发起HTTP请求。这个特殊的魔法被称作依赖注入，而$scope和$http都是服务。服务是一些通过名字唯一标识的JavaScript

变量，而依赖注入知道这个名字。工厂和提供者是两种构造服务的方法，本章将进行讲解。

7.1　依赖注入概述

依赖注入是 2004 年由 Martin Fowler 首次为管理 Java 的复杂性而提出的设计模式。尽管它起源于 Java 社区，但是依赖注入已经传播到了脚本语言中，例如 JavaScript。而 Google 在内部对依赖注入的强调，使它从开始就成为 AngularJS 的核心功能。

Google 支持的依赖注入的一般概念是：业务逻辑和依赖构造永远不应该发生在相同的代码块中。或者，使用更具体的术语来解释，if 关键字和 new 关键字永远不应该发生在相同的函数中(除了创建只包含数据的对象之外)。尽管这个原则是有争议的，但它是 AngularJS 如何正常工作不可分割的一部分。为了充分利用 AngularJS，我们应该理解在这个原则背后的原因。

通常，大型 JavaScript 库将把它们的代码拆分成小型的、可管理的函数或者对象。不过随着代码库的增长，管理这些函数和对象之间的交互将变得相当棘手。例如，在 AngularJS 1.2.16 中，常用的$http 服务依赖于 6 个其他服务，而且大多数 AngularJS 开发者从未直接使用它们。使事情变得更加复杂的是：其中某些服务还有自己的依赖。依赖注入的主要目的是以一种方便的方式封装构造$http 和它所依赖的服务的过程。通过这种方式，最终用户不需要考虑构造$http 服务的内部细节，实现$http 服务的开发者不需要考虑底层依赖是如何构造的。

当然，除了使用依赖注入，另一种方式就是单例设计模式。与在函数参数中显式地声明依赖相反，可以依赖于全局状态，并创建过一个附加到全局 window 对象的$http 服务实例。这似乎是一种有吸引力的方式，因为构建全局单例$http 对象似乎解决了抽象$http 的对象依赖问题。不过，AngularJS 使用明显更加复杂的依赖注入模式，并不是因为它是一个迂腐的受虐狂，而是使用依赖注入有着众多的优点。

就像所有依赖于全局状态的方式一样，单例模式难以实现单元测试，而且基于上下文适应的能力从根本上就是有限的。单例模式难以实现单元测试的原因非常直观：为在一个测试中使用$http 对象，我们就不得不修改全局状态，这样对于所有测试来说它都发生了改变。这将为开发者增加额外的任务，因为他们需要在测试完成后清除全局状态，而且这种方式可能会在测试中引入难以诊断的问题。如果考虑最常见的 AngularJS 服务$scope 的话，单例模式无法适应不同上下文的问题就变得更加明显。尽管通常将$http 服务实现为单例可能是足以满足需求，但是$scope 服务为所有控制器都提供了一个不同的作用域。这是因为 AngularJS 依赖注入可以检测 AngularJS 的内部状态和应用配置，从而基于上下文提供正确的作用域对象，而单例要求使用一个单独的间接层，用于保证我们得到正确的作用域。

注意：
如果是单例设计模式的拥护者，则不要在 AngularJS 的上下文中进行过多尝试。尽管单例设计模式有它的优点，但是使用它就意味着你在与 AngularJS 的核心原则之一进行斗争，并因此使工作变得困难。

7.1.1　$injector 服务

有趣的是，依赖注入器自身也是一个可用的服务。$injector 服务提供了对依赖注入器对象的访问，AngularJS 自身将使用它创建控制器、服务和指令。$injector 在生产代码中使用的并不频繁(尽管本章将演示一个用例)，但是对于浏览器依赖注入的一些更加微妙的功能来说，这是一个便捷的学习工具。

你可能已经注意到，为了告诉依赖注入器需要使用$http 服务，需要把它添加为函数参数：

```
function MyController($http ) {
  // 代码在这里
}
```

在底层，AngularJS 的$controller 服务将使用$injector 服务的 invoke()函数创建该控制器。函数 invoke()将负责分析什么参数需要被传入 MyController 函数中，并执行该函数。例如，可使用下面的代码运行 MyController：

```
$injector.invoke(MyController);
```

或者可以简单地内联$injector 服务应该执行的函数：

```
$injector.invoke(function($http) {
  // 在这里使用$http
});
```

在之前的代码片段中，$http 是一个使用依赖注入器注册了的服务。不过要注意：该代码中并未包含无所不在的$scope 参数。这是因为$scope 并不是一个服务；它是局部的。当开始编写自己的服务时会学习其中的原因，AngularJS 使用$scope 的方式与使用服务的方式不兼容。为了使该代码正常工作，invoke()函数实际上将接受 3 个参数。第二个是一个上下文(可以忽略)，第三个是一个局部变量的映射。为了正确地注入$scope 变量，需要一些如下所示的代码。因此，记住这是一个解释$scope 来自哪里的理论实验。在真实的应用中我们可能永远不会使用该代码：

```
$injector.invoke(
  function($scope, $http) {
    // 在这里使用 $scope、$http
  },
  null,
  { $scope: {} });
```

$injector 服务相当简单，但是这些样例掩盖了重要的一点：AngularJS 如何知道什么参数应该被传入 MyController 函数中呢？在之前的样例中，我们简单地假设 AngularJS 可以基于参数名分析出需要传入的服务和局部变量。事实证明，有几种方式可以告诉依赖注入器哪些服务需要传入到控制器或者服务中。

7.1.2　函数注解

在 AngularJS 上下文中，函数注解就是告诉依赖注入器哪个服务应该注入到函数中的方式。之前的方式被称为推断函数注解，因为依赖注入器将根据函数参数推断出服务。AngularJS 将通过调用 toString() 函数实现：在 JavaScript 中，调用函数的 toString() 方法将返回一个包含了完整函数定义的字符串，包括参数名称。与其他函数注解策略相比，推断函数注解是更加直观，并且更加常用的方法。

不过，在处理 JavaScript 缩小器(minifier)时，推断函数注解策略就变得不足了。因为浏览器端 JavaScript 通常要通过网络传输，而开发者经常需要保持一个较小的 JavaScript 文件大小，从而改善页面加载速度。缩小器将执行一些操作，例如移除不必要的空白，将可读的 JavaScript 转换成一种优化了文件大小的格式。激进的缩小器甚至使用一种称为重整(mangling)的技术，它将缩短常用的变量名称。例如，如果代码经常使用一个名为 $$ __superInternalCache 的变量，那么使用了重整的缩小器将使用一些更短的名称替代它，例如 a。

如果正在使用推断函数注解，重整变量的缩小器也可能会引起问题，因为缩小器可能将 $scope 参数重命名为其他名称，例如 b。然后依赖注入器将寻找一个名为 b 的服务，而不是 $scope。大多数 AngularJS 开发者都使用内联函数注解，用于保证依赖注入器在重整变量名称之后知道使用哪个服务：

```
myModule.controller('MyController',
  ['$scope', '$http', function($scope, $http) {
    // 代码
}]);
```

之前的方式可以正常工作，因为缩小器永远不会重整字符串的内容——想象一下一个重整错误信息文本的缩小器！在使用 $injector 服务(也就是，依赖注入器服务)进行演示时，内联函数注解的特点就更加清晰了：

```
$injector.invoke(['$scope', '$http', function(s, h ) {
  // 代码
}]);
```

内联函数注解将通过向 $injector.invoke() 函数传入一个数组的方式表示。当 $injector.invoke() 函数收到数组时，它会假设数组中的最后一个元素是将要执行的函数，而且在此之前的每个元素都代表了应该传给该函数的一个参数。与推断函数注解不同，内联函数注解不依赖于函数的参数名称(或者参数的数量)，这就是为什么之前的函数可以使用 s 和 h 的原因(而不是 $scope 和 $http)。

注意：

一些 AngularJS 文档使用了内联函数注解，但不解释原因，所以许多 AngularJS 开发者默认使用的就是内联函数注解。这未必是一个好主意，因为内联函数注解更加难于阅读。内联函数注解还使用了一种受到质疑的实践：为 AngularJS 服务使用不同的名称，例如使用 scope 而不是 $scope，这将进一步降低可读性。

第 3 个也是最古老的函数注解策略被称为$inject 注解。AngularJS 的老用户可能记得这种方式在 AngularJS 0.9.x 中是唯一的函数注解策略。类似于推断注解策略，需要向$injector.invoke(或者 module.controller 或者 module.service)中传入一个函数，但为它赋予一个如下所示的$inject 属性：

```
function MyController(s, h) {}
MyController.$inject = ['$scope', '$http'];

$injector.invoke(MyController);
myModule.controller('MyController', MyController);
```

在向$injector.invoke 中传入一个函数时，AngularJS 首先将检查$inject 属性是否存在。如果不存在，依赖注入器将退一步使用推断函数注解。通常我们不使用这个$inject 注解，因为它要求额外使用一行代码声明$inject 属性，而且更加冗长。不过，像内联函数注解一样，它确实提供了对重整变量名称的缩小器的支持。

这就是函数注解的所有内容了。让我们重新复习一下，有三种策略：推断、内联和$inject。推断函数注解是最简单也是最常用的策略，但是在使用重整变量名称的缩小器时，它可能无法正常工作。通过内联和$inject，可将依赖注入和重整变量名称的缩小器一起使用。从本质上说，它们是可以相互交换的，但是内联函数注解在 AngularJS 社区中更受欢迎。

7.2　构建自己的服务

现在我们已经对 AngularJS 依赖注入的工作方式有了一个基本的理解，接下来该编写一些真正的服务了。在本节的课程中，将使用服务构建一个简单的股票市场仪表板(使用 Yahoo Finance 应用编程接口)。你可能注意到该代码类似于其他章节中使用的 Stock-Dog 应用。不过，本节将扩展 Stock-Dog 代码，演示创建服务的不同方式，所以如果之前已经深入学习了 Stock-Dog 代码，那么你已经小小地领先了一步。本节展示的代码可以在本章的样例代码中找到(它是独立于 Stock-Dog 代码库的)。可以通过在浏览器使用 file:///打开每个文件的方式运行样例代码。查看本章的 HTML 页面不要求使用服务器。不过，有一个样例将使用一个简单的 NodeJS Web 服务器(参见本章样例代码的 provider_backend.js 文件)，所以如果尚未安装 NodeJS，就应该访问 nodejs.org，并按照所选择平台对应的安装指令进行安装。

AngularJS 模块对象有 5 个函数，用于向依赖注入器声明服务。3 种最常见的方式就是 service()、factory()和 provider()函数，本章的标题中已经提到了它们。在本节，首先要学习的是 service()和 factory()函数，它们是定义自定义服务的最常用方式。然后将学习的是 provider()函数，它将允许以复杂的方式配置服务。最后，将学习一点关于 constant()和 value()函数的内容，它们不经常使用，但是在特定的情况下是非常有用的。

7.2.1 factory()函数

首先要学习的函数是 factory()。这是在 AngularJS 中创建服务最简单也是常见的方式，几乎在所有 AngularJS 代码库中都可以看到它。从根本上讲，依赖注入器将使用 factory 函数创建服务的实例。工厂代码应如下所示：

```
myModule.factory('$myService', function() {
  var myService = {};
  // Construct myService

  return myService;
});
```

因此，通过 factory()函数可以告诉依赖注入器使用指定的函数构造任意的$myService 服务。指定函数的返回值将被注入到所有把$myService 列为依赖的函数中。例如：

```
myModule.factory('$myService', function() {
  var myService = {
    foo: "bar"
  };

  return myService;
});

myModule.controller('MyController', function($myService) {
  console.log(myService.foo); // Prints "bar"
});
```

工厂可以通过依赖注入接受参数，所以可以在自己的服务中重用像$http 这样的服务(或者甚至是自己的自定义服务)。许多 AngularJS 代码库喜欢使用服务作为特定$http 调用的封装器，从而使它们不需要在不同的控制器中重用相同的逻辑。事实上，为股票市场仪表编写的工厂正是如此。不过要小心不要在依赖图中引入循环：如果服务 A 从依赖注入器中请求服务 B，然后服务 B 再从依赖注入器中请求服务 A，那么 AngularJS 将抛出一个错误。

下面是一个构建服务的样例，该服务将完成一些事情。构建股票市场仪表的任务似乎令人畏惧，但是优秀的程序员总会记住一句中国谚语："千里之行，始于足下"。通过这种方式，我们的第一个服务将是构建仪表盘过程中最简单的一个工作单元：该服务将加载当前的 Google 股票价格(Google 的股票代码是 GOOG)。可在本章的样例代码的 factory.html 中找到该样例代码。再次，本章没有服务器组件，所以可以直接在浏览器中打开该文件，或者使用所选择的 Web 服务器：

```
<div ng-controller="MyController">
    <h1>Google Stock Price: {{price.quotes[0].Ask}}</h1>
    </div>

    <script type="text/javascript" src="angular.js"></script>
```

```
<script type="text/javascript">
  var chapter7Module = angular.module('chapter7Module', []);

  chapter7Module.factory('$googleStock', function($http) {
    var BASE = 'http://query.yahooapis.com/v1/public/yql'


var query = encodeURIComponent (
  'select * from yahoo.finance.quotes where symbol in (\'GOOG\')');
var url = BASE + '?' + 'q=' + query +
  '&format=json&diagnostics=true&env=http://datatables.org/alltables.env';

    var service = {};
    service.get = function() {
      $http.jsonp(url + '&callback=JSON_CALLBACK').
        success(function(data) {
          if (data.query.count) {
var quotes = data.query.count > 1 ? data.query.results.quote :
    [data.query.results.quote];
            service.quotes = quotes;
          }
        }).
        error(function(data) {
          console.log(data);
        });
    };

    service.get();
    return service;
  });

  function MyController($scope, $googleStock) {
    $scope.price = $googleStock;
  }
</script>
```

之前的$googleStock 服务是一个通常如何使用工厂的原型样例：工厂将创建一个普通的对象，使用一些属性和函数装饰它，然后返回该对象(在 JavaScript 的说法中，装饰一个对象意味着添加属性和方法，使对象匹配特定的接口)。另外，我们会经常看到将自定义服务用作$http 调用或者几个紧密相关的$http 调用的封装器。

服务有一个微妙的但是关键的事实使它们成为了封装$http 调用不可缺少的部分：从所有使用它的控制器和服务之间只共享了一个服务实例的意义上讲，服务总是单例的(尽管这并不意味着它们使用了全局状态依赖的单例设计模式！)。换句话说，如果同一页面中的另一个控制器依赖于$googleStock 服务，那么该服务将只执行 Yahoo Finance API 的初始化一次。这对于应用的性能来说是极其重要的，因为通常 AngularJS 中最大的瓶颈就是$http 调用，而服务不需要再引起不必要的服务器往返通信。不过，这也是为什么$scope 不是服务的原因：每个控制器中使用的$scope 都是不同的，所以创建一个$scope 服务并不合理。

封装$http 调用的服务的一个常见模式已经通过之前的$googleStock 服务和它的 get()函数进行了演示。本例中只有一个$http 调用，它唯一的责任就是一次性使用 API 加载所有的数据。数据被隐藏在一个函数的背后，或者如之前的例子所示，公开为服务的一个简单属性。在本例中，$googleStock 服务将从 Yahoo Finance API 中加载一个报价列表，并将它公开为 quotes 属性。AngularJS 的数据绑定(参见第 4 章)足够复杂到知道何时$http 调用已经返回，以及何时 quotes 属性已经被更新。

这个设计模式有一个固有的权衡：服务是应该自己重新加载数据，还是应该将任务委托给控制器？通常，使用这种设计模式的服务有一个加载数据的初始调用。一些使用$interval 服务的服务将周期性地刷新数据，或者甚至是使用 Web 套接字以实时的方式更新数据。不过，其他服务可能选择允许控制器处理数据的刷新(可能在用户单击按钮时)。这两种方式都很常见，选择哪一种取决于特定的情形。在服务中处理刷新提供了一个方便的抽象层，并消除了从多个控制器中发出(偶然的)冗余请求的可能性。不过，可能需要为不同的控制器使用不同的刷新规则，或者需要将数据刷新调用绑定到用户界面中(UI)，在这种情况下，将责任委托给控制器可能是正确的选择。

7.2.2　service()函数

冗余命名的 service()函数是创建服务的另一种方式。将看到，service()函数事实上提供了与 factory()函数相同的功能，只有一些理论上的不同。与$inject 函数注解策略一样，service()函数从 AngularJS 的实验版本 0.9 开始就是一个残留的技术。实际上，factory()函数以一种更优雅、更现代的接口提供了相同的功能，但是可以看到 service()函数仍在使用。

函数 service()和 factory()之间的区别在于：factory()函数要求在代码中构造一个对象并返回它，而传给 service()函数的函数将使用 JavaScript 的 new 操作符执行。换句话说，在使用 service()函数时，我们不需要显式地构造和返回一个新的对象；只需要将属性附加到 this 上即可。下面是在真正的 JavaScript 中使用 service()函数的方式：

```
myModule.service('$myService', function() {
  this.foo = "bar";
});

myModule.controller('MyController', function($myService) {
  console.log(myService.foo); // Prints "bar"
});
```

如你所见，service()函数基本上等同于 factory()函数。事实上，可以将之前小节中 factory()所使用的函数传入 service()函数中并得到相同的结果。通常 service()函数更简洁。不过，在 JavaScript 中的 this 关键字有点混淆和难于使用，许多开发者都避免使用它。如果需要使用 service()函数，那么在嵌套函数中使用 this 关键字时一定要小心。在本节的样例代码中，将看到几种方式，用于减小使用 this 关键字的风险。

注意：

根据面向对象编程语言的定义，JavaScript 可能或者可能不是面向对象的。可以确定的是，像继承、构造器和 this 关键字这些常见的面向对象模式 JavaScript 中都有，但是它们的工作方式完全不同于 C++或者 Java 这样的面向对象语言。幸亏，AngularJS 不强迫你尝试在 JavaScript 中靠近面向对象编程。

在本节，将使用 service()函数，通过另一种常见的服务设计模式创建股票市场仪表盘的复杂版本。该服务解决的问题是：当用户有一个很长的股票列表需要查询价格时。实际上，可以假设该列表非常长，如果一次性从 Yahoo Finance API 加载所有数据就太慢了。出于方便的原因，假设下面这个含有 11 个科技股票的列表足够长::

```
var stocks = [
  'GOOG', // Google
  'AAPL', // Apple
  'MSFT', // Microsoft
  'YHOO', // Yahoo
  'FB',   // Facebook
  'AMZN', // Amazon
  'EBAY', // Ebay
  'ADBE', // Adobe
  'CSCO', // Cisco
  'QCOM', // Qualcomm
  'INTC'  // Intel
];
```

与上一节中公开一个函数用于加载完整列表并保存最后的结果不同，将公开一个函数用于加载更多的股票价格，并存储目前所加载的所有价格。然后该用户将有一个方便的 Load More 按钮，用于从服务器请求更多数据。可以在本章样例代码的 service.html 中找到该代码：

```html
<div ng-controller="MyController">
  <h1 ng-repeat="quote in stocks.quotes">
    {{quote.Symbol}}: {{quote.Ask}}
  </h1>
  <span style="background-color: green" ng-click="stocks.getMore()">
    Load More
  </div>
</div>

<script type="text/javascript" src="angular.js"></script>
<script type="text/javascript">
  var chapter7Module = angular.module('chapter7Module', []);

  chapter7Module.service('$stocks', function($http) {
    var BASE = 'http://query.yahooapis.com/v1/public/yql'
    var _this = this;
```

```
        var stocks = [...];

        var load = function(stocks) {

    var query = encodeURIComponent (
      'select * from yahoo.finance.quotes where symbol in (\'' + stocks.join(',')
      + '\')');
      var url = BASE + '?' + 'q=' + query +
      '&format=json&diagnostics=true&env=http://datatables.org/alltables.env';

          $http.jsonp(url + '&callback=JSON_CALLBACK').
            success(function(data) {
              if (data.query.count) {

    var quotes = data.query.count > 1 ?
    data.query.results.quote :
    [data.query.results.quote];
                _this.quotes = _this.quotes.concat(quotes);
              }
            }).
            error(function(data) {
              console.log(data);
            });
        };

        this.quotes = [];
        this.getMore = function() {
          load(stocks.slice(this.quotes.length, this.quotes.length + 5));
        };

        this.getMore();
      });

      function MyController($scope, $stocks) {
        $scope.stocks = $stocks;
      }
    </script>
```

之前的 getMore()函数被绑定到 Load More 按钮，允许用户从 Yahoo Finance API 请求
接下来 5 个科技股票的价格。该设计模式似乎与之前一节使用的模式(只加载所有的数据一
次)并无太大的不同，但是它足够常见，值得予以讨论。经常使用的主表明细(master-detail)
设计(用一个主视图列出数据项，并使用详细视图显示特定数据项的细节信息)通常会从按
批加载元素这种模式中受益，尤其是如果主列表很长的话。通过这种方式，我们不会因为
一次性加载所有股票而引起巨大的开销。

另一个值得一提的重要细节是_this 变量，它将被设置为等于 this。如果是一个有经验
的 JavaScript 开发者，之前可能经常看到这样的代码，但是对于初学者来说这样做的原因
可能不太清晰。简短的答案是：在 JavaScript 中，this 是一个特殊的变量，它不需要尊重

JavaScript 变量在其他情况下落入的作用域层次。注意，之前的 load() 帮助函数是使用 var 关键字声明的。由于该函数被声明的方式，在 load() 辅助函数体中，this 引用了全局 window 对象，而不是服务对象。使事情更加混淆的是，这个行为是依赖于环境的；如果在 NodeJS 中运行测试，那么 laod() 辅助函数体中的 this 引用的是 NodeJS 的 global 对象。不过，如果将 load() 辅助函数附加到了服务中——也就是说 this.load = function() {}——this 将引用函数体中的服务。换句话说，JavaScript 中的 this 关键字的复杂程度令人吃惊，即使是经验丰富的 JavaScript 开发者也可能会使用错误。

避开 JavaScript 函数上下文问题的最常见方式之一就是将 _this 设置为 this 的别名，从而可以将它用作传统的、含有正常词法作用域的 JavaScript 对象。这是我们通常优先使用 factory() 而不是 service() 的主要原因之一。在 JavaScript 中构造一个空对象，并使用各种不同的函数和属性装饰它，通常比欺骗 this 关键字更易于编写和理解。

注意：

JavaScript 函数有词法作用域(它的行为与任何其他编程语言中的作用域非常相似)和上下文(它将决定 this 引用的是什么对象)。上下文是完全独立于函数词法作用域的，通过内置的 JavaScript 函数 call()，apply() 和 bind()，可以使用任意的上下文修改和调用 JavaScript 函数。换句话说，根据函数的上下文，this 可以引用任何类型的任何对象，而被 this 引用的对象未必在函数的词法作用域层次中。这就是为什么尽管 JavaScript 从技术上讲可以被称为面向对象编程语言，但如果像编写 Java 或者 C++一样编写 JavaScript 的话，在最好的情况下会产生浪费，在最差的情况下会产生不可维护的意大利面条式代码。要明智地使用 this 关键字：如果代码让你感到混淆，那么它也可能会让下一个使用它的人感到混淆。换句话说，记住传奇计算机程序员 Brian Kernighan 的经典名言 "Debugging is twice as hard as writing the code in the first place. Therefore, if you write the code as cleverly as possible, you are, by definition, not smart enough to debug it"。

值得一提的是，关于 factory() 和 service() 函数之间的区别还有一个更加重要的细节。所有使用 factory() 函数注册的服务都可以使用 service() 函数注册，不必做任何改动。不过，反之则不一定绝对是真的：使用 service() 函数注册的服务在使用 factory() 方法注册时可能无法正常工作。这是由于 JavaScript 众多奇怪行为中的一个：JavaScript 构造器可以返回一个值，如果该值是一个对象或者数组，那么 new 操作符产生的结果对象就是这个返回值。下面是对 JavaScript 从构造器返回值这个奇怪行为的总结：

```javascript
var Constructor1 = function() {
  this.value = "From Constructor";
  return { value: "From Return Value" };
};
console.log((new Constructor1()).value); // "From Return Value"

var Constructor2 = function() {
  this.value = "From Constructor";
  return;
};
```

```
console.log((new Constructor2()).value); // "From Constructor"

var Constructor3 = function() {
  this.value = "From Constructor";
  return 42;
};
console.log((new Constructor3()).value); // "From Constructor"

var Constructor4 = function() {
  this.value = "From Constructor";
  return [];
};
console.log((new Constructor4()).value); // 未定义
```

现在我们已经学习了如何使用(几乎可以相互交换的)factory()和 service()函数构造基本的服务，接下来要学习的是如何使用提供者构造可配置的服务。函数 factory()和 service()每次都使用相同的方式创建服务，但提供者可以有效地将依赖注入器使用的工厂函数切换为构造一个指定函数。在下一节，将学习提供者是如何工作的，以及它们的用途。

7.2.3　provider()函数

函数 provider()是创建服务最有表现力的方式，相应地也是最复杂的。从高级别讲，provider()函数可以基于应用范围的配置决定注册哪个服务。事实上在底层，我们刚刚学习的 factory()和 service()函数被实现为 provider()函数之上的语法糖。对于大多数情况，使用 provider()函数都有点过分了，通常在构建整个 AngularJS 应用的过程中可以不使用任何提供者。不过，如你在本节所见，提供者对于测试和调试来说是极其有用的。而且，即使不需要编写自己的提供者，许多内置服务也将通过提供者公开配置选项。在本节，将为股票市场仪表盘创建自己的提供者。在编写了自己的提供者之后，将使用内置的$httpProvider和$interpolateProvider 提供者调整一些核心 AngularJS 功能。

到目前为止，我们已经了解到提供者允许基于应用范围的配置构建不同的服务。但是应用范围的配置从哪里来呢？为回答这个问题，需要学习 AngularJS 模块的 config()函数。在此之前你可能已经用过该函数：在配置单页面应用路由(参加第 9 章"测试和调试 AngularJS 应用")，或者设置$digest 循环应该执行的最大时间(参见第 4 章"数据绑定")时。这些只是 config()函数可以完成的两个样例。函数 config()的主要目的是配置应用的提供者，从而使应用可以使用正确的服务。函数 config()的内容通常称为配置块。AngularJS将在控制器、服务和指令实例化之前按顺序运行配置块。从语法上讲，配置块应该如下所示：

```
var app = angular.module('myApp', []);

app.config(function($httpProvider) {
  // 在这里使用 $httpProvider
});
```

注意，配置块是可以通过依赖注入访问提供者(而不是服务)的唯一位置。例如，不可以访问控制器中的$httpProvider：

```
app.controller('MyController', function($httpProvider) {
  // 错误！$httpProvider 无法被注入到控制器中，Angular 将表示它无法找到
$httpProviderProvider
});
```

另外，只可以在配置块中访问提供者，而不是在具体的服务中。例如，不可以在配置块中访问$http：

```
app.config(function($http) {
  // Angular 将表示它无法找到名为$http 的提供者
});
```

之前的代码大致代表了开发自定义提供者需要对配置块了解的程度。尽管它们可能有点吓人，但是配置块实际上只是与提供者进行交互的简单工具。现在我们已经了解了配置块是如何工作的，那么接下来就要通过编写一个提供者来学习它。

提供者的一个常见应用是切换参数，例如服务器统一资源定位符(URL)，而不必调整业务逻辑。这对于开发和测试环境来说是尤其有用的。特别是，通过提供者可以让生产JavaScript 与生产服务器通信，让测试 JavaScript 与测试服务器通信，而不必修改业务逻辑。作为这个特别应用的一个样例，将编写$googleStock 服务所使用的 API 终端。为了看到实际的样例，下面是 provider.html 中的代码，它将是我们的"生产"应用：

```
<body>
  <div ng-controller="MyController">
    <h1>Google Stock Price: {{price.quotes[0].Ask}}</h1>
  </div>

  <script type="text/javascript" src="angular.js"></script>
  <script type="text/javascript" src="provider.js"></script>
</body>
```

"开发"应用的 provider_dev.html 将稍微有点不同。注意，为使 provider_dev.html 正常工作，需要运行 node provider_backend.js 命令启动 Yahoo Finance 后端(在本章样例代码的 provider_backend.js 文件中)。这个后端服务器模拟了 Yahoo Finance API 的输出格式，但每次都返回 42 作为股票价格：

```
<html ng-app="chapter7Module">
  <head>
    <title></title>
  </head>

  <body>
    <div ng-controller="MyController">
      <h1>Google Stock Price: {{price.quotes[0].Ask}}</h1>
    </div>
```

```
    <script type="text/javascript" src="angular.js"></script>
    <script type="text/javascript" src="provider.js"></script>
    <script type="text/javascript">
      chapter7Module.config(function($googleStockProvider) {
        $googleStockProvider.setEndpoint('http://localhost:8080/?');
      });
    </script>
  </body>
</html>
```

事实上，开发环境是一致的，除了一个配置块之外：将告诉提供者使用运行在本地机器 8080 端口上的伪后端。对于在无法可靠访问网络连接的地方进行开发时，或者希望编写独立于 Yahoo Finance API 的测试时，这个设置是非常有用的。

现在你已经看到了我们希望提供的接口是什么，接下来要做的是查看如何真正地实现这个简单的提供者。该代码在本章样例代码的 provider.js 中：

```
var chapter7Module = angular.module('chapter7Module', []);

chapter7Module.provider('$googleStock', function() {
  var endpoint = 'http://query.yahooapis.com/v1/public/yql';

var query = encodeURIComponent (
  'select * from yahoo.finance.quotes where symbol in (\'GOOG\')');
var url = endpoint + '?' + 'q=' + query +
  '&format=json&diagnostics=true&env=http://datatables.org/alltables.env';

  this.setEndpoint = function(u) {
    url = u;
  };

  this.$get = function($http) {
    var service = {};
    service.get = function() {
      $http.jsonp(url + '&callback=JSON_CALLBACK').
        success(function(data) {
          if (data.query.count) {
            var quotes = data.query.count > 1 ?
              data.query.results.quote :
              [data.query.results.quote];
            service.quotes = quotes;
          }
        }).
        error(function(data) {
          console.log(data);
        });
    };

    service.get();
    return service;
```

```
  };
});

function MyController($scope, $googleStock) {
  $scope.price = $googleStock;
}
```

如你所见，provider()函数的工作方式有点像 service()函数的封装器。传给 provider()函数的真正函数将使用 new 关键字调用，所以可以使用 this 关键字附加属性。所有提供者都必须定义$get 函数，AngularJS 将使用它构造真正的服务。

在构造该服务时，$get 函数将使用 new 操作符执行，所以可以使用 service()或者 factory()函数语义(装饰 this，或者创建对象、装饰它并返回它)。注意$get 函数几乎与用于定义$googleStock 工厂的函数是一致的。唯一的区别在于 url 和对应的变量已经移到提供者作用域中；函数的其余部分是一致的。通过将 url 变量移动到提供者的作用域中，可以创建 setEndpoint()函数。该函数允许配置块改变服务器用于加载股票价格的 URL。通过提供者可以为服务的配置公开一个 API。

提供者一个特别有趣的应用是：因为 JavaScript 允许改写对象属性，所以可以在配置块中改写提供者的整个$get 函数。这将允许我们在配置块中完整地替换任何服务，无论使用的是自定义服务还是内置服务。例如，假设我们不希望使用这个依赖于网络输入输出的服务版本，相反希望显示一个固定的价格。那么可以编写一个配置块，改写$googleStock 服务的$get 函数：

```
<body>
  <div ng-controller="MyController">
    <h1>Google Stock Price: {{price.quotes[0].Ask}}</h1>
  </div>

  <script type="text/javascript" src="angular.js"></script>
  <script type="text/javascript" src="provider.js"></script>
  <script type="text/javascript">
  chapter7Module.config(function($googleStockProvider) {
    $googleStockProvider.$get = function() {
      return { quotes: [{ Ask: 100 }] };
    };
  });
  </script>
</body>
```

这里的代码在配置时已经改写了整个$googleStock 服务，简单地返回一个硬编码对象。尽管不推荐这么做，但是可以简单地替换$http 服务或者$compile 服务(因为 AngularJS 在内部也将使用这些内置服务)。

到目前为止，我们已经学习了使用提供者的基础知识。提供者是服务之上的一层，通过它可以在配置块中为配置服务定义一个 API。尽管技术细节非常直观，但是服务和提供者有各种各样的用例。在下一节，将浏览一对服务和提供者的用例，并学习它们对应的设计模式。

7.3　服务的常见用例

到目前为止，本章已经讲解了如何创建服务和提供者的细节，但我们只是简单了解了服务在实际应用开发的上下文中所提供的优势的一部分。在本节，将构建股票市场仪表盘的更多内容，并在这个过程中学习如何正确地使用服务。

AngularJS 初学者经常会问的一个问题是：如何在相同页面中的两个控制器之间共享数据？一旦应用变得足够复杂，在相同的视图中会有多个无关的控制器，但是我们仍然希望在控制器之间共享特定的信息，例如"当前登录的用户是谁？"某些开发者通过将顶级控制器放到所有页面的方式改善这个问题，该控制器将负责加载通用数据并将它附加到页面的根作用域中。这可能很方便，但是这种方式将把依赖管理添加到了 HTML 模板中(因为所有的控制器都依赖于顶级控制器)。这样做的可读性是很糟糕的，而且无法使用 AngularJS 的依赖注入器。这就是通常为什么服务是在控制器之间共享状态的推荐方式。

使用服务在控制器之间共享状态的最重要原因是：如你之前在本章所看到的，服务是单例的。在 AngularJS 的上下文中，术语"单例"意味着在应用生命周期的任何时间点最多只有服务的一个实例(再次，不要将该术语与常见的全局状态依赖单例设计模式混淆)。例如，其中一个控制器使用了\$http 服务并在\$http 对象上设置了一个属性，例如\$http.foo = 5。那么在完成该操作之后，所有其他使用\$http 服务的控制器和服务都可以看到\$http.foo 等于 5，因为\$http 在所有控制器和服务中都是相同的对象。

在考虑\$http 服务时，这样做的优势可能不太明显；不过，请考虑另一个样例，使用\$user 服务追踪当前登录的用户。假设该服务的目的是从 API 终端加载当前登录的用户，然后使用户改变他的简介照片。再进一步，假设现在有两个完全独立的控制器——一个帮助显示页面的导航栏，一个允许用户改变他的简介照片。这两个控制器都依赖于\$user 服务。因为\$user 服务是单例的，所以只有一个\$http 请求加载与登录用户相关的数据，而且当一个控制器修改用户的简介照片时，其他控制器的\$user 服务将反映出这个改动。在下一节，将应用这个概念，为股票市场仪表盘构建一个最小的\$user 服务。可以在本章样例代码的 stock_dashboard.html 文件中找到本节的所有代码。

7.3.1　构建\$user 服务

本章到目前为止已经为一个硬编码的股票列表显示出了价格——是Google股票价格或者 11 种技术公司股票的一个数组。在本节，将扩展该功能，允许每个用户指定他希望追踪的感兴趣的股票列表。特别是，\$user服务将公开一个股票代号的数组，\$stockPrices服务将使用它了解应该向Yahoo Finance API申请哪只股票的价格。本节不用创建服务器组件用于存储和加载当前登录的用户，因为设置服务器和数据库将为这个样例增加大量的复杂性，从而淡化它作为教学样例的作用。因此，\$user服务上的save()和load()函数都是存根，但是如果有真正的服务存在的话，设计模式是相同。下面是\$user服务的代码：

```
chapter7Module.factory('$user', function() {
  var user = {
    data: {
      stocks: ['GOOG', 'YHOO']
    }
  };

  user.load = function() {
    // 服务器调用的存根
  };

  user.save = function(callback) {
    // 服务器调用的存根
  };

  user.load();
  return user;
});
```

该服务使用了 factory()函数，默认用户正在监视 Google 和 Yahoo 的股票价格。当$user 服务被创建时，它将自动从服务器加载当前那登录的用户。在本例中，这个操作是一个存根，但是将它转换成服务器调用是非常直观的。只有一个控制器与该服务直接交互：允许用户向他的监视列表添加新的股票的控制器：

```
function ModifyStockListController($scope, $user, $stockPrices) {
  $scope.addToStockList = function(stock) {
    $user.data.stocks.push(stock);
    $user.save();
    $stockPrices.load();
  }
}
```

这个控制器将为 HTML 模板提供一个接口，用于添加新的股票到用户的监视列表、保存用户信息，并重新加载所有股票价格，从而使用户得到一个最新的快照。下面是一个使用了 ModifyStockListController 的 HTML 模板的代码：

```
<div ng-controller="ModifyStockListController">
  <h1>Add new stock:</h1>
  <input type="text" ng-model="newStock">
  <input type="submit"
        ng-click="addToStockList(newStock); newStock = '';">
</div>
```

这个特殊的样例有一个简单的输入字段和一个调用 addToStockList 函数并清空输入字段的提交按钮。这三个代码样例组成了股票市场仪表盘中服务的一半——控制器。另一半主要是基于$stockPrices 服务的，它将负责真正地加载和显示股票价格。该代码是下一节的主题。

7.3.2　构建$stockPrice 服务

　　服务$stockPrices 将加载和显示$user 服务的监视列表中股票的价格。再次，服务是单例的，所以$stockPrices 服务使用的$user 对象与控制器相同。$stockPrices 服务看起来与前面讨论的$googleStock 服务相似，但是它将从$user 服务的监视列表中获得股票代号的列表。下面是 stock_dashboard.html 中的$stockPrices：

```
chapter7Module.factory('$stockPrices', function($http, $user,
  $interval) {
  var service = {
    quotes: []
  };
  var BASE = 'http://query.yahooapis.com/v1/public/yql';

  service.loading = false;
  service.load = function() {
    service.loading = true;

var query = encodeURIComponent('select * from yahoo.finance.quotes where '+'
  symbol in (\'' + $user.data.stocks.join(',') + '\')');
    var url = BASE + '?' + 'q=' + query +
      '&format=json&diagnostics=true&env=http:
        //datatables.org/alltables.env';

    $http.jsonp(url + '&callback=JSON_CALLBACK').
      success(function(data) {
        service.loading = false;
        if (data.query.count) {
          var quotes = data.query.count > 1 ?
            data.query.results.quote :
            [data.query.results.quote];
          service.quotes = quotes;
        }
      }).
      error(function(data) {
        console.log(data);
      });
  };

  service.load();
  $interval(service.load, 5000);
  return service;
});
```

　　该服务有一个 load()函数，用于从 Yahoo Finance API 加载股票价格的完整列表。与使用异步 I/O 的许多服务一样，当 load()函数等待 HTTP 请求返回时，它将把 loading 标志设置为 true，从而使 UI 可以向用户显示一个加载指示器。另外，该服务将使用$interval 服务，之前我们尚未使用过。$interval 服务是对 JavaScript setInterval()函数的一个方便的封装，它将安排函数以特定的频率重复地执行。$interval 服务将 setInterval()函数绑定到数据绑定，所以不需要在传给$interval 服务的函数中调用$scope.$apply()。在$stockPrices 服务中，将调用$interval 服务，安排 service.load 函数每 5000 毫秒(5 秒钟)执行一次。

现在我们已经使用$stockPrices 服务加载用户监视列表中股票的价格，接下来需要将该服务绑定到 UI。为了实现这个任务，需要创建一个简单的控制器：

```
function DisplayPricesController($scope, $stockPrices) {
  $scope.stockPrices = $stockPrices;
}
```

使用该控制器的 HTML 看起来应该与之前小节中的代码非常相似。唯一的区别在于这个 HTML 将使用一个简单的加载表示器，在存在未完成的 HTTP 请求时通知用户：

```
<div ng-controller="DisplayPricesController">
  <h1>My Stock Prices</h1>
  <em ng-show="stockPrices.loading">
    Loading...
  </em>
  <div ng-repeat="quote in stockPrices.quotes">
    {{quote.Symbol}}: {{quote.Ask}}
  </div>
</div>
```

注意，DisplayPricesController 或者 HTML 模板都不依赖于$user 服务。好的服务将基于其他服务之上构建抽象层。设计糟糕的 AngularJS 代码的一个特征是控制器和服务使用了很长的依赖列表，因为每个依赖都将使控制器或者服务变得更加复杂。在理想中，控制器和服务的依赖应该不超过 5 个，而且如果控制器的依赖超过 10 个，那么应该积极考虑把控制器拆分为更加可管理的块。服务提供了一个良好的框架用于实现这一点：因为它们被绑定到了依赖注入，所以可以创建服务，用于从控制器中隔离复杂的功能块。在股票市场仪表盘中，可以轻松地把来自 DisplayPricesController 和 ModifyStockListController 的功能合并到单个控制器中。不过，保持它们处于分离的状态将使代码更简单和更容易管理。如果控制器出现了太多的代码膨胀，那么应该将它们分割到多个控制器和服务中。

现在我们已经学习了在构建真正应用的上下文中服务的一些用例，所以也就获得编写自定义基本服务所需的所有信息。在本章的剩余内容中，我们学习如何使用 AngularJS 的内置提供者配置应用。这些内置的提供者将允许以众多令人吃惊的方式调整核心 AngularJS 服务。

7.4　使用内置提供者

在本节的提供者内容中，将学习如何通过提供者在不同应用和不同环境中使用配置服务。AngularJS 的内置提供者提供了一些有限的、但是极其有用的配置选项，通过这些选项可以调整 AngularJS 核心功能的工作方式。在本节，将学习 3 个可应用于内置提供者和配置块的简洁技巧。首先要学习的是如何改变插值分隔符(也就是用于绑定到数据绑定的{{}} 符号)。接着将要学习的是一个工具,用于保护用户避免访问恶意链接。第三个也是最后一个,将学习另一种使用自定义函数和值扩展 AngularJS 表达式语言的方式。

7.4.1 自定义插值分隔符

在特定的例子中,默认的{{}}插值分隔符可能会受到限制。例如,Go 编程语言的服务器端 HTML 模板包也使用{{}}分隔模板代码,而且该选项是不可配置的。幸运的是,可以在配置块中使用$interpolationProvider 提供者修改 AngularJS 的分隔符。下面的代码将使用方括号(也就是[[]])作为插值分隔符:

```
var myModule = angular.module('myModule', []);

myModule.config(function($interpolateProvider) {
  // 使用[[ ]]分隔 AngularJS 绑定,因为使用{{}}将与 Go 产生混淆
  $interpolateProvider.startSymbol('[[');
  $interpolateProvider.endSymbol(']]');
});
```

现在,编写 HTML 模板时可以使用方括号作为插值分隔符了。例如,下面是本章样例代码中的 custom_delimiters.html 样例文件:

```
<div ng-controller="MyController">
  <h1>
    This app uses
    <em>[[delimiter]]</em>
    as interpolation delimiters
  </h1>
</div>

<script type="text/javascript" src="angular.js"></script>
<script type="text/javascript">
  var myModule = angular.module('myModule', []);

  myModule.config(function($interpolateProvider) {
    $interpolateProvider.startSymbol('[[');
    $interpolateProvider.endSymbol(']]');
  });


  function MyController($scope) {
    $scope.delimiter = 'square braces';
  }
</script>
```

函数 startSymbol 和 endSymbol 允许设置为任何自定义分隔符。例如,AngularJS 文档在它的样例代码中使用// 作为起始和结束分隔符。不过,大多数应用不设置自定义分隔符的原因有几个。首先,大多数 AngularJS 开发者习惯于使用{{}}。即使是一个小小的调整,

这也是对所有 HTML 模板的小小调整，这将为代码库的编写增加额外的阻碍。第二，与方括号或者斜线相比，花括号有一个重要的优点：URL 中显式地指出不允许出现花括号(至少 RFC3986 中关于 URL 的技术规范是这样描述的)。换句话说 google.com/[[]].html 从技术角度讲是一个有效的 URL，但是 google.com/{{}}.html 则不是。因此，在使用花括号时，我们不需要担心静态 URL 中偶然会与 AngularJS 的插值相混淆。

简单地说，要小心设置自定义插值分隔符。默认的分隔符对于大多数应用来说都是正确的选择。不过，对于在 GO 编程语言的服务器端模板库中使用 AngularJS 这样的用例来说，自定义分隔符也是不可缺少的。

7.4.2　使用$compileProvider 的白名单链接

AngularJS 数据绑定是非常强大的，但是它富有表达力的特性却存在着安全隐患。默认情况下，AngularJS 被设计为避免常见的漏洞，但是覆盖默认的设置很容易，而且如果不小心的话，可能会无意中将用户公开给恶意 JavaScript。例如，请考虑下面这段看似无害的 HTML：

```
<a ng-href="{{goodLink}}">This is a link!</a>
```

对于未受过培训的人来说，这可能是安全的，但是当看到这样的代码时，警报应该在你的脑海里响起。变量 goodLink 可能将毫无疑心的用户重定向至任意的 URL。如果恶意用户可以设置 googLink 变量的值，那么他们可以通过将 goodLink 变量设置为类似于下面的代码，使页面执行任意的 JavaScript：

```
hackerLink = 'javascript:window.alert(\'You just got hacked!\')';
```

这就是被 Web 开发者称为跨站脚本攻击(简称 XSS)的典型样例。默认情况下，AngularJS 将通过不允许使用 javascript:为开头的方式保护用户避免受到这种攻击。特别是，$compileProvider 有一个正则表达式，它将使用这个表达式为绝对 URL 添加白名单：任何匹配白名单正则表达式的 URL 都被认为是没问题的；任何不匹配的 URL 将以 unsafe?为前缀，单击它们不会重定向用户或者执行任何 JavaScript。记住，AngularJS 将在检查 URL 是否匹配白名单正则表达式之前，把 URL 转换为绝对 URL(也就是将/path 转换成 protocol://domain/path)，所以白名单正则表达式应该假设目标是一个绝对 URL。

可以使用$compileProvider 提供者的 aHrefSanitizationWhitelist()函数获得或者设置白名单正则表达式。下面的代码来自本章样例代码的 xss_vulnerable.html 文件，它演示了在将白名单正则表达式设置为接受所有字符串时发生的事情：

```
<div ng-controller="MyController">
  <a ng-href="{{goodLink}}">Google!</a>
  <hr>
  <a ng-href="{{okLink}}">Not Google</a>
  <hr>
  <a ng-href="{{hackerLink}}">XSS Link</a>
</div>
```

```
<script type="text/javascript" src="angular.js"></script>
<script type="text/javascript">
  var myModule = angular.module('myModule', []);

  myModule.config(function($compileProvider) {
    $compileProvider.aHrefSanitizationWhitelist(/.*/);
  });

  function MyController($scope, $http) {
    $scope.goodLink = 'http://www.google.com';
    $scope.okLink = 'http://www.notgoogle.com';
    $scope.hackerLink = 'javascript:window.alert(\'You just got
      hacked!\')';
  }
</script>
```

尝试单击 XSS 链接，一个警告将弹出。自然，我们不希望恶意用户在用户的浏览器中执行任意的 JavaScript。默认情况下，AngularJS 1.2.16 将使用下面的正则表达式来过滤白名单 URL：

```
/^\s*(https?|ftp|mailto|tel|file):/
```

这个正则表达式完成了一个合理的任务，用于阻止之前 XSS 样例这样的漏洞。尤其是，AngularJS 将把所有以 javascript:开头的 URL 都添加到黑名单中，这是最常见的 XSS 漏洞来源。当在浏览器中打开本章样例代码中的 xss_default.html 文件时，将会看到开始的两个链接被添加到白名单中，而第 3 个链接(XSS 链接)将以 unsafe:为前缀：

```
<body>
  <div ng-controller="MyController">
    <a ng-href="{{goodLink}}">Google!</a>
    <hr>
    <a ng-href="{{okLink}}">Not Google</a>
    <hr>
    <a ng-href="{{hackerLink}}">XSS Link</a>
  </div>

  <script type="text/javascript" src="angular.js"></script>
  <script type="text/javascript">
    var myModule = angular.module('myModule', []);

    myModule.config(function($compileProvider) {
      // Use default a[href] whitelist
    });

    function MyController($scope, $http) {
      $scope.goodLink = 'http://www.google.com';
      $scope.okLink = 'http://www.notgoogle.com';
      $scope.hackerLink = 'javascript:window.alert(\'You just got
        hacked!\')';
```

```
  }
  </script>
</body>
```

这个默认的行为足以满足大多数应用，但是你可能希望使用更加严格的白名单，保证用户不会链接到另一个网站。在本例中，白名单正则表达式是非常有用的。实际上，可以这样编写正则表达式：只有属于 google.com 域的链接才可以访问，恶意用户无法将链接重定向至 Bing。在浏览器中打开本章样例代码的 xss_extra_strict.html 文件，将看到 XSS 链接和 Not Google 链接都被标记为不安全的：

```
<body>
  <div ng-controller="MyController">
    <a ng-href="{{goodLink}}">Google!</a>
    <hr>
    <a ng-href="{{okLink}}">Not Google</a>
    <hr>
    <a ng-href="{{hackerLink}}">XSS Link</a>
  </div>

  <script type="text/javascript" src="angular.js"></script>
  <script type="text/javascript">
    var myModule = angular.module('myModule', []);

    myModule.config(function($compileProvider) {
      console.log($compileProvider.aHrefSanitizationWhitelist());
        $compileProvider.aHrefSanitizationWhitelist(
          /^https?:\/\/(www\.)?google\.com(\/.*)?/i);
    });

    function MyController($scope, $http) {
      $scope.goodLink = 'http://www.google.com';
      $scope.okLink = 'http://www.notgoogle.com';
      $scope.hackerLink = 'javascript:window.alert(\'You just got
        hacked!\')';
    }
  </script>
</body>
```

现在我们已经成功地让应用中的链接无法链接到除了 Google 之外的任何网页。如你所见，提供者允许完成一些有用的高级别配置。默认的配置对于大多数应用都是足够的，但是我们可能发现自己需要设置自定义分隔符或者禁止特定的 URL。通过配置块和提供者，可以每个应用为基础做出这些配置改动。

7.4.3　使用$rootScopeProvider 的全局表达式属性

AngularJS 引起混淆的最常见来源之一就是：表达式无法访问全局作用域中的函数和属性，例如 encodeURIComponent。在第 4 章 "数据绑定" 和第 5 章 "指令" 中，我们学到了表达式是通过指令(像 ngClick)放入到模板中的 JavaScript 代码。你可能已经注意到在模板中使用下面的代码是无法工作的，因为 AngularJS 认为 encodeURIComponent 是未定义的：

```
{{ encodeURIComponent('A, B, & C') }}
```

第 4 章已经讲解了如何编写一个封装 encodeURIComponent 函数的过滤器，用于改善这个问题。不过，还有一种简洁的方式可以使用提供者和配置块，将 encodeURIComponent 和其他任何值或者函数公开给所有的模板。

AngularJS 有一个称为$rootScope 的服务。你可能已经猜到了，这个服务提供了对页面作用域层次中根作用域的访问——也就是所有其他作用域的祖先。特别是，附加到$rootScope 的属性在页面的所有作用域中都是可用的。而且 AngularJS 有对应的$rootScopeProvider，可以在配置块中访问它。

不过，此时我们会遇到一个小小的困难：在AngularJS 1.2.16 中，$rootScopeProvider并未公开任何配置API。换句话说，AngularJS没有提供正式的方式可以配置$rootScopeProvider。幸运的是，如你在本章之前所学到的，我们总是可以改写$rootScopeProvider中的$get函数返回自己的服务。尽管这种方式似乎有点取巧，而且无法维护，但是AngularJS依赖注入器和 JavaScript 中 的 函 数 是 第 一 类 成 员 这 个 事 实 将 允 许 这 样 做 ，而 不 必 复 制$rootScopeProvider.$get的真正实现：

```
<body>
  <div ng-controller="MyController">
    {{ encodeURIComponent(stringToEncode) }}
  </div>

  <script type="text/javascript" src="angular.js"></script>
  <script type="text/javascript">
    var chapter7Module = angular.module('chapter7Module', []);
    chapter7Module.config(function($rootScopeProvider) {
      var oldGet = $rootScopeProvider.$get;
      $rootScopeProvider.$get = function($injector) {
        var rootScope = $injector.invoke(oldGet);

        rootScope.encodeURIComponent = encodeURIComponent;
        rootScope.stringToEncode = 'A, B, & C';

        return rootScope;
      };
    });

    function MyController($scope) {
    }
  </script>
</body>
```

之前代码的基本想法是 oldGet 变量是一个指向原始$rootScopeProvider.$get 函数的指针。一旦获得了这个指针，就可以使用依赖注入器改写$rootScopeProvider.$get 属性，调用原始的$get 函数并在该服务中附加一些额外的属性。这样我们就可以在配置块中使用所选择的方式扩展 AngularJS 表达式。

注意：

之前的代码演示了在真正的AngularJS应用中，$injector服务最常见的应用。在使用 $injector服务时，正如之前代码中所演示的，它将实现"继承"效果，例如通过改写提供者的$get函数附加属性到其中。另一个应用是简化控制器继承：运行控制器函数上的 $injector.invoke，将控制器的函数和属性附加到当前控制器的$scope中。

7.5 小结

在本章，我们学习了 AngularJS 依赖注入器、3 种使用依赖注入器注册服务的方式以及使用提供者配置 AngularJS 的一些简便技巧。服务提供了一个方便的框架，用于将复杂的代码拆分为较小的、更容易管理的块。尤其是，因为依赖注入器将保证任何服务最多只有一个实例，所以将服务用作通过 HTTP 请求从远端服务器加载数据的封装器是极其有用的。

提供者是服务之上的一层，它将使用 config()函数为配置服务提供一个 API。它们对于公开选项来说是非常有用的，例如服务应该从哪个服务器加载数据。另外，内置提供者允许我们配置核心 AngularJS 服务。

现在我们已经学习了如何创建服务的基础知识，以及它们的目的，接下来要浏览的是所有 AngularJS 应用的内部结构。服务将被广泛地应用在几乎所有 AngularJS 应用中。如果发现了一个应用不使用服务，那么它可能通过添加一些良好设计的服务，使代码得到极大简化。

第 **8** 章

服务器通信

本章内容：

- 约定和它们的用途
- 如何使用$http 发起 AJAX 调用
- 使用 HTTP 拦截器执行错误处理
- 如何通过$resource 使用 API
- 使用 StrongLoop LoopBack 的 REST 风格 API 的最佳实践
- 在 AngularJS 中集成 Web 套接字
- 使用 Firebase 实现实时聊天样例

本章的样例代码下载：

可以在 http://www.wrox.com/go/proangularjs 页面的 Download Code 选项卡找到本章的 wrox.com 代码下载文件。

8.1 将要学习的内容

大多数 Web 应用都需要与服务器进行通信。无论是从公开的 REST 应用编程接口加载数据，还是发送数据到服务器用于存储，服务器通信都是应用获取和持久化数据的方式。本章将讲解 AngularJS 为使用 API 加载数据所提供的机制。我们将学习 REST 风格的 API 基本的最佳实践，并使用 StrongLoop 的 LoopBack 框架生成一个简单的 NodeJS 后端 API 服务器。我们还将学习 AngularJS HTTP 拦截器，它是一个可用于处理错误的强大抽象。最后，我们将学习两种使用 AngularJS 构建实时应用的机制：Web 套接字和 Google 的 Firebase 框架。

注意：

在词组 REST API 或者 REST 风格的 API 中，你可能已经听到过术语 REST。它代表的是表述性状态转移(Representational State Transfer)，这是设计 API 通过 HTTP 进行访问时使用的一种模式。REST 最基本的基本原则是使用 HTTP 方法描述资源上的特定操作。使用 POST 方法将告诉服务器创建资源，GET 用于读取已有的资源，PUT 用于更新已有的资源，DELETE 用于删除已有的资源。创建、读取、更新和删除操作通常被缩写为 CRUD 操作。

本章的样例代码将使用 NodeJS 作为 HTTP 请求和 Web 套接字的后端。如果尚未安装 NodeJS，请访问 nodejs.org/download，然后执行所选择操作系统对应的安装指令。在使用 LoopBack 生成 REST API 时，需要编写少量的服务器端 JavaScript。不过，在其他小节中，不需要编写任何服务器端 JavaScript。

8.2 约定简介

约定(Promise)是一个对象，它表示了在未来某个时间点计算的一个值。换句话说，约定是一个用于处理异步操作的面向对象结构。JavaScript HTTP 请求是异步的，这意味着发出 HTTP 请求的代码可以继续执行，而不必等待服务器返回响应。与用于处理异步函数的回调或者事件发射器相比，约定提供了另一种方便的选择。

注意：

在本书撰写时，两个最常见的约定规范是 Promise/A+ 和 ECMAScript 6。ECMAScript 6 规范实际上是 Promises/A+的一个超集。这两个规范是可以互操作的，ECMAScript 6 规范所指定的几个额外的函数除外，其中包括 catch()和 all()。由 AngularJS 的$http 服务返回的约定支持 ECMAScript 6 标准的大部分功能，还有一些方便的辅助函数。约定目前是一个碎片化的概念，所以在编写代码时，不应该假设所有的 ECMAScript 6 约定功能都是可用的。

约定的核心功能是 then()函数。该函数在大多数流行的 JavaScript 约定库中都是通用的。它将接受两个函数参数：onFulfilled 和 onRejected。这两个参数都是可选的：如果 onFulfilled 或者 onRejected 不是 JavaScript 函数，那么它们将被忽略。这两个函数都是约定所支持的状态转移的处理程序。约定可以是 3 种状态之一：等待、完成或者拒绝。约定将从等待状态开始，然后可以转换成完成或者拒绝状态。一旦约定完成或者被拒绝，它就无法再改变状态。下面是约定基本语法的一个样例：

```
var promise = new Promise();

promise.then(function(v) {
  console.log(v); // Prints "Hello, world"
});

promise.fulfill('Hello, world');
```

注意:

约定的一个关键功能是: 如果 onFulfilled 函数在约定已经完成之后添加, 那么 onFulfilled 函数必须被调用。换句话说, 如果将之前样例中的 then()调用添加到一个 setTimeout()函数中, 之前的代码将在一个小小的延迟之后输出 "Hello, World"。与第 3 章 "架构"中大量使用的事件发射器范例相比, 所有在发射时间之后注册的监听器都无法看到该事件。这个对比使约定成为封装单个异步调用的更佳选择。

函数 then()将返回一个新的约定, 其中同时封装了约定和传给 then()函数的 onFulfilled 函数。特别是, onFulfilled 可以返回一个约定, 而通过该约定则可以把异步调用串联在一起。例如, 下面的代码将在 1 秒之后输出 "hello, world" (全部都是小写):

```
var promise = new Promise();

promise.
  then(function(v) {
    var newPromise = new Promise();

    setTimeout(function() {
     newPromise.fulfill(v.toLowerCase());
     }, 1000);

    return newPromise;
  }).
  then(function(v) {
    console.log(v);
  });

promise.fulfill('Hello, world');
```

注意第一个 then()调用返回了一个约定。约定足够聪明, 可以知道 then()是否返回的是一个约定, 该库在将值传递给 then()链之前, 应该等待被返回的约定先完成。

约定是 AngularJS 中与 HTTP 请求交互不可缺少的一个工具。现在你已经看到约定的基本概念, 接下来应该学习 AngularJS 中 HTTP 请求是如何工作的。

8.3　发起 HTTP 请求的服务

如之前所描述的, HTTP 代表超文本传输协议。你可能已经从网络地址中识别出它, 例如 http://google.com。HTTP 是 Web 浏览器(例如 Google Chrome)与服务器进行通信最常见的机制。例如, 每次访问 http://google.com 时, 浏览器都将发送一个 HTTP 请求到 Google 的服务器, 并接受一个含有 Google 主页 HTML 的响应。HTTP 响应中几乎可以包含任意类型的内容: HTML、图片或者甚至是 JavaScript Object Notation(JSON)。

HTTP 请求的内容由一个复杂的标准所管理。但出于本章的目的, 我们主要关心的是与 HTTP 请求相关的 4 块数据。第一块数据是资源, 它通常是统一资源定位符(URL)在域名之后的部分。例如，当使用浏览器访问 http://google.com/maps 时，发送给 Google 的 HTTP 请求将资源指定为/maps。第二块数据是方法(有时被称为动词)，它必须是 GET、HEAD、POST、PUT、DELETE、TRACE、OPTIONS、CONNECT 或者 PATCH 中的一个。这些方法将用于区分我们希望在指定资源上执行的不同操作。例如，POST 方法通常意味着我们希望创建正在请求的资源。

第三块信息是头。HTTP 请求头是一个键/值对的集合，它将帮助服务器解析请求。需要使用哪个 HTTP 头取决于所使用的服务器。最后，HTTP 请求包含了一个主体，它可以为请求保存额外的数据。例如，在使用 POST 方法时，消息主体通常描述了希望创建的资源。本章将要创建的 HTTP 请求将在消息主体中发送 JSON。

服务器将使用 HTTP 响应回应 HTTP 请求。响应包含了两块信息，它们对于本章来说是非常重要的。第一个是状态码，它描述了服务器是如何处理请求的。每个状态码的独特语义是一个深入的主题，但这并不是理解 AngularJS 中服务器通信的关键。出于本章的目的，知道 HTTP 状态码由 3 个数字组成即可，第一个数字表示响应的高级语义。以 2 开头的状态码(例如 200)表示成功。以 3 开头的状态码(例如 307)表示请求资源发生了移动。以 4 开头的状态码(例如 404)表示请求是无效的。以 5 开头的状态码(例如 500)表示服务器中产生了错误。因为状态码必须是 3 位数字，所以这些状态码类通常使用起始数字加上"xx"的方式进行缩写。例如，以 2 为开头的状态码通常被简写为"2xx 状态码"。

第二个重要的信息是响应体，如同请求体一样，它包含了额外的数据。在本章，响应体中只含有 JSON 数据。

浏览器允许 JavaScript 创建和执行新的 HTTP 请求(本节稍后将讲解它的一些限制)。AngularJS 有两个封装了原生浏览器 XMLHttpRequest 类的服务：$http 和$resource。服务$http 级别相对较低，它公开了与 HTTP 调用相关的请求和响应抽象。服务$resource 级别更高，它提供了一个对象级别的抽象——也就是说，从服务器加载和保存对象(与直接发出请求相反)。它们都是通过 HTTP 与服务器交互的。在接下来的两节中，我们将学习$http 和$resource 之间的区别以及如何高效地使用它们。

注意，本节中的样例使用了一个 NodeJS 服务器，用于提供对浏览器 HTTP 请求的响应。为了运行本节的样例代码，请先从本章样例代码的根目录运行 npm install。然后运行 node server.js 在 8080 端口上启动 HTTP 服务器。一旦启动了 HTTP 服务器，我们就可以通过网址 http://localhost:8080/interceptor_example_1.html 访问 interceptor_example 1.html 样例了。

8.3.1　$http

$http 是 AngularJS 对原生浏览器 HTTP 请求的低级别封装器。在本节，我们将学习如何使用$http 服务创建 HTTP 请求，以及如何使用 HTTP 拦截器配置$http 服务。

$http 服务的语义是非常直观的：$http 服务将公开几个函数用于发送 HTTP 请求到服务器。这些函数将返回一个从服务器返回的 HTTP 响应的一个约定封装器，我们将使用该约定捕捉服务器所返回的数据。约定是与$http 服务交互的推荐机制，这就是为什么单独使用一个小节讲解约定的原因。

与本书的其他许多概念一样，学习$http 约定最简单的方式就是查看一些基本的样例。

通常，我们将通过调用$http 服务的 HTTP 方法快捷方式与它交互。$http 服务有对应于
GET、HEAD、POST、PUT、DELETE 或者 PATCH HTTP 的方法，它们将使用指定的 HTTP
方法创建新的请求(还有一个 JSONP 辅助函数，稍后我们将学到)。例如，为了创建一个新
的请求，使用 GET 方法访问资源/maps，可以使用下面的代码：

```
$http.get('/maps');
```

函数 get()将返回一个 AngularJS HTTP 约定，它允许我们捕捉服务器最终的响应，以
及任何可能发生的错误。可以将处理程序附加到 HTTP 约定中，如下所示：

```
$http.get('maps').
  success(function(data, status, headers, config) {
    // data: 被解析的响应体数据
    // status:响应状态码
    // headers:作为 JavaScript 映射的 HTTP 响应头
    // config: AngularJS http 请求配置对象
  }).
  error(function(data, status, headers, config) {
    // 这里的参数与之前的参数有着相同的语义
  });
```

你可能已经猜到了，当 HTTP 请求成功时(也就是说服务器返回了一个 2xx 状态码的响
应，例如 200)，AngularJS 将执行之前传给 success()的函数。当 HTTP 响应表示失败时(也
就是说状态码以 4 或者 5 开头，例如 400)，那么 AngularJS 将执行传给 error()的函数。浏
览器通常会遵循重定向响应(例如状态码为 3xx 的响应，例如 307)，所以 AngularJS HTTP
处理程序永远也不应该看到 HTTP 3xx 状态码。

成功和错误处理程序都将收到相同的参数。通常我们最关心的是 data 参数，其中包含
了解析后的响应体。出于本章的目的，响应体将总是 JSON 数据，$http 服务将自动地把JSON
解析成 JavaScript 对象。参数 status 包含了 HTTP 响应状态码，它可能对于解析响应是非常
有用的。参数 headers 包含了 HTTP 响应头，与 HTTP 请求头一样，它包含了一个可以帮
助解析响应的键值对。最后，参数 config 包含了原始 HTTP 请求的配置，包括方法、资源
和任何自行添加的自定义头。

因为在 JavaScript 中，函数可以接受的参数数量是非常灵活的，所以在成功或者错误
处理程序中，可以忽略最后一些参数。例如，只接受 data 参数的成功或者错误处理程序是
非常常见的：

```
$http.get('maps').
  success(function(data) {
    // 使用数据
  }).
  error(function(data) {
    // 使用数据
  });
```

这对于不熟悉 JavaScript 的开发者来说似乎有点奇怪，但是可以使用任意数量的参数

调用任何 JavaScript 函数。即使 AngularJS 向处理程序中传入了 4 个参数，处理程序仍然可以是只接受单个参数的函数。

注意：

注意在 AngularJS $http 服务的上下文中，术语"约定"被使用得有点宽泛。$http 服务的约定通常使用的语法与之前"约定简介"一节中学到的语法不同。不过，$http 服务约定从技术角度讲与 Promises/A+规范和 ECMAScript 6规范是兼容的。例如，指定一个函数 fn = function(data) {}，那么常见的 $http.get('/test').success(fn)语法等同于$http.get('/test').then (function(res) { fn(res.data); })。

1. 设置 HTTP 请求体

通常，HTTP GET 请求不设置请求体。不过，在 REST 风格飞范例中，POST 请求被用于创建新的资源。而且描述 POST 请求希望创建的资源的推荐方式是在请求体中使用 JSON。服务$http 将使请求体的设置变得非常简单。假设我们希望使用 JSON 数据{ name: 'AngularJS' }发出一个 POST 请求到服务器。那么可以编写如下所示的请求：

```
var body = { name: 'AngularJS' };

$http.post('/test', body).
  success(function(data) {
    // 采用与 get 相同的方式处理响应
  });
```

注意，我们必须传递一个 JavaScript 对象作为$http.post()函数的第二个参数，而不是一个 JSON 字符串。$http 服务将负责自动将对象转换成字符串。

2. JSONP 和跨站脚本攻击(XSS)

浏览器 HTTP 请求通常令新的 Web 开发者感到吃惊的一个重要限制是：无法向不同的域发起 HTTP 请求。例如，如果 JavaScript 在 foo.com 域的页面中执行，就只能向 foo.com 域中的 URL 发送 HTTP 请求。例如，可以使用$http 服务请求 foo.com/resource1 或者 subdomain1.foo.com/resource2。这是现代浏览器中固有的一个安全限制。

不过，通过一种受限的方式，可以在 JavaScript 实现跨域请求。JSONP 或者"使用填充的 JSON(JSON with padding)"将利用"可以使用 HTML script 标记从远端域中加载数据"的这个实际情况。从根本上讲，JSONP 将插入一个 script 标记到页面中，服务器会使用包含了响应数据的 JavaScript 代码作为响应。AngularJS 的$http.jsonp()函数为实现 JSONP 抽象出了客户端代码。只要远程服务器支持 JSONP，就可以使用$http.jsonp()以使用其他$http 帮助函数相同的方式发送 HTTP 请求到远程服务器。例如，第 7 章"服务、工厂和提供者"的样例代码使用 JSONP 从 Yahoo! Finance API 加载了数据，该 API 运行在一个远端域中：

```
$http.jsonp('http://query.yahooapis.com/v1/public/yql').
  success(function(data) {
  }).
```

```
error(function(data) {
});
```

注意，远程服务器必须被配置为支持 JSONP。并非所有的 REST API 都支持 JSONP；之前的样例可以工作，是因为 Yahoo! Finance API 被配置为支持 JSONP。

3. HTTP 配置对象

本章到目前为止，我们已经使用了 $http 服务的辅助函数，例如 get() 和 post()。不过，$http 服务将公开一组非常通用的可配置参数。尤其是，可以使用这些配置对象设置例如 HTTP 头、请求体以及是否使用 AngularJS 请求缓存这样的参数。事实上，$http 服务自身是一个接受单个参数的函数：请求配置对象。例如，下面代码中的两个 HTTP 调用是等同的：

```
// 使用.get()辅助函数...
$http.get('/test').
  success(function(data) {});

// 与使用'method: 'GET''向$http()函数中传递配置选项是一样的
$http({ method: 'GET', url: '/test' }).
  success(function(data) {});
```

$http 服务支持诸多配置选项。最常用的配置选项如下所示：

- method——HTTP 方法字符串：GET、 POST、 PUT、DELETE、HEAD 或者 JSONP。
- url——绝对 URL 或者资源字符串，例如'/test'。
- params——表示查询参数的 JavaScript 对象或者字符串，将以 URI 编码的形式添加到 URL 末尾。例如，{ a: 1, b: 2 }将以"?a=1&b=2"的形式添加到 URL 末尾。
- data— JavaScript 对象的请求体。
- headers——代表 HTTP 头映射的 JavaScript 对象。例如，传入{ a: 1, b: 2 }将创建一个含有两个头的 HTTP 请求：头 a 和 b 分别对应于值 1 和 2。AngularJS 将忽略值为 null 或者 undefined 的属性。
- timeout——在触发错误处理程序之前，需要等待响应的毫秒数。除了指定毫秒数，还可将该属性设置为一个约定。当约定完成时，除非它已经收到了响应，否则请求将会超时。

除了直接传递配置到 $http() 函数中，还可以在 $http 服务的辅助函数中设置配置选项。$http.get() 函数将接受第二个参数：配置对象。例如，可以设置 GET 请求的查询参数和头信息，如下所示：

```
// GET /test?q=AngularJS，"user"头设置为"mobile"
$http.get('/test',
  {
    params: { q: 'AngularJS' },
    headers: { user: 'mobile' }
  });
```

$http.post() 和 $http.put() 函数将接受配置对象作为第三个参数(在请求体之后)：

```
// POST /test?q=AngularJS, 将"user"头设置为"mobile",
// 并将"{ 'data': 'sample'}"用作请求体
$http.post('/test',
  {
    data: 'sample'
  },
  {
    params: { q: 'AngularJS' },
    headers: { user: 'mobile' }
  });
```

4. 设置默认的 HTTP 头

尽管我们不依赖于本章样例中的自定义 HTTP 头，但是许多项目都会依赖于头，例如身份验证这样的用例。如果项目中要求发送自定义头，那么我们应该知道 AngularJS 提供了几种方式，用于在 HTTP 请求中附加自定义头。尤其是，在 AngularJS 中有 4 种方式可以在 HTTP 请求中添加头。

首先，可以使用$http 服务在每个 HTTP 请求上设置头。这是设置 HTTP 请求头时粒度最细的方式：

```
$http.get('/maps',
  { headers: { myHeaderKey: 'myHeaderValue' } });
```

$http 服务还有一个 defaults.headers 对象，它定义了添加到所有 HTTP 请求中的头。通常，我们将在 run()块中与该对象交互。例如：

```
var myModule = angular.module('myModule');
myModule.run(function($http) {
  $http.defaults.headers.common.myCustomHeader =
    'myCustomHeaderValue';
});
```

第二种方法将为所有的 HTTP 请求设置 myCustomHeader 头，无论使用的是什么方法。不过，defaults.headers 对象有几个其他属性。例如，可以操作 defaults.headers 对象，只为方法是 GET 的 HTTP 请求设置默认的头：

```
var myModule = angular.module('myModule');
myModule.run(function($http) {
  $http.defaults.headers.get.myCustomHeader =
    'myCustomHeaderValue';
});
```

可以设置默认 HTTP 头的第三种机制是使用$httpProvider 提供者。如果希望学习更多服务和提供者之间的区别，第 7 章包含了对该主题的深入讨论。不过出于本节的目的，知道只可以在 config()函数中访问$httpProvider 提供者即可。否则，它的语义与设置$http 服务上的 defaults.headers 对象是一致的。例如，要使用$httpProvider 为所有方法为 POST 的 HTTP 请求设置 myCustomHeader 头，请使用下面的代码：

```
var myModule = angular.module('myModule');
myModule.config(function($httpProvider) {
  $httpProvider.defaults.headers.post.myCustomHeader =
    'myCustomHeaderValue';
});
```

在 HTTP 请求中附加头的第 4 种方式涉及 AngularJS 在执行 HTTP 请求和响应之前，运行它们的函数的能力。这个功能将通过 HTTP 拦截器公开出来，通过它可以在配置时定义特定于应用的转换。拦截器是下一节的主题。

5. 使用 HTTP 拦截器

拦截器是 AngularJS 中定义处理 HTTP 请求的应用级别规则最灵活的方法。该定义可能听起来有点模糊，所以请考虑下面的任务：假设我们希望将 HTTP 状态码附加到所有 HTTP 响应中，从而使得可以更轻松地将状态码绑定到 HTML 中。如下面的代码所示，可以轻松地将状态附加到所有的 HTTP 处理程序中：

```
$http.get('/sample.json').
  success(function(data, status) {
    data.status = status;
    // 使用数据
  }).
  error(function(data, status) {
    data.status = status;
    // 使用数据
  });
```

不过，我们不得不将代码 data.status = status;添加到所有 HTTP 处理程序中，这是重复性的而且容易出错。通过拦截器，可以为应用定义一个通用规则，用于附加 HTTP 状态。可以在本章样例代码的 interceptor_example 1.html 文件中找到下面的代码。在浏览器中使用 http://localhost:8080/interceptor_example_1.html 打开该文件时，不要忘记我们需运行 node server.js 启动一个 HTTP 服务器：

```
<script type="text/javascript">
  var m = angular.module('myApp', []);

  m.config(function($httpProvider) {
    $httpProvider.interceptors.push(function() {
      return {
        response: function(response) {
          response.data.status = response.status;
          return response;
        }
      }
    });
  });

  m.controller('httpController', function($scope, $http) {
```

```
    $http.get('/sample.json').success(function(data) {
      console.log(JSON.stringify(data));
    });
  });
</script>
```

如之前的代码所示，HTTP 拦截器被定义为$httpProvider 提供者上的一个数组。因为提供者只可以在 config()函数中被访问，所以拦截器必须定义在一个 config()函数中。拦截器自身是一个含有一个(可选的)response 函数的 JavaScript 对象，它定义了该拦截器如何对响应进行转换。这个函数将接受单个参数：response 对象，它包含了与响应相关的所有信息，包括响应体、状态和头。下面是 interceptor example 1.html 样例中通过 HTTP 请求生成的 response 对象。

```
{
  "data": {
    "success": true
  },
  "status": 200,
  "config": {
    "method": "GET",
    "transformRequest": [
      null
    ],
    "transformResponse": [
      null
    ],
    "url": "/sample.json",
    "headers": {
      "Accept": "application/json, text/plain, */*"
    }
  },
  "statusText": "OK"
}
```

上面突出显示的代码展示了定义响应体、状态和头的位置。可以通过 response.data 访问响应体，使用 response.status 访问状态，使用 response.config.headers 访问头。

注意:
响应对象的 statusText 属性包含了等同于数字 HTTP 状态的标准文本(参见 IETF RFC 2616 的 6.1.1 小节)。例如，响应状态 200 意味着 statusText 将是 OK，反之亦然。所有其他响应状态都有分别对应的 statusText；例如 404 对应于 Not Found。

注意，response 函数必须返回修改后的响应；它为拦截器增加了额外的灵活性。换句话说，response 函数可以返回一个全新的 HTTP 响应。实际上，AngularJS 支持 response 函数返回一个约定，这意味着拦截器甚至可以发起额外的 HTTP 请求，并使用这些响应。不过，小心不要越界，在拦截器中发起 HTTP 调用：可能会很容易就阻塞在一个无限循环中，因为拦截器将在所有的 HTTP 请求上执行。

请求拦截器

拦截器既可以转换 HTTP 响应，也可以转换 HTTP 请求。拦截器可以定义一个 request 函数，它将接受 HTTP 请求配置作为参数。如同 response 函数一样，request 函数必须返回修改后的 HTTP 请求。

请求拦截器的一个常见用例是为每个请求设置 HTTP authorization 头。换句话说，可以使用拦截器将凭据附加到所有请求中(尽管实际上是否需要这样做取决于服务器)。这个用例强调了拦截器的另一个重要功能：拦截器被绑定到了依赖注入，所以它们可以访问服务。这是特别优雅的，因为如第 3 章所示，追踪当前登录用户最好使用服务完成。下面的样例代码可以在 interceptor_example 2.html 文件中找到，它定义了请求拦截器用于获得凭据的 userService：

```
var m = angular.module('myApp', []);

m.factory('userService', function() {
  return {
    getAuthorization: function() {
      return 'This is a fake authorization';
    }
  }
});

m.config(function($httpProvider) {
  $httpProvider.interceptors.push(function(userService) {
    return {
      request: function(request) {
        request.headers.authorization =
          userService.getAuthorization();
        return request;
      },
      response: function(response) {
        response.data.status = response.status;
        return response;
      }
    }
  });
});
```

之前定义的拦截器将从依赖注入器中接收 userService，并使用它生成凭据。然后拦截器将把这些凭据附加到请求的 authorization 头中。多亏了优雅的依赖注入，即使 HTTP 请求现在可以与 userService 进行交互，interceptor_ example 1.html 样例中的 httpController 代码也不需要改变：

```
m.controller('httpController', function($scope, $http) {
  $http.get('/sample.json').success(function(data) {
```

```
        console.log(JSON.stringify(data));
        $scope.data = data;
    });
});
```

HTTP 请求拦截器最常见的用例就是添加 HTTP 请求头。不过，拦截器也可以修改请求的方法、请求体或者甚至是它的资源。下面是 interceptor_example 2.html 样例中被传入到请求函数中的请求参数：

```
{
  "method": "GET",
  "transformRequest": [
    null
  ],
  "transformResponse": [
    null
  ],
  "url": "/sample.json",
  "headers": {
    "Accept": "application/json, text/plain, */*"
  }
}
```

之前所示的 method、url 和 head 属性分别对应于请求的方法、资源和头。请求体，如果有的话，它将被包含在 data 属性中，可以通过 request.data 访问。不过，GET 请求(以及 HEAD 请求)通常没有请求体，所以在之前的样例中 data 属性是未定义的。

注意：

在其他指南中，你可能看到过 authorization 头被称为 Authorization 头。RFC 2616 的 4.2 小节指定了 HTTP 头名称是大小写不敏感的，所以这两个头是等同的。无论使用大写版本的还是小写版本的都只是个人选择而已。为了与本书 JavaScript 变量命名样式一致，本章将使用小写版本(也就是 authorization)。

错误拦截器

也可以使用拦截器捕捉 HTTP 错误。拦截器可以指定 requestError 和 responseError 函数，它们将分别被调用，用于处理请求错误和响应错误。函数 requestError 和 responseError 将与约定进行交互，而不是直接与请求和响应交互。不过，这些函数将使用 AngularJS 的 $q 服务，它是流行的 NodeJS 约定库 Q 的一个端口。$q 服务的语法与 Promises/A+规范更加一致，所以不要惊讶它的语法与 $http 服务生成的约定不同。

注意：

$q 服务是 AngularJS 推荐用于生成约定的机制。尽管拦截器(在理论上)是兼容于其他 Promises/A+一致的约定库的，例如 Q 和 Bluebird，但是 $q 服务是使用 AngularJS 时最安全的选择。

本章用于与 $q 服务交互的主要机制是 $q.defer()函数。$q.defer()函数将返回一个约定对象，然后我们的异步操作可以在该对象上调用 promise.resolve(value)或者 promise.resolve(error)。

因为 requestError 和 responseError 函数可以返回约定，所以可以使用额外的异步调用从错误中恢复。例如，本章使用的样例将从会话超时错误中恢复。假设用户保持浏览器选项卡处于打开状态几天时间，而且用户的会话过期了。那么下一次当该用户尝试保存数据时，服务器将告诉他用户未登录。许多 JavaScript 应用要么悄悄地失败了，要么选择重定向用户。不过，在使用了拦截器的能力之后，我们的应用可以更加优雅地处理这个任务。

为使用错误拦截器优雅地处理会话超时，userService 需要定义一个异步函数，用于提示用户登录。约定没必要封装异步 HTTP 调用。可以使用约定封装任何异步行为——甚至是等待用户输入密码。在本样例中，我们将把 userService 绑定到一个简单的密码提示中。可在本章样例代码的 interceptor_example 3.html 文件中找到该样例：

```
var m = angular.module('myApp', []);

m.factory('userService', function($q, $rootScope) {
  var password = '';

  var service = {
    getAuthorization: function() {
      return password;
    },
    authenticate: function() {
      var promise = $q.defer();

      $rootScope.promptForPassword = true;
      $rootScope.submitPassword = function(pwd) {
        $rootScope.promptForPassword = false;
        password = pwd;
        promise.resolve(pwd);
      };

      return promise.promise;
    }
  };

  return service;
});
```

之前的代码定义了一个简单的异步密码提示。一旦任何 AngularJS 代码调用了 userService.authenticate()，提示将被显示出来。authenticate()函数会返回一个约定，它将在 HTML 调用 submitPassword()函数时完成。下面是对应于 authenticate()函数的 HTML：

```
<div ng-if="promptForPassword">
  <hr>
  <h2>Please Enter the Password</h2>
  <form ng-submit="submitPassword(password)">
    <input type="text" ng-model="password">
```

```
      <input type="submit" value="Submit">
    </form>
  </div>
```

为了演示HTTP错误状态，正在被用作HTTP服务器的server.js文件将定义一个POST/save路由。如果HTTP authorization头不等于字符串Taco的话，该路由将返回HTTP 401(未授权)状态。下面是修改后的httpController代码，用于发送HTTP POST请求到/save资源：

```
m.controller('httpController', function($scope, $http) {
  $http.post('/save').success(function(data) {
    console.log(JSON.stringify(data));
    $scope.data = data;
  });
});
```

当然，需要定义一个拦截器用于设置authorization头。幸亏，"请求拦截器"一节中定义的请求拦截器足够通用，因此只需对userService做出改动就可以了。将该代码绑定在一起，并在出现HTTP 401状态时提示用户输入密码的是responseError拦截器，代码如下所示：

```
m.config(function($httpProvider) {
  $httpProvider.interceptors.push(function($q, $injector, userService)
{
    return {
      request: function(request) {
        request.headers.authorization =
          userService.getAuthorization();
        return request;
      },
      response: function(response) {
        response.data.status = response.status;
        return response;
      },
      responseError: function(rejection) {
        if (rejection.status === 401) { // 未经授权
          console.log('Rejected because unauthorized with password ' +
            userService.getAuthorization());

          return userService.authenticate().then(function() {
            return $injector.get('$http')(rejection.config);
          });
        }

        return $q.reject(rejection);
      }
    }
  });
});
```

如你所见，该拦截器将使用$q 服务与 rejection 对象交互，并返回正确的约定。如果服务器返回的错误不是 HTTP 401，那么错误拦截器将忽略该错误。注意，我们仍然需要执行代码 return $q.reject(rejection);告诉 AngularJS 拦截器：指定的错误未做任何处理。

当服务器返回 HTTP 401 时，就更有趣了。在本例中，拦截器将激活密码提示，并等待用户输入密码。拦截器将返回一个全新的约定：由 userService.authenticate()返回的约定。

注意，通常我们会使用模态框(一个 JavaScript 弹出框)提示用户登录。第 10 章 "继续前行"将详细讲解 AngularJS-UI Bootstrap 模态框，它是与拦截器 API 集成的一个完美选择。为将 Angular-UI Bootstrap 的$modal 服务与拦截器相集成，只需要知道它众多功能中的两个即可。第一，$modal 服务有一个.open()函数，它将接受一个配置对象，在其中可以指定一个模板和控制器。第二，$modal.open()的返回值有一个 result 属性，它是对用户关闭模态框的约定封装器。下面的样例代码演示了如何使用$modal 服务的约定返回值与 HTTP 拦截器进行集成。可在本章样例代码的 interceptor_example_modal.html 文件中找到该样例：

```
m.factory('userService', function($q, $injector) {
  var password = '';
  var service = {
    getAuthorization: function() {
      return password;
    },
    authenticate: function() {
      var $modal = $injector.get('$modal');
      var modal = $modal.open({
        template: '<div style="padding: 15px">' +
                  ' <input type="password" ng-model="pwd">' +
                  ' <button ng-click="submit(pwd)">' +
                  '   Submit' +
                  ' </button>' +
                  '</div>',
        controller: function($scope, $modalInstance) {
          $scope.submit = function(pwd) {
            $modalInstance.close(pwd);
          };
        }
      });
      return modal.result.then(function(pwd) {
        password = pwd;
      });
    }
  };
  return service;
});
```

错误拦截器返回了一个约定，它将执行两个操作。首先，它将调用 userService.authenticate()，并等待用户输入密码。然后，一旦用户输入了密码，拦截器将使用 rejection.config 对象，"重试"原来的 HTTP 请求。只要用户一直输入的是错误密码，那么服务器将继续返回 HTTP 401 错误，请求拦截器也将继续保存原来的 HTTP 请求，直到用户输入正确的密码。这意味着用户不需要离开页面重新输入密码，因此如果会话超时他们也不会丢失数据。与重定向用户到登录页面并清空用户的表单数据相比，这是一个巨大的改进。

8.3.2 $resource 服务

$resource 服务是对$http 的一个高级抽象，通过它可以在从服务器加载的对象的抽象上进行操作，而不是在每个 HTTP 请求和响应的级别上。$resource 服务允许为 REST API 创建一个方便的封装器，通过它可以执行 CRUD 操作，而不必直接创建 HTTP 请求。换句话说，可以使用$resource 服务的 save()函数创建一个对象，该函数将自动创建正确的 HTTP POST 请求(而不是创建一个 JSON 对象)，然后使用方法 POST 创建一个 HTTP 请求，用于持久化对象到服务器。

注意:

$resource 服务不是 AngularJS 核心的一部分。为了使用它，必须包含 angular-resource.js 文件，并在 ngResource 模块中添加一个依赖。为了方便起见，angular-resource.js 文件的 1.2.16 版本已经被包含到了本章的样例代码中。

$resource 服务自身是一个函数，它将创建这些 REST API 封装器对象。$resource 默认情况下将使用严格的 REST 规范，但是可以扩展它，从而使它可以符合几乎所有 REST 风格的 API。许多 API 都使用 REST 风格的规范，但并未定义完整的 REST API。例如 Twitter APIv1.1(本节将会使用到它)没有提供可以更新推特的路由。而且，删除一条推特需要使用 POST 请求，而不是 DELETE 请求。除了搭建 REST API，通过$resource 还可以基于奇异的 API(例如 Twitter API)创建一个抽象层。

$resource 函数的签名如下所示。注意方括号意味着参数是可选的，可以被忽略掉:

```
$resource(url, [paramDefaults], [actions], options);
```

该函数将返回一个资源对象，它有一组称为操作的函数。每个操作对应着 HTTP 请求的不同分类。换句话说，可以通过指定 HTTP 配置($http()函数的参数)定义一个操作。使操作如此强大的关键功能是: HTTP 配置是参数化的。例如，下面的 tweetService 公开了一个称为 load()的函数，它将从服务器加载指定的推特信息。在本章样例代码的 resource_basic.html 文件中可以找到下面的代码:

```
var m = angular.module('myApp', ['ngResource']);

m.service('tweetService', function($resource) {
  return $resource('/tweets/:id',
    {},
    {
      load: { method: 'GET' }
    });
});
```

```
m.controller('tweetController', function(tweetService) {
  // This performs an HTTP request: GET /tweets/123
  var tweet = tweetService.load({ id: '123' }, function() {
    console.log(JSON.stringify(tweet));
  });
});
```

之前的 tweetService.load()函数实际上将创建一个发送到/tweets/123 的 GET 请求。通过 $resource 服务可以指定 URL 中的路由参数(/tweets/:id 中的:id 就是一个路由参数)。如果曾经使用过像 Ruby on Rails 或者 Express 这样的服务器端框架，或者已经阅读了第 6 章 "模板、位置和路由"，那么就应该熟悉$resource 的路由参数概念。$resource 服务将在 URL 中寻找路由参数，然后从传给操作函数的对象中提取对应的值。

注意：

在之前的样例中，我们把 tweet 变量设置为 load()函数的返回值。然后在 load()函数的回调中使用该 tweet 变量。这是 AngularJS 代码中常见的设计模式。操作函数将返回一个空对象，并追踪该对象的引用。当 HTTP 请求返回时，$resource 将把服务器响应中的属性复制到空对象中。

除了 URL 中的路由参数，还有两种方式可以参数化请求。通过$resource 服务可以定义如何创建查询参数和路由参数默认值的规则。

注意：

路由参数默认值是$resource()函数的第二个参数，当调用操作函数但未指定所有路由参数时将用到它。例如，在下面的样例中，因为控制器的 send()调用未指定路由参数，所以$resource 服务将为 id 使用默认值。如果默认值是一个函数，$resource 服务将执行它，并使用它的返回值。

可以定义将被$resource 服务调用的函数，来设置查询参数和 URL 参数默认值：

```
m.service('tweetService', function($resource) {
  var count = 0;
  return $resource('/tweets/:id',
    {
      id: function() {
        return ++count;
      }
    },
    {
      send: {
        method: 'POST',
        url: '/tweets/:id/send',
        params: {
          counter: function() {
            return count;
```

```
          }
        }
      }
    });
});

m.controller('tweetController', function(tweetService) {
  // 该方法将执行一个 HTTP 请求: POST /tweets/1/send?counter=1
  var tweet = tweetService.send(function() {
    console.log(JSON.stringify(tweet));
  });
});
```

为尽量减少公式化代码，$resource 服务定义了 5 个默认操作。我们定义的所有资源都将自动得到下面 5 个操作。这些操作对应于严格 REST API 中的 CRUD 操作：

```
{ 'get':    {method:'GET'},
  'save':   {method:'POST'},
  'query':  {method:'GET', isArray:true},
  'remove': {method:'DELETE'},
  'delete': {method:'DELETE'} };
```

$resource 服务有两个微妙之处。首先，查询操作的配置中有一个神秘的 isArray 选项。该选项意味着我们期望服务器返回的响应是一个数组，所以 query()函数返回的对象将是一个空数组。当它从服务器接收到 HTTP 响应时，$resource 服务将该数组复制到它返回的数组中。通常不需要使用 isArray 选项，因为许多 API 返回的都是对象，其中包含数组，而不是直接使用整个数组。

其次，$resource 服务返回的对象不只是一个静态操作的集合。资源从语义上讲类似于像 Java 这样的编程语言中的类：它们有静态方法，由到目前为止我们所使用的操作函数表示，但是它们也可以实例化。而且，被实例化的资源含有实例函数，它们将被用作某些操作函数的辅助函数。特别是，save()、remove()和 delete()函数(以及任何其他方法不是 GET 的操作)将被公开为资源实例上的辅助方法。例如，在下面的样例中，推特资源实例中有一个$send()函数，它将自动执行 POST 请求，将推特对象作为 JSON 保存在请求体中。可以在本章样例代码的 resource_instance.html 文件中找到下面的代码：

```
var m = angular.module('myApp', ['ngResource']);

m.service('tweetService', function($resource) {
  return $resource('/tweets/:id',
    {},
    {
      load: { method: 'GET' },
      send: {
        method: 'POST',
        url: '/tweets/:id/send'
      }
    });
```

```
  });

m.controller('tweetController', function(tweetService) {
  // 该方法将执行一个 HTTP 请求: GET /tweets/123
  var tweet = tweetService.load({ id: '123' }, function() {
    console.log(JSON.stringify(tweet));
    // 该方法将执行一个 HTTP 请求: POST /tweets/123/send
    tweet.$send({ id: tweet.id });
  });
});
```

现在你已经看到了 $resource 服务的基本功能，接下来将应用这个知识编写自己的资源。特别是，我们将编写一个使用公开 Twitter REST API v1.1 的一部分的资源。

8.4　使用 Twitter 的 REST API

在本节，我们将围绕 Twitter 的部分 REST API 编写一个资源封装器。特别是围绕 5 个常见的 Twitter API 终端编写封装器，它们大致对应于单个推特的 CRUD 操作。这些终端如下所示：

- GET statuses/retweets/:id
- GET statuses/show/:id
- POST statuses/destroy/:id
- POST statuses/update/:id
- POST statuses/retweet/:id

构建这个资源封装器将帮助我们加深对 $resource 服务的理解。为了简单起见(以及 Twitter REST API 不支持 JSONP 这个事实)，本章样例代码的 NodeJS 服务器为这些终端包含了一个简单的服务器端实现。

为构建一个使用该 API 的资源，首先需要理解这些 API 终端都实现了什么。这些终端并不符合严格的 REST 规范(例如，删除一条推特实际上需要执行的是 POST 请求)。因此，需要做一些额外的工作，使 $resource 服务与该 API 进行交互：

- GET statuses/retweets/:id 终端将返回一个转发推特的数组。
- GET statuses/show/:id 终端将返回一条推特。
- POST statuses/destroy/:id 终端将删除一条推特。
- POST statuses/update/:id 终端将更新一条推特。
- POST statuses/retweet/:id 终端将创建一条转发推特。

这 5 个方法的资源封装器将如下所示。可以在本章样例代码的 resource_twitter.html 文件中找到该代码：

```
m.service('tweetService', function($resource) {
  return $resource('/statuses/',
    {},
    {
```

```
          retweets: {
            method: 'GET',
            url: '/statuses/retweets/:id',
            isArray: true
          },
          show: {
            method: 'GET',
            url: '/statuses/show/:id'
          },
          destroy: {
            method: 'POST',
            url: '/statuses/destroy/:id',
            params: {
              id: '@id'
            }
          },
          update: {
            method: 'POST',
            url: '/statuses/update/:id',
            params: {
              id: '@id'
            }
          },
          retweet: {
            method: 'POST',
            url: '/statuses/retweet/:id',
            params: {
              id: '@id'
            }
          }
        });
    });
```

之前的代码有一个新功能：@id 语法。该语法将指示$resource 服务把 id 路由参数设置到请求体的 id 属性值上。例如，tweetService.retweet({ id: '123' })将发送一个到/statuses/retweet/123 的 POST 请求，请求体中使用的是{ id: '123' }。现在可以创建一个用于加载一条推特和它的转发者的控制器：

```
m.controller('tweetController', function($scope, tweetService) {
  $scope.load = function() {
    $scope.tweet = tweetService.show({ id: '123456' }, function() {
    });
  };

  $scope.loadRetweets = function() {
    $scope.retweets = tweetService.retweets({ id: '123456' },
      function() {});
  };
});
```

你可能已经注意到了之前的控制器并未公开 destroy()、update()和 retweet()函数的封装器。尽管可以直接使用这些函数，但是$resource 服务还公开了实例辅助函数，"$resource 服务"一节已经简单地进行了介绍。一旦获得了 tweet 实例，例如 tweetService.show()返回的实例，就可以使用实例的$destroy()、$update() 和$retweet()辅助函数。调用 tweet.$destroy()辅助函数等同于调用 tweetService.destroy(tweet)。例如，可以使用由 tweetController 公开的 API 实现如下所示的 Retweet 按钮：

```
<button ng-click="tweet.$retweet()">
  Retweet
</button>
```

tweet.$retweet()调用将被翻译成一个发送到/statuses/retweet/123456 的 POST 请求，并在请求体中使用推特实例的 JSON 表示。

恭喜！你已经成功实现了一个封装了部分真正 API 的资源封装器！现在你已经看到了$resource 服务如何让使用 API 这件事情变得非常容易，接下来将学习一个与$resource 服务集成的搭建工具：StrongLoop 的 LoopBack。LoopBack 是一个用于生成 REST API 的高级工具。它将自动生成一个 NodeJS 服务器，并为 REST API 终端的生成提供问答界面。如你将在下一节所看到的，LoopBack 甚至可以生成 AngularJS 资源，使用它自己创建的 REST API 终端。

8.5　使用 StrongLoop LoopBack 搭建 REST API

至此，我们已经学习了AngularJS中HTTP请求的基本概念。不过，这些代码到目前为止只是与简单地服务器后端进行交互。这是因为创建自己的REST API是一个更加复杂的任务，考虑构建REST API将会分散我们对AngularJS HTTP基础知识进行学习的精力。不过，为看到这些基础知识在实际中的效果，我们将使用StrongLoop的LoopBack框架快速搭建一个以NodeJS为后端的REST API。如果尚未安装NodeJS，请访问www.nodejs.org/download，并执行所选择的操作系统对应的指令。

LoopBack 是一个 NodeJS 工具，它将自动生成 REST API。换句话说，LoopBack 可以生成 NodeJS 代码，而该代码将使用流行的 NodeJS Web 框架 Express，并提供一个简单的命令行接口，用于向 REST API 中添加模型。模型是一个代表了数据模式的对象。例如，一个用户模型可以是一个指定存储用户哪些数据的对象，例如指定用户应该有一个表示电子邮件地址的字符串。LoopBack 将创建 API 终端(HTTP 资源的通用类)，可以使用它们在模型实例上执行 CRUD 操作。模型是之前小节中使用$resource 服务构建的资源在服务器端的对等概念。

模型与数据库中表和集合的概念有着密切的关系。事实上，LoopBack 框架的一个关键优势在于可以选择 4 种不同数据库中的某一个持久化模型的实例：MongoDB、Oracle、MySQL 或者 Microsoft SQL Server。可基于模型选择数据库，例如可以在 MongoDB 中存储用户，但是在 MySQL 中存储金融交易。也可以选择只在内存中存储模型的实例。出于本章的目的，我们将只使用内存存储选项，因为安装和创建数据库对于本样例来说是不必要的开销。不过，如果机器上已经安装了 MongoDB，那么可以使用 REST API 把数据持久化到 MongoDB 实例中。实际上，通常我们希望将模型实例存储在数据库中，但是内存存储选项对于教学目的来说是足够的。

8.5.1　使用 LoopBack 构建简单的 API

本节将使用 LoopBack 为存储咖啡的商店搭建一个真正的 REST API。可以使用 LoopBack 创建一个服务器端模型，然后使用 LoopBack 的 AngularJS SDK 构建出对应的 AngularJS $resource 服务。最后，我们将创建一个简单的 HTML 页面，在其中使用 LoopBack AngularJS SDK 自动生成的$resource。

为安装 StrongLoop LoopBack，应该在本章样例代码的 loopback-coffee 目录中运行 npm install。该命令将在 node_modules/strongloop/bin 目录中安装各种 LoopBack 命令行工具。另外，在本节开始关注 LoopBack 意味着本节内容的结束，所以我们只会从高级别学习 LoopBack。可以从 http://loopback.io 中了解 LoopBack 的更多细节。在本章，我们将使用 LoopBack 框架的 2.10.2 版本。

1. 创建新的应用

使用 LoopBack 生成 REST API 时用到的主要命令行工具是 slc 命令。为启动创建 REST API 的过程，从本章样例代码的根目录中运行./node_modules/strongloop/bin/slc loopback 命令。你应该看到下面的提示，根据这些提示，可以通过回答一些简单问题的方式搭建 Web 服务器。将应用命名为 loopback-coffee：

```
[?] What's the name of your application? loopback-coffee
[?] Enter name of the directory to contain the project: loopback-coffee
```

只是运行一个命令，我们就已经创建了一个简单的REST API。该API尚没有模型，但如果运行./node_modules/strongloop/bin/slc run命令，并在浏览器中访问http://localhost:3000的话，应该可以看到显示服务器已经运行了多长时间的JSON数据，如下面的数据所示：

```
{"started":"2015-01-02T22:56:29.454Z","uptime":4.47}
```

2. 创建 LoopBack 模型

可以运行./node_modules/strongloop/bin/slc loopback:model命令创建一个新模型。LoopBack 将提出几个问题用于构建模型。将模型命名为CoffeeShop(复数为CoffeeShops)。出于本节的目的，我们的模型将包含两个属性name和address——都是字符串：

```
? Enter the model name: CoffeeShop
? Select the data-source to attach CoffeeShop to: db (memory)
? Select model's base class: PersistedModel
? Expose CoffeeShop via the REST API? Yes
? Custom plural form (used to build REST URL): CoffeeShops
Let's add some CoffeeShop properties now.
```

```
Enter an empty property name when done.
? Property name: name
   invoke   loopback:property
? Property type: string
? Required? Yes

Let's add another CoffeeShop property.
Enter an empty property name when done.
? Property name: address
   invoke   loopback:property
? Property type: string
? Required? Yes

Let's add another CoffeeShop property.
Enter an empty property name when done.
? Property name:
```

这就是创建 CoffeeShop 模型及其对应 REST API 所需的全部工作了。运行./node modules/strongloop/bin/slc run 命令启动服务器，并在浏览器中访问 http://localhost:3000/api/CoffeeShops。因为我们尚未添加任何咖啡店，所以看到的应该是一个空 JSON 数组。

3. API Explorer

LoopBack 默认公开一个强大的文档和配置工具，称为 API Explorer。在浏览器中访问 http://localhost:3000/explorer，我们应该可以看到服务器中定义的模型的一个列表。现在应该看到两个模型：LoopBack 默认生成的 User 模型和之前小节生成的 CoffeeShops 模型。当单击 CoffeeShops 模型时，应该看到新的 REST API 所支持的所有操作的一个列表。例如，可以发送 POST 请求到/api/CoffeeShops，用于创建一个新的 CoffeeShop 实例，或者发送一个 GET 请求到/api/CoffeeShops，获得所有咖啡商店的一个列表。

4. 使用 LoopBack AngularJS SDK 生成资源

现在我们已经为咖啡店创建了一个REST API，你可能好奇AngularJS何时出现。使用LoopBack构建REST API的一个优点是lb-ng可执行文件，它将为模型生成AngularJS服务。换句话说，lb-ng可执行文件将自动为我们的API完成之前小节为Twitter API所完成的事情。

为运行 lb-ng 可执行文件，首先在 client 目录中创建一个 js 目录。然后运行下面的命令：

```
./node_modules/strongloop/node_modules/loopback-sdk-angular-cli/bin/lb-ng \
  ./server/server.js client/js/services.js
```

就是它！打开 client/js/services.js 文件并搜索"CoffeeShop"。你将看到 LoopBack 基于 $resource 服务构建了一个拥有良好文档的 CoffeeShop 服务。文件 services.js 拥有超过 1600 行代码，但不要担心；LoopBack 在其中生成了大量的注释。CoffeeShop 服务看起来似乎含有大量代码，但 90%的代码其实都是注释。下面是不含注释的 CoffeeShop 服务(为了可读性，对它进行了格式化)：

```
module.factory(
  "CoffeeShop",
  ['LoopBackResource', 'LoopBackAuth', '$injector',
  function(Resource, LoopBackAuth, $injector) {
    var R = Resource(
      urlBase + "/CoffeeShops/:id",
      { 'id': '@id' },
      {
        "create": {
          url: urlBase + "/CoffeeShops",
          method: "POST"
        },
        "upsert": {
          url: urlBase + "/CoffeeShops",
          method: "PUT"
        },
        "exists": {
          url: urlBase + "/CoffeeShops/:id/exists",
          method: "GET"
        },
        "findById": {
          url: urlBase + "/CoffeeShops/:id",
          method: "GET"
        },
        "find": {
          isArray: true,
          url: urlBase + "/CoffeeShops",
          method: "GET"
        },
        "findOne": {
          url: urlBase + "/CoffeeShops/findOne",
          method: "GET"
        },
        "updateAll": {
          url: urlBase + "/CoffeeShops/update",
          method: "POST"
        },
        "deleteById": {
          url: urlBase + "/CoffeeShops/:id",
          method: "DELETE"
        },
        "count": {
          url: urlBase + "/CoffeeShops/count",
          method: "GET"
        },
        "prototype$updateAttributes": {
          url: urlBase + "/CoffeeShops/:id",
          method: "PUT"
        },
```

```
    }
);

R["updateOrCreate"] = R["upsert"];
R["update"] = R["updateAll"];
R["destroyById"] = R["deleteById"];
R["removeById"] = R["deleteById"];

R.modelName = "CoffeeShop";

return R;
}]);
```

这里的 Resource 服务是一个围绕$resource 服务的特定于 LoopBack 的封装器。它们语法是一致的。现在我们已经运行了 lb-ng 命令，那么就可以通过该 service.js 文件使用自定义的 REST API。

为使用 service.js 文件，需要复制 4 个文件到 loopback-coffee 应用中。首先，本章样例代码的根目录中包含一个 middleware.json 文件。从 loopback-coffee 目录中运行下面的命令，将该文件复制到正确的位置：

```
cp ../middleware.json server/middleware.json
```

LoopBack 的中间件配置是一个复杂的主题。出于本节的目的，知道本章的 middleware.json 文件将配置 LoopBack 服务器，提供 client 目录中的静态文件即可。换句话说，访问 http://localhost:3000/js/services.js 将生成 client/js/services.js 文件的内容，其中包含了 CoffeeShop 资源。

复制 middleware.json 文件后，我们还需要将 angular.js、angular-resource.js 和 loopback_coffee.html 文件复制到 loopback-coffee 应用中。angular.js 和 angular-resource.js 文件分别包含了 AngularJS 核心和 ngResource 模块。Loopback_coffee.html 文件包含了页面的真正 HTML。从 loopback-coffee 目录中运行下面的命令，复制这些文件：

```
cp ../angular* client/js/
cp ../loopback_coffee.html client/
```

现在我们已经看到了实际的 CoffeeShop 资源。运行./node modules/strongloop/bin/slc run 命令启动 LoopBack 服务器，并在浏览器中访问 http://localhost:3000/loopback_coffee.html。我们应该看到一个创建新咖啡店的提示，以及已经保存的所有咖啡店的列表。Loopback_coffee.html 文件包含一个控制器 TestController，它将使用 CoffeeShop 资源：

```
angular.module('myApp', ['lbServices']);

function TestController($scope, CoffeeShop) {
  $scope.newShop = new CoffeeShop();
  $scope.allShops = CoffeeShop.find();
  $scope.CoffeeShop = CoffeeShop;
```

```
    $scope.reset = function() {
      $scope.newShop = new CoffeeShop();
    };
  }
```

通过使用由 TestController 公开的 API，可以创建一个 HTML 页面列出所有的咖啡店，并让用户保存新的咖啡店。下面是 loopback_coffee.html 文件中的 HTML 代码：

```
<div ng-controller="TestController">
  <h1>Create New Shop</h1>
  <input type="text" ng-model="newShop.name" placeholder="name">
  <br>
  <input  type="text"
          ng-model="newShop.address"
          placeholder="address">
  <br>
  <button ng-click="allShops.push(newShop); newShop.$create(); reset();">
    Save
  </button>
  <hr>
  <h1>Existing Shops</h1>
  <button ng-click="allShops = CoffeeShop.find()">
    Reload
  </button>
  <ul>
    <li ng-repeat="shop in allShops">
      {{shop.name}} ({{shop.address}})
    </li>
  </ul>
</div>
```

之前的样例使用了 CoffeeShop 资源的两个操作。第一，find()函数将通过发送一个 GET 请求到/api/CoffeeShops 路由，返回一个所有咖啡店的列表。下面是 services.js 文件中 find() 操作的定义：

```
"find": {
  isArray: true,
  url: urlBase + "/CoffeeShops",
  method: "GET"
}
```

第二个操作由$create()函数表示。该函数是一个围绕 create 操作的实例辅助函数。操作 create 将发送一个 POST 请求到/api/CoffeeShops，创建出一个新的 CoffeeShop 实例。下面是 services.js 文件中 create 操作的定义：

```
"create": {
  url: urlBase + "/CoffeeShops",
  method: "POST"
}
```

通过使用这两个基本操作，我们已经创建了围绕 REST API 的 HTML 封装器。多亏了 StrongLoop 的 LoopBack，为了创建一个简单的 REST API 和对应的客户端代码，只需要运行一些命令，并生成一个 51 行的 HTML 文件即可。

恭喜！到目前为止，你已经学习了如何使用$http 和$resource 服务，并使用后者构建了两个 REST API 客户端。但我们只使用了 HTTP 与服务器进行通信。尽管 HTTP 目前是服务器通信最常见的机制，但是它有着固有的限制。HTTP 将服务器限制为只对请求做出响应：它未被设计成允许服务器"推送"更新到客户端。这就是为什么在基于浏览器进行实时聊天这样的应用中，Web 套接字变得越来越流行。下一节将介绍 Web 套接字，并展示如何在 AngularJS 中使用它们。

8.6　在 AngularJS 中使用 Web 套接字

至此，我们已经熟悉了 HTTP。不过，HTTP 并非适合于所有的用例。与一成不变的请求/响应 HTTP 模型相比，WebSocket 标准更加灵活，它允许服务器发送更新到客户端，而不必等待请求。这对于"实时"应用来说是非常有用的。术语"实时"通常是不明确的，所以请考虑这个样例。假设有两个浏览器窗口都打开了之前小节"使用 LoopBack 构建简单的 API"中构建的 loopback-coffee 应用。如果在一个窗口中添加了一个咖啡店，它不会出现在第二个窗口中，除非单击 Reload 按钮触发另一个 HTTP 请求。在真正的实时 Web 应用中，服务将推送更新到客户端，另一个浏览器窗口将立即被更新。

注意：

在计算机科学中，网络套接字是两个程序之间(可能是运行两个不同的机器之上)通信的一个低级别抽象。套接字是一个复杂的话题，但是在本章，可以将套接字看成在两个程序之间提供连接的一块代码，通过它，程序可以彼此发送消息。每个程序都可以从套接字读取消息，并向套接字写入消息。

目前，在JavaScript中使用Web套接字最常见的库是SocketIO。它实际上是在Web套接字之上的一层，通过它可以使用Web套接字发送和接收事件。SocketIO使用的是许多JavaScript项目都在使用的事件发射器设计模式。在事件发射器设计模式中，可以为事件注册一个回调，而且可以发射事件。假设我们发射了一个名为connected的事件。然后事件发射器将调用所有注册监听connected事件的回调。当发射事件时，还可以在事件中附加数据。事件发射器设计模式一个常见的应用是错误处理，如下面的伪代码所示：

```
var emitter = new eventEmitter();

// 注册一个回调，来监听名为'error'的事件
emitter.on('error', function(message) {
  console.log(message); // 输出'woops!'
});

// 发射名为'error'的错误，其中的数据为'woops!'
```

```
emitter.emit('error', 'woops!');
```

事件发射器通常只在程序中工作。不过，SocketIO 提供了一个基于 Web 套接字的事件发射器接口，所以服务器也可以发射(emit())事件到浏览器。

注意：

SocketIO 在概念上类似于 Firebase(另一个实时 Web 开发工具，下一节将进行讲解)。它们都提供了基于 Web 套接字的事件发射器接口，通过它们可以实时地更新客户端。主要的区别在于：SocketIO 有一个服务器端 API，允许我们编写启用了 SocketIO 的服务器。Firebase 则要求我们连接到 Firebase 的服务器，根据你的技能组合这可能是个优点也可能是个缺点。在本章，你不会看到太多区别，因为本章的样例代码使用了一个启用 SocketIO 的服务器。

在本节，我们将使用 AngularJS 和 SocketIO 构建一个简单的实时聊天应用。为了运行本节的样例代码，所有需要使用的就是 server.js 脚本，这是本章到目前为止的所有样例都会使用的脚本。在运行 node server.js 命令时，实际上除了在端口 8080 上启动了一个静态 Web 服务器之外，还在端口 8081 上启动了一个 SocketIO 服务器。在本章，我们将使用 SocketIO 版本 1.3.3。

除了服务器组件，还需要使用 SocketIO 客户端 JavaScript 文件。为方便起见，SocketIO 1.3.3 版本已经被包含到了本章样例代码的 socket.io.js 文件中。

注意：

Internet Explorer 9 及较早的版本不支持 WebSocket。SocketIO 支持 Internet Explorer 9，但使用的是一个权宜的后备选项。为获得最佳效果，请使用最新版本的 Google Chrome(版本 16 及更高版本)或者 Mozilla Firefox(版本 11 或者更高)

使用 SocketIO 客户端在句法上与标准的事件发射器设计模式是一致的。SocketIO 客户端将附加一个名为 io()的函数到全局 window 对象中。函数 io()只接受一个参数：将要链接的 URL；并返回一个事件发射器。这个事件发射器有几个内置的事件。最重要的内置事件是 connect 和 disconnect，当套接字连接和断开时将分别发射这两个事件。另外，客户端可以使用 emit()函数将任意事件发射到服务器。

如果之前的描述不够清楚，那么不要担心；通过样例学习 SocketIO 是非常容易的。下面是本章样例代码中 socketio_chat.html 文件的 JavaScript 代码。这就是使用 SocketIO 创建一个实时聊天应用所需的 JavaScript 代码：

```html
<script type="text/javascript"
        src="angular.js">
</script>
<script type="text/javascript"
        src="socket.io.js">
</script>
<script type="text/javascript">
  angular.module('myApp', []);
```

```
function TestController($scope, $window) {
  $scope.messages = [];
  $scope.name = 'TestConnection';
  $scope.message = 'Test message';

  var socket = $window.io('http://localhost:8081');
  $scope.connected = false;
  socket.on('connect', function() {
    $scope.connected = true;
    $scope.$apply();
  });
  socket.on('disconnect', function() {
    $scope.connected = false;
    $scope.$apply();
  });

  socket.on('message', function(message) {
    $scope.messages.push(message);
    $scope.$apply();
  });

  $scope.sendMessage = function() {
    socket.emit('message', {
      name: $scope.name,
      message: $scope.message
    });

    $scope.message = '';
  };
}
</script>
```

之前代码最重要的部分就是 on('message')事件处理程序和 sendMessage()函数。无论何时，SocketIO 客户端从服务器接收到一个名为 message 的事件，on('message')处理程序都将被调用。该处理程序负责聚合所有从服务器收到的消息。因为 SocketIO 事件不是 AngularJS 的一部分，所以需要调用$scope.$apply()，告知 AngularJS：作用域的数据已经改变了(关于为什么需要这么做的原因，请参见第 4 章"数据绑定")

之前样例中另一个重要部分是 sendMessage()函数。该函数将发射一个 message 事件到服务器。本章的 SocketIO 服务器被设置为重新发射所有"message"事件到所有已连接的套接字。因此，当调用 sendMessage()函数时，SocketIO 将推送 message 事件到所有已连接的客户端。

为了看到实际中这个实时聊天样例是如何运行的，请打开浏览器并访问 http://localhost:8080/socketio_chat.html。打开第二个浏览器窗口，并访问相同的地址。你将注意到：在一个浏览器窗口中单击 Send Message 时，另一个浏览器窗口将自动更新！

现在我们已经看到了实际的 SocketIO 应用，接下来将要使用 Firebase(另一个实时 Web

开发工具)创建一个类似的聊天应用。与 SocketIO 相比，Firebase 使开发实时应用变得更加简洁。

8.7   在 AngularJS 中使用 Firebase

Firebase 是开发实时 Web 应用的一个托管解决方案。Firebase 将使用 AngularFire 连接器与 AngularJS 进行紧密集成。由于这些功能，Firebase 允许我们耗费最小的精力构建 AngularJS 应用：不需要设置服务器、不需要担心$scope.$apply()的调用。所有需要做的就是注册一个账户，但是在本书撰写时，Firebase 提供了一个慷慨的免费层，它应该能够满足本章的样例。注册一个账户，创建一个新的应用，然后记录 Firebase 数据 URL。我们的 Firebase 数据 URL 应该使用的是<name>.firebaseio.com 这样的格式。

为使用 Firebase，需要同时使用 Firebase 客户端和 AngularFire 连接器，它们提供了 AngularJS 到 Firebase 客户端的绑定。为方便起见，本章样例代码中已经包含了 Firebase 客户端 2.0.4(firebase.js 文件)和 AngularFire 版本 0.9.2(angularfire.js 文件)。如你将要看到的，一旦包含了这些文件，持久化数据到服务器将变得非常简单。

首先，使用 script 标记包含 AngularJS 和两个 Firebase 文件：

```
<script type="text/javascript"
    src="angular.js">
</script>
<script type="text/javascript"
    src="firebase.js">
</script>
<script type="text/javascript"
    src="angularfire.js">
</script>
```

接下来创建一个名为FirebaseController的控制器，它将提供的API与之前SocketIO小节控制器中的API是一致的。AngularFire移除了监听事件的需求，并负责调用$scope.$apply()，甚至还可以持久化数据到服务器。下面是firebase_chat.html文件中的JavaScript，它包含了使用AngularFire创建实时聊天应用必需的所有代码：

```
angular.module('myApp', ['firebase']);

function FirebaseController($scope, $window, $firebase) {
  $scope.messages = [];
  $scope.name = 'TestConnection';
  $scope.message = 'Test message';

  var firebase = new $window.Firebase(
    'https:// <name>.firebaseio.com/'); // 这里是 Firebase 数据的 URL
  var sync = $firebase(firebase);

  $scope.messages = sync.$asArray();
```

```
    $scope.sendMessage = function() {
      $scope.messages.$add({
        name: $scope.name,
        message: $scope.message
      });

      $scope.message = '';
    };
  }
```

这个样例出奇地简洁。除了 Firebase 数据 URL，没有类似于 HTTP 调用或者套接字连接这样的代码。请尝试重复之前小节"通过 AngularJS 使用 Web 套接字"中的多浏览器窗口操作。分别在两个浏览器窗口中打开 http://localhost:8080/firebase_chat.html，并开始发送消息。我们应该看到在一个窗口中发送的消息也会出现在另一个窗口中，反之亦然。

使之前样例中这个实时更新正常工作的代码被封装在$asArray()函数和$add()函数中。$asArray()函数将返回一个像数组一样的对象，它拥有特定于AngularFire的功能。在调用$asArray()函数时，Firebase客户端将从服务器加载所有的消息，并维护一个Web套接字，用于接收持续更新。在Firebase客户端之上，AngularFire将负责运行$scope.$apply()，所以我们不必担心AngularJS的digest循环。

$add()函数是 Firebase 中对 JavaScript 数组 push()函数的替代。$add()函数将负责持久化数据到 Firebase。注意，我们必须使用$add()函数；如果只是使用了 push()函数，那么数据不会被持久化到 Firebase 服务器中。

这就是所有与 Firebase 相关的内容了。现在可以看到服务器通信可以变得多么容易。如果自己维护一个服务器，并手动使用$http 服务创建 HTTP 请求真的太麻烦了。Firebase 是一个完美的替代选项，它允许我们绕过所有这些工作，直接开始构建美观的 UI。现在你明白为什么 AngularFire 使用"三向数据绑定"来推销自己了。AngularFire 以几乎与 AngularJS 双向绑定抽象出 DOM 操作的相同方式，抽象出了服务器通信。使用双向绑定时，在输入字段中输入文本将自动更新 JavaScript 变量的状态。使用 AngularFire 的三向数据绑定时，在输入字段中输入文本时将更新 JavaScript 变量的状态，接着该变量立即会被持久化到服务器中。

8.8 小结

在本章，我们学习了 AngularJS 社区为服务器通信提供的各种工具。这些工具从相对低级别的$http 服务(它提供了强大的功能，用于管理每个 HTTP 请求)开始，到 AngularFire(它在"三向数据绑定"层背后抽象出了服务器通信)。我们甚至还使用 StrongLoop 的 LoopBack 生成了自己的 REST API，以及对应的 REST API 客户端。

　　我们还学习了 HTTP 和 Web 套接字之间的区别。尽管 HTTP 仍然是浏览器 JavaScript 主要的服务器通信协议，但由于 Web 套接字拥有推送更新到客户端的能力，它变得越来越流行。尤其是，可以通过像 SocketIO 这样的工具，基于 Web 套接字构建强大的实时应用。Web 套接字可能是浏览器 JavaScript 服务器通信的未来，但是 HTTP 在很长时间内仍然是非常重要的。

第 9 章

测试和调试 AngularJS 应用

本章内容：

- 应用于 AngularJS 应用的测试金字塔
- 使用 Mocha、Karma 和 NodeJS 执行单元测试
- 使用 Sauce 提供云浏览器
- 使用 ng-scenario 和 protractor 执行集成测试
- 高效地使用调试模式
- Chrome 开发者控制台的基础知识

本章的样例代码下载：

可以在 http://www.wrox.com/go/proangularjs 页面的 Download Code 选项卡找到本章的 wrox.com 代码下载文件。

9.1 AngularJS 测试哲学

关于 AngularJS 的一个鲜为人知的事实是：原作者 Misko Hevery 在开始编写当时的 <angular/>时是一个测试工程师。他的角色是测试工程师，工作内容涉及教授 Google 工程师如何使用依赖注入这样的实践编写易于测试的模块代码。毫不奇怪的是，AngularJS 从第一天开始就被设计为易于编写可单元测试的代码。这就是为什么 AngularJS 被认为是一个框架，而不是简单的一个库：控制器、服务和指令为如何编写代码提供了一个固定的结构。而像 jQuery 这样的库只是提供了在代码中使用的辅助函数。

了解 AngularJS 测试哲学的第一步就是了解什么是单元测试。遗憾的是，"单元测试"术语经常被软件工程师误用；如果已经熟悉了另一种定义，那么请记住该术语在 AngularJS

中有着不同的含义。单元测试(一块代码)可以独立于所有其他代码块正确执行。尤其是，单元测试不应该发起任何网络请求或者读取任何文件(因为输入/输出(I/O)是非常缓慢的，而且会增加设置开销)，并假设 I/O 总是成功的。尽管 I/O 不可能失败，但是与内存操作相比，它引起测试失败的可能性要高几个数量级。

一个理想的单元测试当且仅当模块在测试中如何工作的假设不再有效时才会失败。因此，大量单元测试都将通过易于识别何时改动打破了向后兼容性，来使模块测试变得更容易。另外，在日常开发实践中，专注于单元测试将鼓励开发出健壮的模块代码，因为编写单元测试要求认真思考一个特定模块、类或者函数所固有的假设。如Misko Hevery经常说的，如果代码难以测试，那么它也就没有它应该做到的那么好。最后，单元测试不应该要求网络或者文件I/O，所以它们的运行速度应该非常快——每秒运行成千上万测试的级别——并提供一个验证基本功能的快捷方式。

下面是难以正确进行单元测试的 AngularJS 代码的一个样例：

```javascript
function MyController($scope) {
  var xhr = new XMLHttpRequest();
  xhr.open('GET', '/api/v1/me');
  xhr.send();
  xhr.onreadystatechange = function() {
    if (xhr.readyState === 4) { // 4 means response received
      $scope.data = xhr.responseText;
    }
  };

  $scope.computeResultsFromData = function() {
    // 这里是$scope.data 的一些操作
  };
}
```

之前的代码非常简单，但是经过认真检测，发现它携带大量的假设包袱，这将使它难以测试。注意：如果要测试 computeResultsFromData 函数，我们首先需要执行 XMLHttpRequest代码，它将发送一个请求到服务器。换句话说，该代码要求使用一个含有 /api/v1/me路由的服务器，这可能是非常难以设置的。另外，这将在测试中引入网络延迟(和网络失败的风险)，会使测试变得缓慢而且不可靠。当然，之前的代码并不是AngularJS中如何使用HTTP请求的代表。它在AngularJS经常使用的实现如下所示：

```javascript
function MyController($scope, $http) {
  $http.get('/api/v1/me').success(function(data) {
    $scope.data = data;
  });

  $scope.computeResultsFromData = function() {
    // 这里是$scope.data 的一些操作
  };
}
```

除了更加简洁之外,该实现有一个关键的优点:$http 作为参数被传入到了 MyController 中,而在第一个样例中,MyController 有一个 XMLHttpRequest 类的硬编码依赖。在第二个实现中,$http 可以轻松地被模拟出来——也就是说,可使用一个含有相关接口的合适对象替换它,用于测试目的。根据测试需求,可以轻松地使用一个返回硬编码结果的函数、一个断言参数正确的函数或者甚至是一个发送跨站 HTTP 请求到暂存(staging)服务器的函数替换$http.get(),而不必修改代码。在单元测试的上下文中,$http.get()函数应该被一些轻量级并且运行在内存中的函数所替换,所以我们的测试将快速执行,并且没有因为网络 I/O 问题引起失败的风险。

注意:

你可能熟悉"间谍"的概念。为高效地使用非模拟函数调用执行单元测试代码,像之前的 XMLHttpRequest 样例,可使用间谍覆写 window.XMLHttpRequest 函数。有几个模块,例如 SinonJS,它们提供了复杂的间谍功能。不过,这种方式与所有全局状态有着相同的问题:不能并行使用全局间谍运行测试,需要小心地清除全局状态,从而使它们不会污染后续的测试。AngularJS 的代码接口将使它易于编写可模拟的函数调用,所以作为经验准则,永远不应该在全局变量上使用间谍。

测试金字塔

尽管单元测试是保证代码质量和为代码正确性提供快速测试的不可缺少的工具,但是在测试时它们并不是所有的内容。每个模块可能能够按预期运行,但是模块之间的交互仍然可能是不正确的。在编写高单元测试覆盖率的代码中,问题通常会出现在模块之间的交互上,而不是模块自身。测试金字塔的一般概念是:创建一系列测试,从最轻量级和简单的单元测试开始到端到端测试(它将通过终端用户使用的相同代码路径与应用交互)。端到端测试和单元测试之间的空白部分被称为集成测试。参见图 9-1。因为单元测试非常快速,但只覆盖到了少量的功能,所以单元测试的数量要比端到端测试多得多,因此它成为金字塔的基础。端到端测试通常是笨重和缓慢的,但是每个测试都将覆盖到大量代码库。端到端测试的数量应该比单元测试少得多。所以端到端测试组成了金字塔的顶部。如果将测试金字塔比作 USDA 食物金字塔,那么单元测试就是花椰菜:你可能不喜欢编写它们,但是如果希望自己的代码库变得越来越大和强壮,那么无论如何也不应该缺少它们。

通过模拟适当的模块,可以按需编写更高级或者更低级的集成测试。本章将要编写的集成测试看起来像是端到端测试,但它将使用模拟的 HTTP 后端替代$http 服务。也就是说,这些集成测试将通过与 HTML 元素交互的方式与 AngularJS 代码进行交互,但是服务器端代码是通过一个内存存根(stub)来模拟的。这将使你可以专注于测试 AngularJS 应用,而不必担心是否需要测试服务器。正确的端到端测试看起来应该类似于这些集成测试,但使用的是真正的服务器。

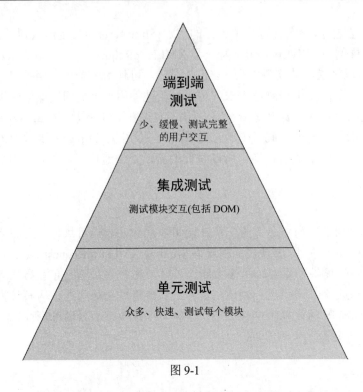

图 9-1

图 9-2 展示了单元测试、DOM(文档对象模型)集成测试和端到端测试与 AngularJS 应用架构的关系。

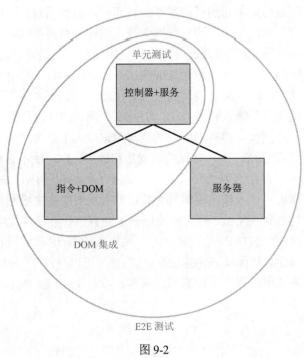

图 9-2

9.2　AngualrJS 中的单元测试

直到最近，对 JavaScript 进行单元测试仍然是非常困难的。不过，随着 NodeJS 的发展，JavaScript 测试工具得到爆炸性发展。另外，作为一个可从命令行使用的 JavaScript 解释器，NodeJS 自身是用于 JavaScript 单元测试的一个宝贵工具。NodeJS 依赖于 V8 JavaScript 引擎，所以可以合理地推测出 JavaScript 将如何在 Google Chrome 浏览器中运行。对于本节的第一部分，在学习如何在真正的浏览器中运行测试之前，将只在 NodeJS 中编写测试。如果尚未安装 NodeJS，请访问 http://www.nodejs.org，并按照所选择平台(OSX、Windows 或者 Linux)对应的指令安装它。在本节，我们还将学习如何使用工具(通过 Node 包管理器 npm 可以获得)轻松织入在线浏览器，用于测试。

9.2.1　Mocha 测试框架

Mocha 在 NodeJS 和 AngularJS 社区中都是一个流行的测试框架，它是由多产的 NodeJS 社区贡献者 TJ Holowaychuk(他还编写了本节将使用的测试模块)编写的。Mocha 非常灵活，它得到了大量测试工具的支持。Jasmine 是另一个测试框架，它在 AngularJS 社区中非常流行，但是 Mocha 除了在 AngularJS 社区中流行外，还已成为 NodeJS 社区中的标准。而且，Mocha 和 Jasmine 的语法几乎是一致的；两者之间的区别是最迂腐的。最大的区别就是 Jasmine 提供了自己的内置断言框架，而 Mocha 没有。

为了开始使用 Mocha，请使用 npm 安装它：

```
npm install mocha -g
```

注意：

命令中指定的-g 标志将告诉 npm 把 Mocha 安装在全局的位置，所以可从命令行访问 mocha 命令。全局安装对于教学来说是非常有用的，但是在实际的项目中不推荐使用。推荐使用的方法是：在 package.json 文件中将 Mocha 添加为依赖，npm install 将使用该文件决定是否需要安装它。还可以使用 Grunt、Gulp 或者 Makefile 这样的工具(参见第 2 章"智能工作流和构建系统")运行测试。这将保证可以使用单个 npm install 命令安装正确版本的 Mocha。而且，将 Mocha 安装在局部将防止不同项目之间的版本冲突。本节稍后将使用这种方式。

Mocha 主要受行为驱动开发(BDD)实践所激励，所以与熟悉的 JUnit、PyUnit 或者类似的框架中使用的、含有 setUp()和 tearDown()函数的常见测试用例相比，Mocha 的测试结构稍有不同。Mocha 的测试结构天生更加强大；测试将使用 describe()和 it()函数进行构造。函数 it()将高效地描述单个测试用例。而 describe()函数则封装了一个测试套件。在 describe() 函数中，可以定义 beforeEach()和 afterEach()函数，它们将分别在套件的每个测试之前和之后执行。

如果这不够清晰，请不要担心。一旦你看到下面的样例之后，Mocha 的测试结构就变得易于理解了。假设现在有一个简单的控制器，它有验证和保存表单的函数，该表单将要

求用户输入用户名和电子地址:

```
function MyFormController($scope, $http) {
    $scope.userData = {};
    $scope.errorMessages = [];

    $scope.saveForm = function() {
        $scope.saving = true;
        $http.
            put('/api/submit', $scope.userData).
            success(function(data) {
                $scope.saving = false;
                $scope.success = true;
            }).
            error(function(err) {
                $scope.saving = false;
                $scope.error = err;
            });
    };

    $scope.validateForm = function() {
        var validationFunctions = [
            {
                fn: function() {
                    return !!$scope.userData.name
                },
                message: 'Name required'
            },
            {
                fn: function() {
                    return !!$scope.userData.email
                },
                message: 'Email required'
            }
        ];

        $scope.errorMessages = [];
        for (var i = 0; i < validationFunctions.length; ++i) {
            if (!validationFunctions[i].fn()) {
                $scope.errorMessages.push(validationFunctions[i].message);
            }
        }
        return $scope.errorMessages;
    };
}

if (typeof module !== 'undefined') {
    module.exports = MyFormController;
}
```

在 MyFormController 中的 typeof module 检测是为了使 MyFormController 在 NodeJS 的 my_form_controller.js 文件之外可见。NodeJS 的 JavaScript 运行时使用了文件级别的作用域，并要求变量被附加到文件的 module 对象中，从而使变量在文件外可见。如果选择在 NodeJS 中测试 AngularJS 控制器，那么可以使用 Browserify 这样的模块构建代码，或者使用之前所示的 typeof module 检查。

接下来的样例将演示 validateForm()函数的两个对应的单元测试：

```
var MyFormController = require('./my_form_controller.js');
var assert = require('assert');

describe('MyFormController', function() {
    describe('validateForm', function() {
        var $scope;
        beforeEach(function() {
            $scope = {};
            MyFormController($scope, null);
        });

        it('should succeed if user entered name and email', function() {
            $scope.userData.name = 'Victor Hugo';
            $scope.userData.email = 'les@miserabl.es';

            $scope.validateForm();
            assert.equal(0, $scope.errorMessages.length);
        });

        it('should fail with no email', function() {
            $scope.userData.name = 'Victor Hugo';
            $scope.userData.email = '';

            $scope.validateForm();
            assert.equal(1, $scope.errorMessages.length);
            assert.equal('Email required', $scope.errorMessages[0]);
        });
    });
});
```

当从命令行使用 mocha my form controller.test.js 命令运行上面的测试时，应该得到 Mocha 默认报告格式的结果：

```
..

2 passing (4ms)
```

注意，MyFormController 代码从技术角度讲完全不依赖于 AngularJS。这些是严格的单元测试；my_form_controller.test.js 文件中的代码不含非模拟依赖，也不要求访问 DOM。my_form_controller.test.js 文件演示了 describe/it 语法的灵活性。可以嵌套 describe()的调用，在测试套件之间提供细粒度的分离，而且可以重用高级别 describe()调用中的变量。即使 describe()调用中只有一个 describe()调用，我们仍可以用 beforeEach()来运行每个嵌套测试套件中的公共设置。还可以在相同的级别混合 describe()和 it()的调用。describe()和 it()调用将按顺序执行，但是所有 it()调用都将在同级别的 describe()调用之前执行。

为测试 Mocha 的执行顺序，请分析下面的代码在 Mocha 中运行时生成的输出：

```javascript
describe('', function() {
  console.log('Top level describe');

  beforeEach(function() {
    console.log('Top level beforeEach');
  });

  afterEach(function() {
    console.log('Top level afterEach');
  });

  describe('', function() {
    // 第一个 describe 拥有两个 it()调用
    beforeEach(function() {
      console.log('2nd level beforeEach from first describe');
    });

    afterEach(function() {
      console.log('2nd level afterEach from first describe');
    });

    it('', function() {
      console.log('test1');
    });

    it('', function() {
      console.log('test2');
    });
  });

  describe('', function() {
    // 第二个 describe 拥有一个 it()调用
    beforeEach(function() {
      console.log('2nd level beforeEach from second describe');
    });

    afterEach(function() {
      console.log('2nd level afterEach from second describe');
    });

    it('', function() {
      console.log('test3');
```

```
        });
    });

    it('', function() {
        console.log('test4');
    });
});
```

因为it()调用将在相同级别的describe()调用之前执行，所以之前代码的输出将如下所示：

```
Top level beforeEach
Test4
Top level afterEach
Top level beforeEach
2nd level beforeEach from first describe
test1
2nd level afterEach from first describe
Top level afterEach
Top level beforeEach
2nd level beforeEach from first describe
test2
2nd level afterEach from first describe
Top level afterEach
Top level beforeEach
2nd level beforeEach from second describe
test3
2nd level afterEach from second describe
Top level afterEach
```

至此，你已经深入了解了 Mocha 测试框架的基础知识。在 NodeJS 中执行测试是从命令行快速验证每个模块正确性的方式。下一步将针对真正的浏览器执行单元测试。

9.2.2 使用 Karma 在浏览器中执行单元测试

在命令行中使用 NodeJS 执行 Mocha 单元测试是非常简单的，但是这有一些重要的限制。如果目标用户只使用 Google Chrome 进行浏览的话，那么在 NodeJS 中运行测试可能是足够的。不过，不同浏览器如何执行 JavaScript 之间有着许多微妙的区别，所以在真正的浏览器中执行单元测试有着明显的优点。幸运的是，有一个称为 Karma 的工具，通过它可以启动浏览器、使用浏览器进行测试并在命令行中查看结果。在本节，将使用 Karma 从命令行中直接在 Google Chrome 中运行测试。

使用 npm 安装和配置 Karma 是最容易的。Karma 被组织为一个拥有大量插件的轻量级核心，所以如果看到 package.json 中含有大量以 karma-为开头的依赖时请不要吃惊。可以与往常一样使用 npm install karma -g 将 Karma 安装到全局。不过，这在实际项目中是非常糟糕的实践，因为这无法利用运行 npm install 安装所有项目依赖的能力。再次，理想的 JavaScript 项目只要求使用一个命令安装所有的依赖。为真正运行这个简单的 Karma 测试，将 Karma 依赖都添加到 package.json 文件中：

```json
{
  "name": "chapter-9",
  "version": "0.0.0",
  "description": "",
  "main": "index.js",
  "scripts": {
    "test": "make test"
  },
  "dependencies": {
    "mocha": "1.20.1",
    "karma": "0.12.16",
    "karma-chai": "0.1.0",
    "karma-mocha": "0.1.4",
    "karma-chrome-launcher": "0.1.4"
  },
  "author": "Valeri Karpov",
  "license": "ISC"
}
```

注意，即使是在简单的测试文件和浏览器的简单用例中，也需要安装 3 个 Karma 插件。karma 包代表了 Karma 的轻量级核心。通过 karma-mocha 包，可将 Karma 和 Mocha 集成在一起，karma-chai 包为 Mocha 测试提供了一个断言框架。最后，通过 karma-chrome-launcher 包，Karma 可以启动和织入一个在线 Google Chrome 浏览器。运行 npm install 后，再运行./node_modules/Karma/bin/Karma --version，来验证是否安装了正确的 Karma 版本。

注意：

NodeJS 包管理器 npm 有点不同寻常。除非使用了-g 标志，否则 npm 将把依赖安装到当前目录的 node_modules 目录中。而且，node_modules 目录中的每个依赖都是一个包含了自己 node_modules 目录的目录。将 NodeJS 中依赖展示为树的这个决定经常因为浪费空间和带宽而引起争议，但是它有两个重要的优点：首先，不需要担心 PATH 变量的维护。其次，因为每个模块都有自己依赖的副本，所以永远也不会在两个模块之间因为依赖于相同模块的两个不兼容版本而引起冲突。由于第二个事实，不指定依赖的精确版本号并没有什么好处——也就是说应该使用 0.1.4，而不是~0.1。

告诉 Karma 如何运行测试的方式是使用配置文件。Karma 默认将在当前目录中寻找一个 karma.conf.js 文件。尽管可以手动创建 Karma 配置文件，但是通常将使用 Karma 方便的 init 辅助函数创建配置文件的基本内容。在 shell 中运行下面的命令，初始化一个配置文件：

```
./node_modules/karma/bin/karma init
```

然后 Karma 将咨询几个问题。在我们的用例中，选择 Mocha 作为测试框架，选择 Chrome 作为希望启动的唯一浏览器。完成后，当前目录中应该包含了一个 karma.conf.js 文件，它的内容将如下所示：

```
module.exports = function(config) {
  config.set({

    // 用于解析所有模式 (例如文件、排除) 的基础路径
    basePath: '',

    // 将要使用的框架
    // 可用的框架: https:// npmjs.org/browse/keyword/karma-adapter
    frameworks: ['mocha', 'chai'],

    // 在浏览器中加载的文件/模式列表
    files: [
      './my_form_controller.js',
      './my_form_controller.test.js'
    ],

    // 排除的文件列表
    exclude: [

    ],

    preprocessors: {},

    reporters: ['progress'],

    // Web 服务器端口
    port: 9876,

    // 启用/禁用输出 (报告和日志) 中的颜色
    colors: true,

    logLevel: config.LOG_INFO,

    // 是否监视文件并在文件改变时执行测试
    autoWatch: true,

    // 启动这些浏览器
    // 可用的浏览器启动器: https:// npmjs.org/browse/keyword/karma-launcher
    browsers: ['Chrome'],

    // 持续集成模式
```

```
    // 如果为真，Karma 将捕获浏览器、运行测试并退出
    singleRun: false
  });
};
```

该配置几乎足以正确地在 Chrome 中运行 my_form_controller.test.js 测试。但我们还需要对 my_form_controller.test.js 文件本身做一个进一步的改动。Karma 将在浏览器中加载指定的文件，所以 my_form_controller.test.js 文件需要保证它在浏览器中运行时不会调用 require()函数。因为函数 require()是特定于 NodeJS 的，所以当 Karma 尝试在 Chrome 中运行测试时，该函数并不存在。

注意：

通过像 Browserify 这样的工具(参见第 3 章)，可以把 NodeJS 样式的 JavaScript 编译成浏览器友好的 JavaScript，但是这些工具的特点与测试 AngularJS 应用的主题关系不大。出于尽量减小复杂性的目的，本章不会使用 Browserify。

下面是 my_form_controller.test.js 文件修改之后的头部代码：

```
if (typeof require !== 'undefined') {
  MyFormController = require('./my_form_controller.js');
  assert = require('assert');
}
```

现在应该能够通过运行./node modules/karma/bin/karma start 启动 Karma 了。Karma 将启动 Google Chrome 的本地版本，执行测试，并在命令行中提供结果。

如果倾向于在项目中使用 Karma，那么应该使用类似于 Grunt、Gulp 或者 Make 这样的自动化工具简化测试工作流，另外不必再每次输入./node modules/karma/bin/karma 命令。例如，下面是一个简单的规则，可以将它添加到 Makefile 中，这样我们就可以使用更简洁的 make karma 命令启动 Karma：

```
karma:
    ./node_modules/karma/bin/karma start
```

9.2.3 使用 Sauce 在云中执行浏览器测试

上一节中描述的 Karma 测试设置在实际中很少使用。尽管它似乎非常简单，但是目前的 Karma 设置是非常有限的，因为需要在每个开发机器中安装所有需要测试的浏览器。我们会希望在 Microsoft Internet Explorer 的多个版本和无数移动浏览器中测试目标应用，这个可能性是很大的。而在开发机器中创建含有这些浏览器的环境是非常麻烦的。幸亏，这个问题有一个云解决方案：Sauce(https://saucelabs.com)，它拥有提供在线浏览器用于执行测试的能力。另外，Sauce 对 Karma 提供了良好的支持。不需要为 Sauce 使用 Karma，但是出于本节的目的，将在 Sauce 提供的浏览器中定义一个新的 Karma 配置。

首先，访问 https:// saucelabs.com 并注册一个账户。Sauce 提供了一个付费服务，但是也有免费的选项：提供数量有限的测试时间。这种免费的方式对于本章的目的来说应该是

足够的。一旦注册成功，记住你的用户名并找到 Sauce 应用编程接口(API)键。需要同时使用这两者。首先是 karma-sauce.conf.js 文件的内容，Karma 和 Sauce 的配置文件如下所示：

```
module.exports = function(config) {
  var customLaunchers = {
    sl_firefox: {
      base: 'SauceLabs',
      browserName: 'firefox',
      version: '27'
    },
    sl_safari: {
      base: 'SauceLabs',
      browserName: 'safari',
      platform: 'OS X 10.6',
      version: '5'
    },
    sl_ie_9: {
      base: 'SauceLabs',
      browserName: 'internet explorer',
      platform: 'Windows 7',
      version: '9'
    }
  };

  config.set({

    // 用于解析所有模式(例如文件、排除)的基础路径
    basePath: '',


    // 将要使用的框架
    // 可用的框架: https:// npmjs.org/browse/keyword/karma-adapter
    frameworks: ['mocha', 'chai'],


    // 在浏览器中加载的文件/模式列表
    files: [
      './my_form_controller.js',
      './my_form_controller.test.js'
    ],

    exclude: [],

    preprocessors: {},

    reporters: ['dots', 'saucelabs'],


    // Web 服务器端口
```

```
    port: 9876,

    // 启用/禁用输出(报告和日志)中的颜色
    colors: true,

    logLevel: config.LOG_INFO,


    // 是否监视文件并在文件改变时执行测试
    autoWatch: true,

    // 使用这些自定义启动器在 Sauce 中启动浏览器
    customLaunchers: customLaunchers,

    // 启动这些浏览器
    // 可用的浏览器启动器：https://npmjs.org/browse/keyword/karma-launcher
    browsers: Object.keys(customLaunchers),


    // 持续集成模式
    // 如果为真，Karma 将捕获浏览器、运行测试并退出
    singleRun: true,

    sauceLabs: {
      testName: 'Web App Unit Tests'
    },
  });
};
```

之前代码中高亮显示的更改部分允许 Karma 连接到 Sauce 和它所提供的目标浏览器。customLaunchers 对象定义了操作系统(OS)以及希望 Sauce 提供的浏览器配置的列表。在本例中，将在 Linux 上启动 Firefox 27，在 Mac OSX 10.6 Snow Leopard 上启动 Safari 6，在 Microsoft Windows 7 上启动 Internet Explorer 9。因为 Karma 默认会一直监视文件的改动，所以为了使测试正确地结束，需要使用 singleRun 选项。最后，sauceLabs.testName 字段允许我们为测试指定人们可读的标识符，从而允许我们在 Sauce 资源仪表盘的测试运行中查找日志。

要使用 Sauce 配置运行 Karma，还需要做出另外两个较小的改动。首先，需要修改 Makefile 来运行这个新的 Karma 配置。Karma 可执行文件将把第二个命令行参数用作应该使用的配置文件，所以运行 karma start karma-sauce.conf.js 命令将告诉 Karma 使用这个新的配置文件。为了使用新的配置运行 Karma，应该在 Makefile 中创建一个新的规则：

```
karma-sauce:
    ./node_modules/karma/bin/karma start karma-sauce.conf.js
```

除了新增加的 karma-sauce 规则，需要为 Sauce 提供用户名和 API 密钥。默认情况下，karma-sauce 将寻找名为 SAUCE_USERNAME 和 SAUCE_ACCESS_KEY 的环境变量，从

而知道它应该使用哪些凭据。如果没有使用环境变量的经验，也不要担心；有两种方式可以设置这些变量。

注意：

环境变量是一个命令行会话中的全局命名变量。环境变量最知名的样例就是 PATH，该变量将告诉 shell 应该在哪个目录中寻找可执行文件。一些 Web 开发者将使用环境变量配置服务器和命令行工具。Web 开发者之间经常争论配置文件还是环境变量是处理服务器配置的正确方式。

设置环境变量的第一种方式是使用 env 命令。命令 env 将创建一个临时的环境变量，它只存在于当前 shell 命令的生命周期中。例如，正确地运行 env SAUCE_USERNAME=vkarpov15 make karma-sauce 命令，将把 SAUCE_USERNAME 变量公开给 make karma-sauce 命令。不过，如果再次运行 make karma-sauce，不会再设置 SAUCE_USERNAME 变量，除非再次使用 env SAUCE USERNAME=vkarpov15 作为命令的开头。

每次都使用 env 命令将产生过多的重复，所以可以选择使用 export 命令。运行 export SAUCE USERNAME=vkarpov15 将设置 SAUCE_USERNAME 环境变量，直到关闭终端窗口。然后我们就可以运行 make karma-sauce，而不需要额外进行配置。

为了强调 Sauce 的高效，将要运行的测试被设计为在 Safari 5 和 Internet Explorer 9 中以不同的方式失败：

```
describe('Tests that fail on different browsers', function() {
    describe('Safari 5 disallows non-UTC designators for ISO dates',
        function() {
        assert.ok(new Date('2007-04-05T14:30:00').toString() != 'Invalid
            Date');
    });

    describe('IE9 outputs weird date string format', function() {
        // IE9 将输出类似于'Thu Apr 5 14:30:00 UTC 2007'的日期
        var d = new Date('2007-04-05T14:30:00').toString();
        assert.ok(d.indexOf('Thu Apr 05 2007') != -1);
    });
});
```

现在运行 make karma-sauce 命令时，应该看到一些类似于下面内容的输出。该测试应该在 Firefox 27 中成功，但是在 Safari 5 和 Internet Explorer 9 中失败：

```
INFO [launcher.sauce]: firefox 27 session at https://
saucelabs.com/tests/...
    INFO [Firefox 27.0.0 (Linux)]: Connected on socket iDn0_bZOOKuYNovd-DoC...
    ..
    Firefox 27.0.0 (Linux): Executed 2 of 2 SUCCESS (0.251 secs / 0.001 secs)
    INFO [launcher.sauce]: safari 5 (OS X 10.6) session at ...
    INFO [launcher.sauce]: internet explorer 9 (Windows 7) session at ...
    INFO [Safari 5.1.9 (Mac OS X 10.6.8)]: Connected on socket
```

```
UfV5ZJ01UhK38mA1-DoD...
    Safari 5.1.9 (Mac OS X 10.6.8) ERROR
      AssertionError: expected false to be truthy
      at /Users/vkarpov/Desktop/Wiley/Sample/Chapter 9/
        node modules/chai/chai.js:925
    Safari 5.1.9 (Mac OS X 10.6.8) ERROR
      AssertionError: expected false to be truthy
      at /Users/vkarpov/Desktop/Wiley/Sample/Chapter 9/
        node_modules/chai/chai.js:925
    Safari 5.1.9 (Mac OS X 10.6.8): Executed 0 of 0 ERROR (0.686 secs / 0 secs)
INFO [IE 9.0.0 (Windows 7)]: Connected on socket dxAxFkCbwzDSkIjx-DoE ...
    IE 9.0.0 (Windows 7) ERROR
      AssertionError: expected false to be truthy
      at /Users/vkarpov/Desktop/Wiley/Sample/Chapter 9/
        node_modules/chai/chai.js:921
    IE 9.0.0 (Windows 7) ERROR
      AssertionError: expected false to be truthy
      at /Users/vkarpov/Desktop/Wiley/Sample/Chapter 9/
        node_modules/chai/chai.js:921
    IE 9.0.0 (Windows 7): Executed 0 of 0 ERROR (1.678 secs / 0 secs)
INFO [launcher.sauce]: Shutting down Sauce Connect
make: *** [karma-sauce] Error 1
```

从高级别上看，Karma 在 Sauce 中提供了目标浏览器，并指导 Sauce 将它们指向 Karma 在本地机器中启动的轻量级 Web 服务器。当 Sauce 加载页面时，Karma 将捕获浏览器，从而在该浏览器中运行测试。一个遗憾的副作用是：Karma 在捕获浏览器时可能会超时，尤其是如果本地机器运行在一个缓慢的网络连接上的话。因此，我们的测试可能因为网络连接缓慢而失败。

9.2.4　评估单元测试选项

本节提到的三种单元测试方式——NodeJS、Karma 和 Karma 加上 Sauce——都有着自己的权衡。在 Mocha 中使用 NodeJS 运行测试是非常易于设置的、可靠的和快速的，但是它并未考虑不同 JavaScript 执行引擎之间的区别。在 Karma 中针对本地浏览器运行测试是非常快速的、可靠的，而且还允许对多个 JavaScript 引擎进行测试，但是它要求在本地机器中安装所有希望测试的浏览器。在使用 Karma 的 Sauce 云中运行测试是非常缓慢和不可靠的，但通过这种方式可以测试多个 JavaScript 引擎，而且不必在本地安装额外的浏览器。

哪种方式最优取决于特定应用的需求。不过，特定于浏览器的问题在纯单元测试的领域中变得越来越少见了。特定于浏览器的问题通常会在针对实际的DOM测试时发生。在单元测试级别，大多数特定于浏览器的问题都发生在使用JavaScript日期对象时，但是这些问题都可以通过moment这样的库进行改善。往往，NodeJS就可以满足严格的单元测试。不过，在下一节中将看到：Karma和Sauce在运行DOM集成测试时也有着不可思议的作用。

9.3　DOM 集成测试

对于在问题破坏生产环境之前捕捉它们来说，单元测试是非常强大和出色的工具。不过，单元测试并未捕捉所有可能出错的问题。即使代码中有着出色的单元测试覆盖率，模块之间或者模块和 DOM 之间的集成也可能是会出现问题。幸亏，AngularJS 提供了两个不同的强大工具集 ng-scenario 和 protractor，用于运行 DOM 之间的集成测试。

第一个工具 ng-scenario 将使用 iframe 元素运行测试。由于 iframe 方式中固有的限制，AngularJS 为了支持第二个工具 protractor，是不建议使用 ng-scenario 的。而且，作为一种安全的方式，如果当前 URL 在一个不同的域中，那么几乎所有的现代浏览器中都不允许 JavaScript 代码访问 iframe 元素中的内容。这意味着我们的测试代码必须与将要测试的目标代码运行在相同的域中，如果希望自动测试暂存服务器，这是一个重大的限制。不过，ng-scenario 也有自己的优点：它易于创建，并且使用起来不那么乏味。

另一方面，protractor 基于 Google 的 Selenium 浏览器自动化工具。Selenium 是一个用于启动和控制各种浏览器的强大工具，protractor 基于 Selenium 提供了一个 AngularJS 友好的层。尽管 protractor 没有 angular-scenario 所存在的 iframe 限制，但是它的问题在于 Selenium 固有的限制和非面向测试的设计决策。首批 Selenium 用户经常会发现一个极其令人沮丧的问题(或者功能，这取决于个人的观点)：在 Selenium 任务不可见的元素上调用 click()时，它将抛出一个异常。尽管这个行为从 Selenium 的角度来看是正确的，但是实际上它为在 Selenium 怪癖范围内工作的用户界面/用户体验(UI/UX)专家增加了许多压力。

在接下来的几个小节中，将学习如何使用这两个工具编写 DOM 集成测试。将要编写的测试是测试 DOM 交互的集成测试，而不是服务器交互。该服务器将使用 AgnularJS 方便的$httpBackend 服务存根(stubbed out)。从架构角度看，这些测试看起来像图 9-3。

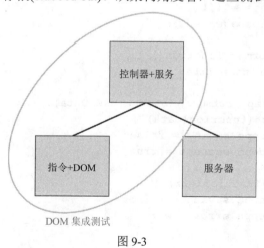

DOM 集成测试

图 9-3

9.3.1　$httpBackend 指南

在单元测试一节中，我们为 AngularJS 作用域创建了一个模拟的存根。作用域是简单

的对象，但是模拟复杂的$http 服务可能有点麻烦。幸亏，AngularJS 提供了一个方便的
$httpBackend 对象，它将允许我们使用$http 存根用于测试。$httpBackend 对象提供了大量
的辅助函数，它们将使服务器交互存根化变得不那么复杂，这是集成测试的关键。在集成
测试的过程中可以执行多个服务器请求。

　　$httpBackend 服务被定义在 ngMock 模块中。AngularJS 文档指定了两个不同的
$httpBackend 对象：用于单元测试的对象在 ngMock 模块中，用于集成测试的对象在
ngMockE2E 模块中；不过，它们都被打包到了一个文件中：angular-mocks.js。因此，只需
要下载 angular-mocks.js 文件，使用 bower install angular-mocks 或者 code.angularjs.org 均可。
为了方便起见，AngularJS v1.2.16 所使用的 angular-mocks.js 文件已经被包含在了本章的样
例代码中。在本节的样例中，将使用 ngMock 模块中定义的对象；不过，在集成测试中，
将使用 ngMockE2E 模块中的对象。这两个$httpBackend 对象之间的区别是非常微妙的：
ngMockE2E 模块中的服务有一个 passthrough 函数，用于指定通过模拟$http 服务发送并与
真正服务器交互的特定路由，而 ngMock 模块中的服务则缺少这个功能。因为本节不会使
用 passthrough 函数，所以这两个函数模块实际上是可以相互交换的。

注意：

　　ngMock 模块有一个重要的限制：它依赖于全局 window 对象中存在的 AngularJS，如
果不使用某种欺骗方式的话，它就无法在 NodeJS 中运行。如果选择在 NodeJS 中运行单元
测试，那么请编写自己的$http 存根版本，而不是使用$httpBackend。

　　通过一个样例学习$httpBackend 是非常直观的。回顾一下之前单元测试小节中使用的
MyFormController，它将验证用户输入的用户名和电子邮件：

```
function MyFormController($scope, $http) {
    $scope.userData = {};
    $scope.errorMessages = [];

    $scope.saveForm = function() {
        $scope.saving = true;
        $http.
            put('/api/submit', $scope.userData).
            success(function(data) {
                $scope.saving = false;
                $scope.success = true;
            }).
            error(function(err) {
                $scope.saving = false;
                $scope.error = err;
            });
    };

    $scope.validateForm = function() {
        var validationFunctions = [
            {
```

```
        fn: function() {
            return !!$scope.userData.name
        },
        message: 'Name required'
    },
    {
        fn: function() {
            return !!$scope.userData.email
        },
        message: 'Email required'
    }
];

$scope.errorMessages = [];
for (var i = 0; i < validationFunctions.length; ++i) {
    if (!validationFunctions[i].fn()) {
        $scope.errorMessages.push(validationFunctions[i].message);
    }
}
return $scope.errorMessages;
};
}
```

注意，为使$httpBackend在测试中可用，需要对 Karma 配置文件做一点小小的修改，同时包含 AngularJS 和 ngMock 模块。这是因为 ngMock 模块依赖于全局 window 对象中存在的 AngularJS。

```
// 浏览器将要加载的文件/模式列表
files: [
  './angular.js',
  './angular-mocks.js',
  './my_form_controller.js',
  './my_form_controller.test.js',
  './my_form_controller.http_backend.test.js'
],
```

新增加的 my_form_controller.http_backend.test.js 文件包含了一个简单的单元测试：使用$httpBackend 测试 saveForm 函数：

```
describe('MyFormController', function() {
    describe('saveForm', function() {
        var $httpBackend, $rootScope, createController;

        beforeEach(inject(function($injector) {
            // 设置模拟 http 服务响应
            $httpBackend = $injector.get('$httpBackend');

            // 持有作用域(即根作用域)
            $rootScope = $injector.get('$rootScope');
```

```
    // 使用$controller 服务创建控制器的实例
    var $controller = $injector.get('$controller');

    createController = function() {
        return $controller('MyFormController', {
            '$scope' : $rootScope
        });
    };
}));

it('should handle a successful server request', function() {
    createController();

    $httpBackend.when('PUT', '/api/submit').respond(200, {});

    $rootScope.saveForm();

    assert.ok($rootScope.saving);

    $httpBackend.flush();

    assert.ok(!$rootScope.saving);
    assert.ok($rootScope.success);
});

it('should handle server-side error', function() {
    createController();

    $httpBackend.when('PUT', '/api/submit').respond(
        500,
        { error: 'Oops' });

    $rootScope.saveForm();

    assert.ok($rootScope.saving);

    $httpBackend.flush();

    assert.ok(!$rootScope.saving);
    assert.ok(!$rootScope.success);
    assert.equal('Oops', $rootScope.error.error);
});
    });
});
```

在之前的代码中，$httpBackend提供了一种配置存根化$http对象的方式，它将通过AngularJS的inject函数传入到控制器中。你之前可能从未见过inject函数，因为它很少在测试代码和AngularJS核心之外使用。函数inject将手动地执行AngularJS中基于名称的依赖注入。在本例中，它将把$scope设置给$rootScope变量，使用$httpBackend配置$http存根，然后执行MyFormController函数。注意，不需要修改$http自身；修改$httpBackend就足够了。

通过$httpBackend 中的 when 函数，可以使用$http 指定服务器调用的结果。函数 when 将使用为可读性所设计的流语法，例如下面的调用：

```
$httpBackend.when('PUT', '/api/submit').respond(200, {});
```

该代码将告诉$httpBackend，当测试代码发送 HTTP PUT 请求到/api/Submit 路由时，结果将返回HTTP状态200(意味着请求成功处理)和一个空响应体。如果测试代码使用when 函数发送 HTTP 请求时，尚未配置适当的$httpBackend，那么$httpBackend 将抛出一个错误，并引起测试失败。

关于$httpBackend 还有一个重要细节：它将异步进行操作，所以需要调用 flush 函数，将响应发送到代码的 HTTP 请求中。这对于测试中间状态来说是非常有用的，例如，测试 saving 变量在 validateForm 被调用之后，但在 HTTP 响应返回之前是否为真。这个异步行为对于测试长时间运行的请求也是非常有用的，例如测试一个 HTTP 请求的超时问题。不过注意，flush 函数不接受参数，所以不可以刷新指定的请求。函数 flush 将使所有未完成的 HTTP 请求都收到它们的结果。

现在我们已经了解了 $httpBackend 是如何工作的，接下来将使用 $httpBackend、protractor 以及 ng-scenario 编写一些复杂的 DOM 集成测试。再次，记住 DOM 集成测试在 AngularJS 架构中是什么样的。DOM 集成测试将使用存根化服务器与页面中的 DOM 元素进行交互，或者(实际上)使用伪后端执行端到端测试。

9.3.2 将要测试的页面

在接下来的两个小节中，将为使用了 MyFormController 代码的 HTML 页面编写一组 DOM 集成测试。首先，请看将要测试的 HTML 页面 my_form.html。该页面可能不是最复杂的 AngularJS 页面，但是为该页面编写的测试演示了测试复杂应用所需的基本原则：

```html
<body ng-controller="MyFormController">
    <h1>This is a Form</h1>
    <hr>
    <h2>Name</h2>
    <input  type="text"
            ng-model="userData.name">
    <h2>Email</h2>
    <input  type="text"
            ng-model="userData.email">
    <hr>
    <input  type="submit"
            value="Save"
            ng-click="validateForm().length === 0 && saveForm()">
    <h2 ng-show="saving">Saving...</h2>
    <h2 ng-show="success">Saved!</h2>
    <div ng-show="errorMessages.length > 0">
        <h3>Errors occurred:</h3>
        <div ng-repeat="message in errorMessages">
```

```
              {{ message }}
          </div>
      </div>
  </body>
```

另外，使用 ng-scenario 和 protractor 运行测试时需要 Web 服务器。使用 NodeJS 创建 Web 服务器用于提供静态内容有多种方式，但是出于本章的目的，将使用 node-static 模块和简单的 server.js 脚本。

```
var static = require('node-static');

var fileServer = new static.Server('./');

require('http').createServer(function (request, response) {
  request.addListener('end', function () {
      fileServer.serve(request, response);
  }).resume();
}).listen(8080);
```

现在，运行 node server.js 命令将在 8080 端口上启动一个 Web 服务器，它提供了本章源目录中的内容。启动服务器之后，请在浏览器中访问 http://localhost:8080/my_form.html，查看实际中这个简单的表单页面。

9.3.3 使用 ng-scenario 执行 DOM 集成测试

ng-scenario 框架是一个简单的 E2E(端到端)集成测试工具。它将通过控制一个 iframe 元素的方式运行，并将提供一个 API 用于操作 iframe 元素。为支持 protractor，AngularJS 团队目前将 ng-scenario 看作是废弃的。不过，根据个人的用例，与 protractor 相比，它可能是更好的工具。在接下来的两个小节中，将了解这两种框架之间的权衡，首先从 ng-scenario 开始。

尽管不是必须结合使用 Karma 和 ng-scenario，但是 Karma 通过负责启动浏览器和在命令行中提供输出的方式，可以使 ng-scenario 的使用更加简单。就像 Mocha 和 Chai 一样，通过 npm，可作为 Karma 框架使用 ng-scenario。可将 karma-ng-scenario 作为依赖包含在 package.json 文件中，并运行 npm install：

```
"dependencies": {
    "mocha": "1.20.1",
    "karma": "0.12.16",
    "karma-chai": "0.1.0",
    "karma-mocha": "0.1.4",
    "karma-ng-scenario": "0.1.0",
    "karma-chrome-launcher": "0.1.4",
    "karma-sauce-launcher": "0.2.8"
},
```

现在我们已经安装了 ng-scenario，接下来要创建另一个 Karma 配置文件和 Makefire 规则。下面是 karma-ng-scenario.conf.js 文件，这个 Karma 配置只需要加载一个文件：my_form_ controller.ng-scenario.test.js(浏览器应该运行的测试套件)。它还需要包含 ng-scenario 框架并创建一个代理。该代理将告诉 Karma 本地 Web 服务器的位置，所以当告诉 ng-scenario 访问 my form.html 时，Karma 知道如何访问(http://localhost:8080/my form.html)。而且，ng-scenario 提供了自己的断言框架，与 Chai 相比，它更易于与 ng-scenario 一起使用，因此不需要包含 Chai 框架：

```
module.exports = function(config) {
  config.set({
    basePath: '',



    // 将要使用的框架
    // 可用的框架: https://npmjs.org/browse/keyword/karma-adapter
    frameworks: ['ng-scenario', 'mocha'],


    // 在浏览器中加载的文件/模式列表
    files: [
      './my_form_controller.ng-scenario.test.js',
    ],

    reporters: ['progress'],

    proxies : {
      '/': 'http://localhost:8080'
    },

    // web 服务器端口
    port: 8080,

    runnerPort: 9100,


    // 启用/禁用输出 (报告和日志) 中的颜色
    colors: true,

    logLevel: config.LOG_DEBUG,


    // 是否监视文件并在文件改变时执行测试
    autoWatch: false,


    // 启动这些浏览器
    // 可用的浏览器启动器: https://npmjs.org/browse/keyword/karma-launcher
    browsers: ['Chrome'],
```

```
    // 持续集成模式
    // 如果为真，Karma 将捕获浏览器、运行测试并退出
    singleRun: true
  });
};
```

我们只在 Chrome 中运行这些测试，并且启用了单线程运行模式，所以 Karma 在测试运行之后将退出。使用单线程运行模式的原因是：集成测试通常比单元测试慢许多，所以通常不需要在每次保存改动之后都运行它们。除了该配置文件，还需要在 Makefile 中添加另一个规则：

```
karma-ng-scenario:
    ./node_modules/karma/bin/karma start karma-ng-scenario.conf.js
```

遗憾的是，$httpBackend 有两个重要的限制。首先，出于测试的目的，$httpBackend 必须定义在被测试的代码中，而不是测试代码中。其次，$httpBackend 将在一个私有数组中存储 when 条件，所以一旦设置了 when 条件，就无法改变它。但是如你所见，对于这些重要的限制，我们有一些合理的改善方案可以避免$httpBackend 这些问题。

下面是my_form.html的头部代码，其中包含了 $httpBackend。注意该代码将把 $httpBackend附加到全局window对象中。当真正编写测试代码时，这个决定的原因将变得更加清晰。

```
<script type="text/javascript" src="/angular.js"></script>
<script type="text/javascript" src="/angular-mocks.js"></script>
<script type="text/javascript">
    var app = angular.module('domTest', ['ngMockE2E']);

    app.config(function($provide) {
        $provide.decorator('$httpBackend',
            angular.mock.e2e.$httpBackendDecorator);
    });

    // 定义伪后端
    app.run(function($httpBackend, $window) {
        $window.$httpBackend = $httpBackend;
    });
</script>
<script type="text/javascript" src="/
    my_form_controller.js"></script>
```

现在需要编写 my_form_controller.ng-scenario.test.js 文件了。有三种情景需要测试。第一，测试用户是否正确地输入了他们的信息，他们将看到一个确认。第二，测试当用户未输入信息时是否看到错误信息。第三，测试当服务器中出现错误时，是否显示了正确的错误消息。下面使用了 ng-scenario 的三个测试：

```
describe('MyForm', function() {
    it('should submit successfully', function() {
```

```
    browser().navigateTo('/my_form.html');

    httpBackend(200, {});

    input('userData.name').enter('Victor Hugo');
    input('userData.email').enter('les@miserabl.es');
    element('input[type=submit]').click();

    expect(element('#saved').css('display')).not().toBe('none');
    expect(element('#saving').css('display')).toBe('none');
    expect(element('#errors').css('display')).toBe('none');
  });

  it('should show errors properly', function() {
    browser().navigateTo('/my_form.html');

    httpBackend(200, {});

    element('input[type=submit]').click();

    expect(element('#saved').css('display')).toBe('none');
    expect(element('#saving').css('display')).toBe('none');
    expect(element('#errors').css('display')).not().toBe('none');

    expect(repeater('.error-message').count()).toBe(2);
    expect(element('.error-message:nth-of-type(1)').html())
        .toContain('Name required');
    expect(element('.error-message:nth-of-type(2)').html())
        .toContain('Email required');
  });

  it('should handle server errors', function() {
    browser().navigateTo('/my_form.html');

    httpBackend(500, { error: 'Internal Server Error' });

    input('userData.name').enter('Victor Hugo');
    input('userData.email').enter('les@miserabl.es');
    element('input[type=submit]').click();

    expect(element('#saved').css('display')).toBe('none');
    expect(element('#server-error').css('display')).not().toBe('none');
    expect(element('#server-error').html())
        .toContain('Server Error: Internal Server Error');
  });
});


angular.scenario.dsl('httpBackend', function() {
  return function(code, response) {
```

```
      return this.addFutureAction('tweaking $httpBackend',
        function(window, document, done) {
          window.$httpBackend.when('PUT', '/api/submit').respond(code,
            response);
          done();
        });
    };
  });
```

请注意之前的DSL代码。DSL代表域特定语言。对于ng-scenario来说，通过DSL可以定义操作测试页面中window和document对象的函数。因为my_form.html将把$httpBackend公开为window对象的属性，所以通过DSL测试代码可以为$httpBackend设置正确的行为。

你可能好奇为什么这些测试将使用 expect 函数做断言，而不是使用 assert.equal。这是因为调用 ng-scenario 的 element.css 函数(例如 element('#saved').css('display'))将返回一个future，而不是一个真正的字符串值。换句话说，element.css 的返回值是异步操作的对象封装器，实际的断言只应该在异步操作完成时执行。函数 expect 将封装所有混淆的异步行为，并让我们在编写测试代码时就当它是同步的一样。

注意：

future 设计模式被用于处理异步计算的值。它与更加知名的约定设计模式关系非常紧密。future 是一个对象，它将被用作将来某个时间点被计算的值的占位符。出于 ng-scenario 的目的，除了这个一句话的定义之外，我们不需要知道任何与 future 相关的事情，因为 expect 函数允许我们与 future 进行交互，就像它们是简单的数字和字符串一样。

函数 browser、input 和 element 都是由 ng-scenario 提供的。实际上，ng-scenario 提供了丰富的工具集用于浏览器交互。可以在 code.angularjs.org/1.2.16/docs/guide/e2e-testing 中看到一个完整的列表。不过，函数 browser、input 和 element 是最常用的。

函数 browser 对于 navigateTo 函数是非常有用的，之前的代码使用它告诉浏览器在每个测试启动时加载 my_form.html。函数 input 公开了一个称为 enter 的函数，该函数将设置字符串输入的值，并在测试页面中调用 scope.$apply。函数 element 将让我们使用 jQuery API 的一个子集来查询和修改测试页面中的元素。例如，element('#saved').css('display')函数调用将返回一个 future，用于代表 ID 为 saved 的 DOM 元素中层叠样式表(CSS)display 属性的值。

现在我们已经阅读了测试代码，接下来该真正地运行测试了。使用 node server.js 启动 Web 服务器，并在一个单独的终端窗口中运行 make karma-ng-scenario 命令。我们应该看到如下所示的输出：

```
Chrome 35.0.1916 (Mac OS X 10.9.2): Executed 0 of 3 SUCCESS (0 secs / 0 secs)
DEBUG [proxy]: proxying request - /my_form.html to localhost:8080
DEBUG [proxy]: proxying request - /angular.js to localhost:8080
DEBUG [proxy]: proxying request - /angular-mocks.js to localhost:8080
Chrome 35.0.1916 (Mac OS X 10.9.2): Executed 2 of 3 SUCCESS (0 secs / 0.434
  secs
Chrome 35.0.1916 (Mac OS X 10.9.2): Executed 3 of 3 SUCCESS (0 secs / 0.564
```

```
        secs
Chrome 35.0.1916 (Mac OS X 10.9.2): Executed 3 of 3 SUCCESS (0.596 secs /
0.564 secs)
DEBUG [karma]: Run complete, exitting.
DEBUG [launcher]: Disconnecting all browsers
DEBUG [launcher]: Process Chrome exited with code 0
DEBUG [temp-dir]: Cleaning temp dir /var/folders/7h/...
```

为 ng-scenario 集成测试使用 Karma 的强大之处在于：易于与 Sauce 进行集成。回顾一下，我们已经使用 Sauce 为运行单元测试在云中提供了浏览器。可以在 ng-scenario 样例中使用相同的方式！Karma 甚至将创建一个通道，使 Sauce 浏览器可以与本地服务器通信。不需要修改 my_form_controller.ng-scenario.test.js 中定义的集成测试。只需要创建一个新的 Karma 配置文件 karma-ng-scenario-sauce.conf.js 即可：

```javascript
module.exports = function(config) {
  var customLaunchers = {
    sl_firefox: {
      base: 'SauceLabs',
      browserName: 'firefox',
      version: '27'
    },
    sl_safari: {
      base: 'SauceLabs',
      browserName: 'safari',
      platform: 'OS X 10.6',
      version: '5'
    },
    sl_ie_9: {
      base: 'SauceLabs',
      browserName: 'internet explorer',
      platform: 'Windows 7',
      version: '9'
    }
  };

  config.set({
    basePath: '',

    frameworks: ['ng-scenario', 'mocha'],

    // 浏览器将要加载的文件/模式列表
    files: [
      './my_form_controller.ng-scenario.test.js',
    ],

    reporters: ['dots', 'saucelabs'],

    proxies : {
      '/': 'http://localhost:8080'
```

```
      },

      // Web 服务器端口
      port: 8080,

      runnerPort: 9100,

      // 在输出 (报告和日志) 中启用/禁用颜色
      colors: true,

      logLevel: config.LOG_DEBUG,

      autoWatch: false,

      customLaunchers: customLaunchers,

      browsers: Object.keys(customLaunchers),

      singleRun: true,

      sauceLabs: {
        testName: 'Web App Integration Tests - ' + (new Date()).toString()
      },
  });
};
```

恭喜！你已经成功使用 Karma 和 ng-scenario 在 Internet Explorer 9、Safari 5 和 Firefox 中运行了 DOM 集成测试。如你所见，ng-scenario 是非常强大的、简单的，而且所需的设置最少。另外，通过 Karma 的通道能力，可以在外部浏览器中运行测试，例如在 Sauce 中。

不过 ng-scenario 使用 iframe 的方式有两个重要的限制。第一，用户不会在 iframe 中运行目标页面，所以我们的测试无法准确地复制用户环境。第二，需要从运行服务器的相同机器中运行 ng-scenario 测试。对于开发工作来说这个限制并不重要，但是对于测试通过 Heroku 部署的一个远程开发服务器、测试无法通过 SSH 访问的服务器或者测试无法启动浏览器的服务器，该怎么办呢？使用 ng-scenario 和 Sauce 可以指定一个全面的测试策略，但是这些限制对于某些组织来说可能是极其关键的。下一节将要讲解的 protractor 没有这些限制。

9.3.4 使用 protractor 执行 DOM 集成测试

protractor 提供另一种 DOM 集成和 E2E 测试的测试方法。与 ng-scenario 不同，protractor 有自己的配置方法，而且不应该与 Karma 一起使用。protractor 允许将测试和服务器分离，所以可以在本地机器的一个脚本中测试暂存服务器或者甚至是生产服务器。protractor 将独家使用 Jasmine 测试框架，但是 Jasmine 和 Mocha 几乎是可以相互交换的，所以很难区分它们。

与本章所学习的其他模块一样，可以通过 npm 获得 protractor。应该将 protractor 添加为 package.json 中的一个依赖，并运行 npm install。另外，为了运行使用了 protractor 的测试，需要运行一个 Web 服务器，因此我们还需要使用 node-static 模块(之前本章的"使用 ng-scenario 执行 DOM 集成测试"一节中已经介绍了它)。

```
"dependencies": {
    "mocha": "1.20.1",
    "karma": "0.12.16",
    "karma-chai": "0.1.0",
    "karma-mocha": "0.1.4",
    "karma-ng-scenario": "0.1.0",
    "karma-chrome-launcher": "0.1.4",
    "karma-sauce-launcher": "0.2.8",
    "node-static": "0.7.3",
    "protractor": "0.24.2"
},
```

protractor 依赖于开源 Selenium 项目的 WebDriverJS 工具。WebDriverJS 无法通过 npm 获得，但是 protractor 提供了一个工具用于安装和管理 WebDriverJS。首先，为了安装 WebDriverJS，请运行下面的命令：

```
./node_modules/protractor/bin/webdriver-manager update
```

完成后，启动 WebDriverJS:

```
./node_modules/protractor/bin/webdriver-manager start
```

因为 protractor 是基于 Selenium 的，而且是与测试页面相分离的，所以它缺少"使用 ng-scenario 执行 DOM 集成测试"一节中所提到的 DSL 功能。因此，需要提供自己的方式，用于在测试页面中配置存根 $httpBackend。最简单的方式就是创建一个单独的页面 my_form.protractor.html，它将基于提供的查询参数配置页面的$httpBackend。下面是在这个新页面中设置$httpBackend 所使用的 JavaScript 代码：

```
var parseQueryString = function(queryString) {
    var params = {};
    pairs = queryString.split("&");

    for (var i = 0; i < pairs.length; ++i) {
        var pair = pairs[i].split('=');
        params[pair[0]] = decodeURIComponent(pair[1]);
    }

    return params;
};

var app = angular.module('domTest', ['ngMockE2E']);

app.config(function($provide) {
    $provide.decorator('$httpBackend',
```

```
                    angular.mock.e2e.$httpBackendDecorator);
});

// 定义伪后端
app.run(function($httpBackend, $window) {
    if ($window.location.href.indexOf('?') != -1) {
        var index = $window.location.href.indexOf('?');
        var queryParams =
          parseQueryString($window.location.href.substr(index + 1));
        var code = parseInt(queryParams.code || '200', 10);
        var result = JSON.parse(queryParams.response || '{}');
        $httpBackend.when('PUT', '/api/submit').respond(code, result);
        return;
    }
    $httpBackend.when('PUT', '/api/submit').respond(200, {});
});
```

通过这些额外的代码,可以使用统一资源定位符(URL)配置存根后端。例如,通过在浏览器中访问 my_form.protractor.html?code=500,$httpBackend 将为发送到/api/submit 的 PUT 请求返回一个含有 HTTP 500 状态的空响应。在使用了这个新的代码之后,我们就可以编写自己的第一个 protractor 测试了。

下面的代码将测试之前 ng-scenario 所完成的 3 个样例。如果回顾一下该节的内容,这些测试看起来应该是非常熟悉的。第一个用例是,如果用户输入了有效的信息,服务器应该返回一个 HTTP 200 响应,而且用户将看到一个确认信息。第二个用例是,如果用户输入了无效的信息,他们将看到一个错误信息。第三种用例是如果用户输入了有效的信息,但是出现了服务器错误,那么用户将看到一条消息,通知他们服务器出现了错误。下面是使用了 protractor 的测试代码:

```
describe('MyForm', function() {
    var ptor;

    beforeEach(function() {
        browser.get('http://localhost:8081/my_form.protractor.html');
        ptor = protractor.getInstance();
    });

    it('should submit successfully', function() {
        element(by.model('userData.name')).sendKeys('Victor Hugo');
        element(by.model('userData.email')).sendKeys('les@miserabl.es');

        element(by.css('input[type=submit]')).click();

        expect(element(by.css('#saved')).
            getCssValue('display')).
                toBe('block');
        expect(element(by.css('#saving')).
            getCssValue('display')).
```

```
                    toBe('none');
      expect(element(by.css('#errors')).
         getCssValue('display')).
            toBe('none');
  });


  it('should show errors properly', function() {
     element(by.css('input[type=submit]')).click();

     expect(element(by.css('#saved')).
        getCssValue('display')).
           toBe('none');
     expect(element(by.css('#saving')).
        getCssValue('display')).
           toBe('none');
     expect(element(by.css('#errors')).
        getCssValue('display')).
           toBe('block');

     expect(element.all(by.css('.error-message')).
        count()).toBe(2);
     expect(element(by.css('.error-message:nth-of-type(1)')).
        getText()).
           toContain('Name required');
     expect(element(by.css('.error-message:nth-of-type(2)')).
        getText()).
           toContain('Email required');
  });


  it('should handle server errors', function() {
     var response =
        '%7B%20"error"%3A%20\"Internal%20Server%20Error"%20%7D';
     var url = 'http://localhost:8081/my_form.protractor.html?' +
        'code=500&' +
        'response=' + response;
     browser.get(url);

     element(by.model('userData.name')).sendKeys('Victor Hugo');
     element(by.model('userData.email')).sendKeys('les@miserabl.es');

     element(by.css('input[type=submit]')).click();

     expect(element(by.css('#saved')).
        getCssValue('display')).
           toBe('none');
     expect(element(by.css('#server-error')).
        getCssValue('display')).
           toBe('block');
     expect(element(by.css('#server-error')).
```

```
        getText()).
            toContain('Server Error: Internal Server Error');
    });
});
```

与 ng-scenario 很像， protractor 的语法被设计为易于阅读的。但遗憾的是，protractor 语法更加笨拙和复杂。之前高亮显示的代码展示了几个常见的模式，它们几乎出现在所有 protractor 测试中。而且，大多数 protractor 测试主要使用这些简单模式的结合。下面是这些模式的细节：

```
// 使用 ngModel='userData.name'将输入字段的值设置为'Victor Hugo'
element(by.model('userData.name')).sendKeys('Victor Hugo');

// 断言匹配 CSS 选择器'#saved'的元素的 display CSS 属性被设置为'block'
expect(element(by.css('#saved')).
  getCssValue('display')).
    toBe('block');

// 单击一个匹配 CSS 选择器'input[type=submit]'的元素
element(by.css('input[type=submit]')).click();

// 断言页面中有两个匹配 CSS 选择器'.error-message'的元素
expect(element.all(by.css('.error-message')).
  count()).toBe(2);

// '断言类设置为'error-message'的第一个 div 元素的文本中包含了' Name required'
expect(element(by.css('.error-message:nth-of-type(1)')).
  getText()).
    toContain('Name required');
```

因为 protractor 不使用 Karma，所以需要使用 protractor 自己的配置格式。下面是 protractor_conf.js 的代码：

```
exports.config = {
  seleniumAddress: 'http://localhost:4444/wd/hub',

  // 将被传递给 webdriver 实例的 capabilities
  capabilities: {
    'browserName': 'chrome'
  },

  // spec 模式是相对于调用 protractor 时的工作目录的
  specs: ['my_form_controller.protractor.test.js'],

  // 将被传递给 Jasmine-node 的选项
  jasmineNodeOpts: {
    showColors: true,
    defaultTimeoutInterval: 30000
  }
};
```

如你所见，protractor的配置通常是非常直观的。值得一提的一个细节是seleniumAddress变量，它是Selenium服务器的统一资源定位符(URI)。运行webdriver-manager start命令将在默认的端口4444上启动Selenium服务器。protractor需要能够连接到这个可运行的Selenium。

另一个值得一提的细节是：protractor 配置文件一次只可以启动一个浏览器，在capabilities.browserName 字段中指定。需要为希望测试的每个浏览器都单独使用一个protractor 配置。

谈到多浏览器，我们还可以将 protractor 和 Sauce 集成在一起。不过，使用 Sauce 和protractor 针对本地服务器运行测试，要么要求创建自己的管道功能，要么需要为本地服务器配置一个域名。与 Karma 不同，protractor 不会自动创建管道。不过，protractor 的强大之处在于能够测试远端服务器，而不是简单地测试本地开发服务器。为实现这个目标，下面是一个标准的 protractor 样例(在 angularjs.org_protractor.js 文件中)，它将测试 angularjs.org主页：

```
describe('angularjs homepage', function() {
    it('should greet the named user', function() {
        browser.get('http://www.angularjs.org');

        element(by.model('yourName')).sendKeys('Professional AngularJS');
        var greeting = element(by.binding('yourName'));

        expect(greeting.getText()).toEqual('Hello Professional AngularJS!');
    });
});
```

可以对 protractor 配置做一点小小的修改，其中的内容如 angularjs.org _protractor.conf.js文件所示：

```
// 样例配置文件
exports.config = {
  // seleniumAddress: 'http://localhost:4444/wd/hub',

  // 将被传递给 webdriver 实例的 capabilities
  capabilities: {
    'browserName': 'chrome'
  },

  sauceUser: 'SAUCE USERNAME HERE',
  sauceKey: 'SAUCE API KEY HERE',

  // spec 模式是相对于调用 protractor 时的工作目录的
  specs: ['angularjs.org_protractor.js'],

  // 将被传递给 Jasmine-node 的选项
  jasmineNodeOpts: {
    showColors: true,
```

```
        defaultTimeoutInterval: 30000
    }
};
```

注意，该代码移除了 seleniumAddress 字段，并指定了 sauceUser 和 sauceKey。protractor 为 Sauce 提供了内置支持，当指定了 sauceUser 和 sauceKey，但未指定 seleniumAddress 时，它会知道连接到 Sauce。

9.3.5 评估 ng-scenario 和 protractor

现在我们已经使用 ng-scenario 和 protractor 编写了基本的测试，你应该注意到了这两个系统中固有的权衡。protractor 是测试远端服务器(尤其是实现端到端测试)的一个强大工具，但是它并未使针对本地服务器运行的 DOM 集成测试变得简单。另一方面，ng-scenario 可以使开发者轻松地针对本地服务器运行测试，允许开发者使用 DSL 函数操作页面，提供更加优雅和简洁的语法以及为丰富的 Karma 插件社区添加插件。

ng-scenario可能更适合于大多数应用，而protractor则有着特定的优点，尤其是当希望测试和衡量真正的服务器时。不过，这些优点是以更加难以使用和不优雅为代价的。另一方面，ng-scenario满足的是一个不同的需求：在本地机器中测试，而不必部署到真正的服务器中。通常与protractor相比，ng-scenario和它相关的工具更加成熟，而且提供了更加多样的功能。在当前这种把测试责任更多地移交给每个开发者的范例中，ng-scenario在测试AngularJS应用中仍然有着重要的作用。protractor可能是AngularJS测试的未来，但是ng-scenario就是现在，优秀的AngularJS开发者应该同时熟悉这两种技术。

9.4 调试 AngularJS 应用

AngularJS 是基于这么一个哲学构建的：自动化测试应该在用户有机会遇到问题之前捕获它们。不过，终端用户特别擅长在代码中寻找问题，要么是偶然的，要么是故意的。无可避免地，每个项目都有自己的问题。幸亏，JavaScript 拥有大量各种各样的调试工具。在本节，将学习使用 debug 模块和 Chrome 开发者工具调试应用。

9.4.1 debug 模块

尽管不缺少 JavaScript 调试器，但是 JavaScript 还是提供了一个调试日志模块，它是如此的强大和优雅，并因此捍卫了自己的地位。通过打印语句进行调试是有争议的。一些开发者认为这是糟糕的实践，而另一些开发者在数年间除了打印语句之外并未使用调试工具。本节内容在这个话题上保持中立，并将同时为这两种方式展示相应的工具。毕竟如传奇算计科学家 Brian Kernighan 曾经说过的，"The most effective debugging tool is still careful thought, coupled with judiciously placed print statements."(*UNIX for Beginners*, Brian Kernighan, Bell Laboratories, 1978)。

当在不允许插入断点或者使用其他常见调试器工具的旧版浏览器中调试问题时，就必须使用这种方式了。

　　模块 debug 可以通过 npm 获得。尽管该模块自身是为 NodeJS 构建的，但是 debug 模块也包含了一个浏览器友好的 dist/debug.js 文件。遗憾的是，该文件并未通过 npm 进行分发，所以需要自己从 github.com/visionmedia/debug 的 GitHub 仓库中直接下载。为方便起见，本章样例代码中包含了 debug.js 的 v1.0.2 版本，在浏览器可以通过 script 标记包含它。

　　模块 debug 公开了一个函数：在浏览器中全局可用的 debug()，它将为指定的命名空间生成一个调试记录器。命名空间是调试记录器的一个唯一标志符。通常，命名空间是希望调试的 AngularJS 控制器、服务或者指令的名称。下面是一个如何为 MyFormController 使用调试模块的样例。可以在样例代码的 my_form_controller.debug.js 文件中找到下面的代码：

```
function MyFormController($scope, $http, $window) {
    if ($window.query && $window.query.debug) {
        debug.enable('MyFormController');
    } else {
        debug.disable('MyFormController');
    }
    var d = debug('MyFormController');
    d('loaded');
    $scope.userData = {};
    $scope.errorMessages = [];

    $scope.saveForm = function() {
        $scope.saving = true;
        d('saving form...');
        $http.
            put('/api/submit', $scope.userData).
            success(function(data) {
                d('save form success');
                $scope.saving = false;
                $scope.success = true;
            }).
            error(function(err) {
                d('save form failed: ' + err);
                $scope.saving = false;
                $scope.error = err;
            });
    };
};
```

　　如果运行之前的代码时设置了 query.debug——也就是访问了/my form.debug.html?debug=true——那么将在控制台中看到下面的输出：

```
MyFormController loaded +0ms
MyFormController saving form... +4s
MyFormController save form success +22ms
```

　　首先每条输出都有命名空间，然后是日志消息，再后是所消耗的时间(因为之前的日志消息跨越了所有的命名空间)。最后一个部分在寻找缓慢的 HTTP 请求时特别有用。另外，消耗的时间输出可以帮助识别哪个$apply 调用是缓慢的，这是调试 AngularJS 性能问题的第一步。

回顾一下，$http 服务将成功和失败处理器封装在对 scope.$apply 函数的调用中。该函数将执行一个潜在的缓慢循环，用于计算所有已注册的表达式，看它们是否发生了变化。一个常见的问题是：指定的$apply 调用将使用多长时间。因为$apply 调用可以通过阻塞的方式在$http 成功处理器之后执行，所以可以在 setTimeout 函数中封装一个调试，从而使它可以在$apply 完成之后立即执行：

```
$scope.saveForm = function() {
    $scope.saving = true;
    d('saving form...');
    $http.
        put('/api/submit', $scope.userData).
        success(function(data) {
            d('save form success');
            $scope.saving = false;
            $scope.success = true;
            setTimeout(function() {
                d('save form $scope.$apply() done');
            }, 0);
        }).
        error(function(err) {
            d('save form failed: ' + err);
            $scope.saving = false;
            $scope.error = err;
        });
};
```

控制台的输出应该如下所示：

```
MyFormController saving form... +5s
MyFormController save form success +29ms
MyFormController save form $scope.$apply() done +2ms
```

关于调试另外一个值得一提的重要细节是：可以启用或者禁用单个调试记录器。debug.disable(namespace)函数将绑定一个空白操作到调试记录器。记住，需要在实例化调试记录器之前调用该函数，因为调试记录器是否真正地输出内容是在它实例化时决定的。

总之，debug 模块提供了一个简单的、优雅的功能集，用于查看应用正在做什么。尽管它不如完整的调试器那么强大，但是通过它可以在缺少复杂开发者工具的旧版本浏览器中调试问题。但是在像 Google Chrome 这样的浏览器中，可以访问一些极其强大的开发者工具，通过它们可以更轻松地进行调试。

9.4.2 使用 Chrome DevTools 进行调试

Google Chrome 的开发者工具提供了一个丰富的工具集，用于调试和分析代码正在完成的事情。除了能够检测 DOM 的状态和读取控制台输出，Chrome 还允许执行更复杂的调试操作，例如断点。

1. 启动开发者工具

如果尚未安装 Google Chrome，那么可从 https:// google.com/chrome 安装它。即使你更喜欢使用另一个浏览器用于日常浏览，Chrome 内置的开发者工具也是开发 AngularJS 应用不可缺少的一部分。一旦启动了 Chrome，就可以访问开发者工具(或者简称 DevTools)了，方法有 4 种：

(1) 打开 Chrome 菜单，然后单击 Tools | Developer Tools。

(2) 在页面上的任意位置右击，选择 Inspect Element。在 DevTools 中打开 Elements 选项卡，通过这种方式可以检测 DOM 的当前状态。

(3) 使用 Ctrl+Shift+I 快捷键(在 Mac 中使用 Cmd+Opt+I)打开 DevTools Elements 选项卡。

(4) 使用 Ctrl+Shift+J 快捷键(在 Mac 中使用 Cmd+Opt+J)打开 DevTools Console 选项卡，显示控制台日志输出。

一旦启动了 DevTools，屏幕底部将出现一个含有 9 个选项卡的面板：Elements、Resources、Network、Sources、Timeline、Profi les、Storage、Audits 和 Console。每个选项卡都有实现了一组不同任务的不同功能。

2. 检测 DOM 的状态

DevTools 中最常见的任务就是检测 DOM 的当前状态，例如 div 元素使用了什么类。例如，在 Chrome 中访问/my_form.debug.html 页面时，右击页面顶部的 h1 元素，并单击 Inspect Element。你应该看到如图 9-4 所示的窗口。

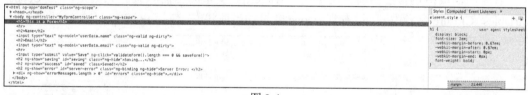

图 9-4

通过右侧的 Styles 面板，可以查看和编辑与所选择元素相关的样式。尝试在 Styles 面板中单击 element.style 文本，并输入 color:red。元素 h1 将变红。当把鼠标悬停在文本上时，应该看到紧挨着 color:red 有一个复选框。如果取消选中复选框的话，元素 h1 将重新变成黑色。

3. 使用控制台选项卡

Console 选项卡将显示像 console.log 和 console.profile 函数的输出。不过，除了这个简单的任务，Console 选项卡还显示了一个读取-评估-打印循环，通常缩写为 REPL，这将允许我们针对页面执行任意的 JavaScript 代码。例如，打开 Console 选项卡，单击>，并输入 alert(window.location.href)。此时应该看到一个显示当前 URL 的警告窗口。

记住，Console 选项卡的 REPL 将针对全局作用域执行 JavaScript 代码，而不是任何一个 AngularJS 作用域。如果希望执行在 AngularJS 控制器中定义的函数，就需要通过将它们附加到$window 对象的方式公开它们。例如，如果打开本章样例代码中的 my_form.html 页面，将看到该页面把$httpBackend 附加到了全局 window 对象中。可以在 Console 选项卡 REPL 中输入下面的代码，手动配置页面的$httpBackend：

```
$httpBackend.when('PUT', '/api/submit').respond(200, {});
```

4. 在源选项卡中设置断点

打开 my_form.html 页面并访问 DevTools 中的 Sources 选项卡。使用 Ctrl+O (在 Mac 中使用 Cmd+O)快捷键在 Sources 选项卡中打开文件 my_form controller.js。现在你应该在 Sources 选项卡中看到 my form controller.js 的源代码。右击第 6 行$scope.saving = true;代码的左侧。在下拉菜单中单击 Set Breakpoint 选项。

现在输入名称和电子邮件地址，并单击 Save 按钮。你应该看到屏幕中弹出了一个 Paused in Debugger 层，并在源代码的右侧显示出一个新的面板，如图 9-5 所示。

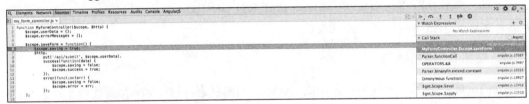

图 9-5

右侧的面板中包含了当前作用域中 JavaScript 变量的当前状态。尤其是，在 Scope Variables | Closure 标题中，可以看到$scope 变量的当前状态，包括 userData 值，参见图 9-6。

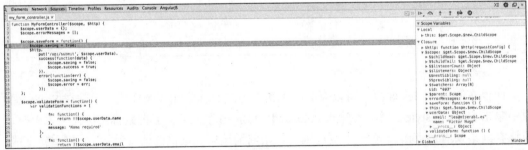

图 9-6

5. 调试网络性能

Network 选项卡提供了一个简单的服务器交互时间轴：什么请求被发送到了服务器，以及花费了多长时间。在 my_form.html 页面上打开 Network 选项卡，应该看到如图 9-7 所示的内容。

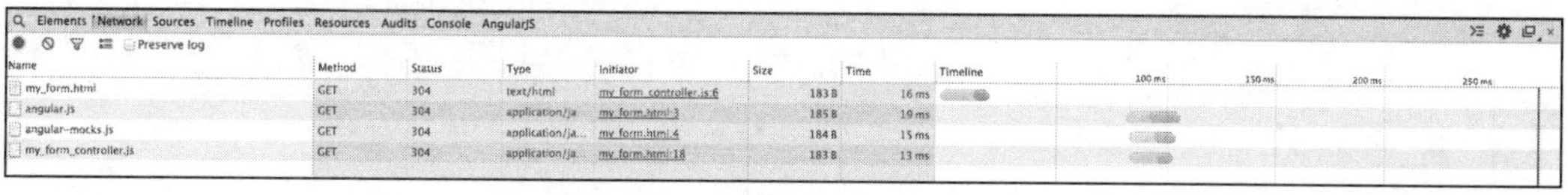

图 9-7

Network 选项卡显示了 4 个服务器请求：一个用于访问 my_form.html，3 个用于访问 JavaScript 文件。所有请求一共花费了 10 毫秒，但是 JavaScript 文件的请求将以并行的方式发生在 my form.html 文件加载的 80 毫秒后。右侧的红线和蓝线表示发生了两个重要的事件：红线表示何时激活 load 事件——也就是所有页面资源完全被加载时。蓝线表示何时激活 DOMContentLoaded 事件——也就是当 HTML 文档被完全加载和解析时。

Network 选项卡还可以显示来自服务器 HTTP 响应的内容。这对于分析问题来说是非常有用的：通常调试 AngularJS 问题时的第一步是决定服务器是否发送了正确的响应，这样我们就可以判断出问题是出现在客户端还是服务器端。尝试在 Name 列中单击 my_form controller.js 字符串。Network 选项卡现在将显示出 HTTP 请求和 HTTP 响应的一个详细分析，参见图 9-8。

图 9-8

这个面板显示 AngularJS 为 localhost:8080/my form controller.js 发送了一个 HTTP GET 请求，并在响应中接收了一个 HTTP 304(Not Modified)状态。Response 选项卡中显示出了响应的实际内容。

9.5　小结

本章介绍了如何设置复杂的浏览器测试工具和调试客户端 JavaScript。AngularJS 被设计为易于测试，并提供了许多工具用于帮助保证，在问题出现在生产环境之前，应用的行为是正确的。尽管 AngularJS 在构建时已经强调了基本的单元测试，但是通过像 Karma、ng-scenario 和 protractor 这样的工具，可通过在线浏览器对应用进行端到端测试，无论是针对本地还是针对 Sauce 的浏览器提供服务。如果需要调试一个问题，除了优雅的开源 JavaScript 工具，还可以使用 Chrome 复杂的 DevTools，它可以帮助我们发现代码出现中出现了什么问题。

第**10**章

继 续 前 行

本章内容:

- 使用流行的框架扩展 AngularJS
- 使用 Angular-UI Bootstrap 模块
- 使用 Ionic 构建混合移动应用
- 使用 MomentJS 操作日期
- 使用 MongooseJS 初始化和验证数据
- 使用 AngularJS 和 ECMAScript 6(Harmony)

本章的样例代码下载:

可以在 http://www.wrox.com/go/proangularjs 页面的 Download Code 选项卡找到本章的 wrox.com 代码下载文件。

如果已经完成了本书的学习,那么恭喜你!之前的章节中包含了所有使用 AngularJS 核心构建和测试复杂应用所需的信息。不过,因为 AngularJS 是开源的,所以有许多表达式、插件和框架可以为 AngularJS 增加强大的功能。而且,JavaScript 自身有着极其活跃的开源社区,有众多模块可以使编写 AngularJS 应用变得更加简单。在本章,将扩展核心 AngularJS,并学习如何使用两个流行的 AngularJS 扩展(Angular-UI 的 Bootstrap 项目和 Ionic 框架),以及如何在 AngularJS 中集成两个流行的 JavaScript 模块(Moment 和 Mongoose)。

另外,JavaScript 自身是一门快速发展的语言。ECMAScript 是 JavaScript 幕后的语言标准,它最近的迭代 ECMAScript 5 (ES5)增加了一些令人激动的功能。另外,有几个浏览器已经增加了对 ECMAScript 6 (ES6)标准中建议的一些特性的支持。稍后将学习如何在 AngularJS 中集成 ES5 访问器,以及如何在$http 服务中使用 ES6 的 yield 关键字。

10.1　使用 Angular-UI Bootstrap

　　Bootstrap (http://www.getbootstrap.com)是一个流行的开源层叠样式表(CSS)框架，由 Twitter 开发，它还附带了一个 JavaScript 库。Bootstrap 提供了各种功能，包括灵活的 12 列网格布局，该布局可以优雅地适应小屏幕(也就是移动设备)。它的 JavaScript 组件中包括模态框、下拉列表和提示，但是 Bootstrap 的 JavaScript 倾向于与 jQuery 样式的 JavaScript 一起工作。尽管 AngularJS 可以执行 jQuery 代码，但是无法使用像数据绑定和指令这样的功能。幸亏，Angular-UI 团队创建它自己的模块 Angular-UI Bootstrap，该模块包含了将 Bootstrap 模块集成到 AngularJS 数据绑定中的指令和服务。

　　为方便起见，本章的样例代码包含了使用 Angular-UI Bootstrap 所需的 4 个文件(除了 AngularJS 1.2.16 之外)。文件 bootstrap.css 和 bootstrap.js 包含了 Twitter Bootstrap 未压缩的 3.2.0 版本。Bootstrap 的 JavaScript 依赖于 jQuery，所以其中还包含了 jQuery 1.11.2。另外，ui-bootstrap-tpls-0.11.2.js 文件包含了 Angular-UI Bootstrap 0.11.2 版本。

　　注意：

　　从技术角度看，Angular-UI Bootstrap 不需要 Bootstrap 的 JavaScript 文件 bootstrap.js。Angular-UI Bootstrap 基于 Bootstrap 的 CSS 实现了自己的组件。不过，实际上同时拥有这两个文件是非常有帮助的。因为在某些不需要使用数据绑定的用例中，使用 AngularJS 是一种浪费，而且也不太方便(与普通的 Bootstrap JavaScript 相比)。例如，如果需要一个简单的下拉列表，它的状态并未绑定到 JavaScript 变量，那么使用 Angular-UI Bootstrap 只会为 $digest 循环增加额外的复杂度和开销。

10.1.1　模态框

　　Angular-UI Bootstrap 最常见的用例之一就是创建支持 AngularJS 的模态框。通常，内置的 JavaScript alert()和 confirm()对话框是不和谐的，看起来也不专业。Bootstrap 的模态框更加优雅和可自定义。在本节，将学习如何使用 Angular-UI Bootstrap $modal 服务为两个用例创建可自定义模态框：一个向用户确认操作的简单对话框，一个向用户索要输入的对话框。本节的样例代码被包含在 bootstrap_modal.html 文件中。

　　$modal 服务有一个函数 open(options)，它将基于 options 对象指定的配置打开一个模态框。Options 对象有许多可调整的选项；不过，有一些在几乎所有用例中都是必需的。毫不奇怪的是，$modal 服务允许我们指定 template 或者 templateURL 选项，这将告诉 Angular-UI Bootstrap 在模态框中渲染哪个模板(记住模板是包含 AngularJS 注入的 HTML 的字符串)。另外，$modal 服务允许指定 scope 选项，这将定义$modal 模板作用域的父作用域。注意，$modal 服务总是为模板创建一个新的作用域。默认情况下，该作用域的父亲是页面的根作用域，由$rootScope 服务表示。不过，通常我们希望让$modal 服务创建的作用域使用当前控制器的作用域作为父作用域。这将使模态框可以与控制器中定义的方法进行无缝交互。

　　现在我们已经了解了可用于配置$modal 服务的基本选项，接下来是一个简单模态框的实现，它将向用户确认一个操作：

```
// 为了使用 Angular-UI Bootstrap，需要在'ui.bootstrap'模块中添加一个依赖
var app = angular.module('myApp', ['ui.bootstrap']);

var confirmationTemplate =
    "<h3>" +
    "  Are you sure you want to learn about" +
    "  Angular-UI Bootstrap modals?" +
    "</h3>" +
    "<hr>" +
    "<button class='btn' type='submit' ng-click='confirm(true)'>" +
    "  Yes" +
    "</button>" +
    "<button class='btn' type='submit' ng-click='confirm(false)'>" +
    "  No" +
    "</button>";

app.controller('MyController', function($scope, $modal) {
    $scope.confirmed;
    $scope.modal;
    $scope.confirm = function(confirmed) {
        $scope.confirmed = confirmed;
        $scope.modal.close();
    };

    $scope.showConfirmation = function() {
        $scope.modal = $modal.
            open({
                scope: $scope,
                template: confirmationTemplate
            });
    };
});
```

之前的控制器通过控制器的作用域公开了两个函数：showConfirmation()和 confirm()，前者将使用$modal 服务打开一个模态框，它的模板是 confirmationTemplate 字符串，后者将被该模板所调用，从而返回结果并关闭模态框。再次，confirmationTemplate 模板将在一个父作用域为控制器$scope 的作用域中执行。下面是对应于该控制器的 HTML：

```
<div ng-controller="MyController">
    <button type="submit"
            class="btn"
            ng-click="showConfirmation()">
        Show Confirmation Modal
    </button>
    <h2 ng-if="confirmed === true">
        Confirmed
    </h2>
    <h2 ng-if="confirmed === false">
        Denied
```

```
        </h2>
    </div>
```

通常，需要显式地设置模态框的 scope 选项(而不是使用默认的$rootScope)，将模态框模板的访问赋给控制器的$scope 中定义的函数。之前的代码依赖于模态框模板可以调用 confirm()函数(它被附加到了控制器的$scope 中)这个事实，从而可以将用户的选择发送给控制器。另外，因为$modal 服务将创建自己的作用域，所以可以修改模态框模板中的变量和函数，但是无法修改控制器的$scope。而且，可以在$modal.open()方法中使用 controller 选项，将一个控制器附加到模态框中。通过 controller 选项，可以编写拥有自己内部状态的复杂模块。例如，下面是让用户从下拉列表中选择最喜爱章节的模态框的实现：

```
$scope.favoriteChapter;
$scope.showSelectModal = function() {
    $scope.modal = $modal.
        open({
            scope: $scope,
            template: selectModalTemplate,
            controller: 'SelectModalController'
        });
};

$scope.setFavoriteChapter = function(chapter) {
    $scope.favoriteChapter = chapter;
};
```

注意这个模态框将使用刚刚学习的 controller 选项。下面是之前提到的 SelectModalController 的实现：

```
app.controller('SelectModalController',
    function($scope, $modalInstance) {
        $scope.options = [];
        $scope.selectedOption;
        for (var i = 1; i <= 10; ++i) {
            $scope.options.push('Chapter ' + i);
        }

        $scope.select = function() {
            $scope.setFavoriteChapter($scope.selectedOption);
            $modalInstance.close();
        };
    });
```

注意，SelectModalController 控制器将使用一个通过依赖注入传递进来的本地对象 $modalInstance。记住，本地对象是一个在指定环境中注册到依赖注入器的额外对象(本地对象最常见的用例是$scope)。与$scope 非常相像，不可以注册依赖于$modalInstance 的服务。如果尝试在 ngController 指令或者$modal 调用之外使用依赖于$modalInstance 的控制器，AngularJS 将抛出一个错误。例如，下面的 HTML 将引起一个 "Unknown provider" 错误：

```
<div ng-controller="SelectModalController"></div>
```

$modalInstance 本地对象将公开一个方便的应用编程接口(API)，用于操作模态框。在 SelectModalController 中，将使用它的 close()函数在用户选择了最喜爱的章节之后关闭模态框。还有一个 dismiss()函数，它的行为几乎与 close()函数是一致的。唯一的区别在于：从语义上讲，调用 dismiss()将被翻译为：模态框将被关闭，无须用户执行必要的操作。尤其是，$modalInstance 还有一个 result 属性，这是一个约定，它将在模态框关闭时履行，在模态框被取消时拒绝(记住，约定好似一个对象，它基于异步请求提供了语法糖)。不过，在该样例中不会使用约定，所以对于 SelectModalController 的目的来说，close()函数和 dismiss()函数是可以相互交换的。

SelectModalController 还有一个值得一提的细节是：它可以调用 setFavoriteChapter()函数，而该函数实际上被定义在它的父作用域中。可以回顾一下第 4 章 "数据绑定" 的内容，作用域可以从父作用域继承；因此，可以调用 MyController 作用域的祖先作用域中的 setFavoriteChapter()函数。这个作用域间的通信正是为什么通常我们在调用$modal.open()时指定 scope 选项的原因。如果不这样做，模态框的模板和控制器就无法访问 MyController 作用域中定义的任何属性，模态框也就无法有效地与控制器进行通信。

现在我们已经研究了模态框控制器的特点，接下来将在模态框的模板中使用该控制器的函数。该模态框的模板 selectModalTemplate 如下所示：

```
var selectModalTemplate =
    "<h2>What's your favorite chapter?</h2>" +
    "<select ng-model='selectedOption'" +
    "        ng-options='x for x in options'>" +
    "</select>" +
    "<hr>" +
    "<button class='btn' ng-click='select()'>" +
    "  Submit" +
    "</button>";
```

selectModalTemplate 模板只能直接与 SelectModalController 中定义的属性交互——也就是 options , selectedOption 和 select()函数。通常，为了最大化可重用性，我们希望最小化模态框对父作用域的依赖。实际上，通常我们只在单个控制器中使用指定的模态框，但是你可能会让多个控制器使用含有相同模板、相同控制器或者同时含有两者的模态框。不过，我们更希望重用模板，而不是控制器，因为 AngularJS 没有模板继承的概念。因此，为了可重用性，保证模态框模板不与父作用域进行交互是一个好主意。

10.1.2　日期选择器

AngularJS 核心缺少的一个常见用例是：让用户选择一个日期。AngularJS 确实可以与 HTML5 "日期" 输入字段(类似于 "文本" 输入字段)很好地进行交互，但是 HTML5 元素的浏览器支持非常糟糕。实际上，到 2014 年时，Internet Explorer、Firefox 或者 Safari 的所有版本都不支持 HTML5 "日期" 输入字段。幸亏，Angular-UI Bootstrap 有一个简洁并且简单的 datepicker 指令，可以在应用中使用。本节的样例代码在 bootstrap_datepicker.html

文件中。假设控制器的代码如下所示：

```
app.controller('MyController', function($scope) {
    $scope.date = new Date();
});
```

插入一个允许用户选择日期的 Angular-UI Bootstrap datepicker 指令只需要一行代码：

```
<datepicker ng-model="date"></datepicker>
```

不过，默认datepicker指令将显示一个大型的日历，这无法很好地向用户表达当前选择的日期是什么(它强调了当前被选择的日期,但是只有当处于正确的月份时才能很好地工作)。如果希望模拟HTML5 <input type="date">元素——也就是在文本输入中显示当前所选择的日期,并且只有在用户单击输入字段时才显示日历——那么可以使用相关的datepicker-popu指令。当用户单击输入字段时，通过该指令可以在一个弹出框中显示出一个与datepicker指令对等的日历：

```
<input  type="text"
        class="form-control"
        datepicker-popup="yyyy/MM/dd"
        ng-disabled="isOpen"
        ng-model="date"
        is-open="isOpen"
        ng-click="isOpen = true" />
```

指令 datepicker-popup 将接受一个格式字符串。该字符串代表了被传入到 AngularJS 日期过滤器中的格式，用于决定如何在输入字段中渲染日期。在本样例中，对于日期 June 1, 2011，在输入字段中它将被渲染为"2011/06/01"。

注意，datepicker 弹出框的打开/关闭状态是由 isOpen 变量所控制的。无论何时用户单击输入字段，isOpen 变量都将被设置为 true。当 datepicker 弹出框应该被关闭时，它有一些合理的默认规则，例如当用户单击在不是弹出框的位置上时或者当用户真正地选择了一个日期时。在之前的样例中，当 datepicker 弹出框打开时，输入字段被设置为"禁用"。这是一个用户体验(UX)决定，用于保证终端用户无法在输入字段中输入内容。默认情况下，当 datepicker 弹出框打开时，是允许用户在输入字段中输入内容的，而这将导致不可预测的行为。

10.1.3　时间选择器

指令 datepicker 只允许修改日期。对 datepicker 指令非常自然的改进是创建一个让用户可以修改时间的指令，这样就可以询问用户特定的事件在什么时候发生。幸亏，Angular-UI Bootstrap 有一个对应的 timepicker 指令，它将以类似于 datepicker 指令的方式进行操作。可以同时使用这两个指令：

```
<div ng-controller="MyDateController">
    <h2>Date</h2>
    <div style="width: 300px">
```

```
            <input  type="text"
                    class="form-control"
                    datepicker-popup="yyyy/MM/dd"
                    ng-disabled="isOpen"
                    ng-model="date"
                    is-open="isOpen"
                    ng-click="isOpen = true" />
        </div>
        <h2>Time</h2>
        <timepicker ng-model="date">
        </timepicker>
        <hr>
        <h2>
            Currently Selected Date: {{date | date:'medium'}}
        </h2>
    </div>
```

指令 timepicker 将被无缝地绑定到双向数据绑定中，所以可以简单地指定一个 ngModel，并让指令处理所有的用户交互。指令 timepicker 还有一些复杂的用户输入机制。例如，用户可以使用鼠标滚轮增加或者减少当前的小时和分钟数。尽管鼠标滚轮集成通常是正确的选择，但是可以使用 mousewheel 特性禁用它。禁用鼠标滚轮集成的代码如下所示：

```
            <timepicker ng-model="date" mousewheel="false">
            </timepicker>
```

10.1.4　自定义模板

在使用 datepicker 和 timepicker 时，你可能已经注意到：通过所提供的配置选项无法修改指令的用户界面。也就是说，我们无法使用自己的模板取代默认的 timepicker 指令模板。不幸的是，AngularJS 模板如何工作存在着一个限制：一旦 AngularJS 获得了指令模板，就无法修改它(也就是说，AngularJS 只调用指令函数一次)。幸亏，Angular-UI Bootstrap 将允许为指定的指令覆写模板(它将改写该指令所有实例的模板)。在本节，将为之前小节中学习的 timepicker 指令构建自己的模板。

注意：

你可能好奇为什么Angular-UI Bootstrap JavaScript文件被命名为bootstrap-tpls-0.11.2.js。tpls意味着该文件包含了所有指令的模板。Angular-UI Bootstrap也作为bootstrap-0.11.2.js进行分发，该文件并未包含模板，因此需要为希望使用的所有指令指定自己的模板。通常，如果刚刚启动一个新的项目，那么我们会希望使用Angular-UI Bootstrap的templates-included build(也就是bootstrap-tpls-0.11.2.js文件)，因为如你在本节所见，可以轻松地改写已有的模板。如果项目中并未使用任何内置模板，而且出于性能的考虑希望缩减文件大小，那么可以使用无模板版本(bootstrap-0.11.2.js文件)。

改写内置 Angular-UI Bootstrap 指令模板最简单的方式就是使用 AngularJS 的 script 指令(AngularJS 将检测页面的 script 标记寻找模板)。为了使用只显示一些文本的简单模板替换 timepicker 指令模板，请使用下面的代码：

```
<script id="template/timepicker/timepicker.html"
    type="text/ng-template">
<h2>
    ==> I am a timepicker!
</h2>
</script>
```

之前的代码将告诉 AngularJS 的模板缓存：不要为 template/timepicker/timepicker.html 模板发送 HTTP 请求；相反，它应该使用 script 标记的内容。如果希望了解关于 AngularJS 模板缓存的更多内容，第 6 章 "模板、位置和路由" 中包含了详细的信息。不过出于本节的目的，知道模板缓存按照 ID(通常是统一资源定位符或者 URL)存储模板，而且可以使用 <script type="text/ng-template">改写模板缓存中的一个条目就足够了。指令 timepicker 使用的是 template/timepicker/timepicker.html 模板，所以可以使用 script 标记改写它。

到目前为止，我们已经使用 "Hello, world" 模板替换了 timepicker 指令。为了使自定义模板变得有用，需要检测并了解默认的 timepicker 指令模板是如何工作的。这就是为什么通常我们应该使用默认的 Angular-UIBootstrap 模板的原因。为了编写一个自定义指令模板，需要一个对 timepicker 指令是如何工作的有更详细的了解。也就是说需要知道调用什么函数，使用什么作用域变量绑定输入字段，从而可以编写一个正常运行的时间选择器。许多情况下，这是不必要的工作。不过，timepicker 指令是一个常见的选择。默认的 timepicker 指令 UI 对于许多应用来说都是很糟糕的。

下面是 ui-bootstrap-tpls-0.11.2.js 文件中 timepicker 指令默认使用的模板，这里为了可读性对它进行了格式化：

```
<table>
  <tbody>
    <tr class="text-center">
      <td>
        <a ng-click="incrementHours()"
          class="btn btn-link">
          <span class="glyphicon glyphicon-chevron-up">
          </span>
        </a>
      </td>
      <td> </td>
      <td>
        <a ng-click="incrementMinutes()"
          class="btn btn-link">
          <span class="glyphicon glyphicon-chevron-up">
          </span>
        </a>
      </td>
      <td ng-show="showMeridian"></td>
    </tr>
    <tr>
```

```
    <td style="width:50px;"
        class="form-group"
        ng-class="{'has-error': invalidHours}">
        <input  type="text"
                ng-model="hours"
                ng-change="updateHours()"
                class="form-control text-center"
                ng-mousewheel="incrementHours()"
                ng-readonly="readonlyInput"
                maxlength="2">
    </td>
    <td>:</td>
    <td style="width:50px;"
        class="form-group"
        ng-class="{'has-error': invalidMinutes}">
        <input  type="text"
                ng-model="minutes"
                ng-change="updateMinutes()"
                class="form-control text-center"
                ng-readonly="readonlyInput"
                maxlength="2">
    </td>
    <td ng-show="showMeridian">
        <button type="button"
                class="btn btn-default text-center"
                ng-click="toggleMeridian()">
                {{meridian}}
        </button>
    </td>
</tr>
<tr class="text-center">
    <td>
        <a ng-click="decrementHours()"
           class="btn btn-link">
           <span class="glyphicon glyphicon-chevron-down">
           </span>
        </a>
    </td>
    <td> </td>
    <td>
        <a ng-click="decrementMinutes()"
           class="btn btn-link">
           <span class="glyphicon glyphicon-chevron-down">
           </span>
        </a>
    </td>
    <td ng-show="showMeridian">
    </td>
</tr>
```

```
    </tbody>
  </table>
```

在之前的 timepicker 指令模板中，高亮部分显示出了一个如何使用 timepicker 指令控制器的"API"操作当前时间的样例。尤其是，timepicker 指令控制器将公开一个 hours 变量和一个 minutes 变量，用于维护 timepicker 指令的内部状态。为了保证这些变量的改动被正确地进行处理，在改变了这些变量之后可以调用对应的 updateHours()和 updateMinutes()函数。另外，还有辅助函数 incrementHours()、incrementMinutes()、decrementHours()和 decrementMinutes()，它们将调用对应的更新函数。在了解了内部 timepicker 指令控制器 API 的相关知识之后，为 timepicker 指令创建一个基于下拉列表的模板就非常简单了。下面的模板将使用单个下拉列表替换 timepicker 的默认指令模板：

```html
<script id="template/timepicker/timepicker.html"
      type="text/ng-template">
  <div ng-init="showMeridian = false;">
    <select ng-model="myTime"
          ng-change="hours = myTime.hours; updateHours();
            minutes = myTime.minutes; updateMinutes()"
          ng-options="t.value as t.display for t in 0 |
            timepickerOptions">
    </select>
  </div>
</script>
```

之前的代码已经足够了，但是在该代码中有 3 个细微的细节值得深入进行研究。首先，ngInit 代码将保证 timepicker 指令使用 24 小时模式。否则，就必须同时操作小时和 AM/PM 设置，在本例中这将使指令变得更加复杂。其次，因为 timepicker 指令控制器内部的一个问题，ngChange 中操作的顺序是非常重要的：在改变 minutes 变量之前，需要改变 hours 变量并调用 updateHours()；否则，时间无法正确地进行更新。需要认真地检测 Angular-UI Bootstrap 的代码或者通过试验和错误才能发现这个问题。

最后，你可能已经注意到 ngOptions 指令的 timepickerOptions 过滤器。因为 timepicker 指令在一个隔离作用域中，所以过滤器是绕过作用域层次将数据插入到 timepicker 指令作用域中的最佳方式。过滤器实现如下所示：

```javascript
app.filter('timepickerOptions', function() {
    var timepickerOptions = [];
    for (var h = 0; h < 24; ++h) {
        timepickerOptions.push({
            display: h + ':' + '00',
            value: {
                hours: h,
                minutes: 0
            }
        });
        timepickerOptions.push({
            display: h + ':' + '30',
```

```
                value: {
                    hours: h,
                    minutes: 30
                }
            });
        }

        return function() {
            return timepickerOptions;
        }
    });
```

如你所见，无论传入的参数是什么，该过滤器都将返回一个静态数组。这样做的目的是为了绕过 timepicker 指令的隔离作用域；甚至不用将变量添加到根作用域中，就可以在隔离作用域中访问它。幸亏，过滤器提供了一种绕过作用域层次的方式，不必直接修改指令的控制器代码。

现在我们已经学习了如何使用 Angular-UI Bootstrap 实现自定义的 Bootstrap 组件，接下来要研究另一个令人激动的 AngularJS 扩展。

10.2 使用 Ionic 框架开发的混合移动应用

你可能已经听说过 Cordova 和 PhoneGap，它们是构建"混合"移动应用的工具——也就是，使用运行在浏览器中的 JavaScript 编写应用，但仍可以通过 Android 和 iPhone 应用商店进行分发。如果需要使用一种语句编写一个应用并将它发布到多个应用商店，而不是分别维护一个使用 Java 编写的 Android 应用和一个使用 Objective-C 编写的 iPhone 应用，那么这些工具是极其有用的。不过，与移动开发者经常使用的复杂集成开发环境(IDE)和内置的 UI 组件(为 Android 开发使用的 Eclipse，为 iPhone 开发使用的 Xcode)相比，它们相对少见。Ionic 框架是基于 Cordova 构建的，它包含了一个复杂的命令行界面(CLI)，用于管理应用开发和类似于 Bootstrap UI 的优美组件，以及最重要的，管理与 AngularJS 的集成。通过 Ionic 框架，可以使用本书学过的概念构建移动应用，然后通过所选择的应用商店分发它们。在本节中，将编写一个简单的 Ionic 框架应用，并了解 Ionic 框架如何工作的一个高级概览。

10.2.1 设置 Ionic、Cordova 和 Android SDK

通过 NodeJS 包管理器 npm 安装 Cordova 和 Ionic 是最简单的。如果尚未安装 NodeJS，请访问 http://nodejs.org，并按照所选择平台对应的指令安装 NodeJS。在安装了 npm 之后，可以使用 npm install cordova ionic -g 同时安装 Cordova 和 Ionic。注意需要将 Cordova 安装到全局位置；Ionic 要求 Cordova 在系统 PATH 上。

出于本节的目的，将设置 Ionic 框架构建一个 Android 应用。因为 Ionic 框架依赖于目标 Android 和 iOS 模拟器，所以需要安装 Android SDK 或者 iOS SDK。不过，安装 iOS SDK 是一个麻烦的过程，它要求注册一个账户将并了解无数的法律条文。另外，它被限制为只能在 OSX 中使用。开始使用 Android SDK 是一个比较简单的过程，它可以在 Windows、Linux 或者 OSX 上完成。如果已经选择了将要使用的操作系统，那么在 Ubuntu 此类的 Linux 上设置 Android SDK 可能是最简单的。请访问 http://developer.android.com/sdk/index.html，并执行对应平台的指令。另外，我们还需要安装 Java JDK (http://www.oracle.com/technetwork/java/javase/downloads/index.html)和 Ant 构建系统(http://ant.apache.org)。注意，Android SDK 是一个臃肿的软件，下载它可能要花费很长时间。

安装了 Java、Ant 和 Android SDK 后，从命令行中运行 android 命令，启动 Android SDK Manager。然后，选中安装 Android4.4.2(API Level 19)的复选框，并单击 Install Packages 获得一个 Android 的合理版本。接下来，需要创建 Android Virtual Device 或者 AVD。为了使用新安装的 Android 4.4.2 创建 AVD，请运行 android create avd -n android4 -t 1 –abi default/armeabi-v7a。

现在我们已经设置了 Android，接下来就可以创建第一个 Ionic 应用，并在 Android 模拟器中运行它了：

```
ionic start myApp tabs
cd myApp
ionic platform add android
ionic build android
ionic emulate android
```

这些命令将在 myApp 目录中创建一个新的 Ionic 应用，配置它运行在 Android 模拟器上，并启动一个 Android 模拟器，从而使我们看到实际的应用。该应用是从 Ionic 的"tabs" starter 应用创建的。

10.2.2　在 Ionic 应用中使用 AngularJS

Ionic 非常有趣，因为它允许我们使用本书学到的 AngularJS 原则编写移动应用。如果认真查看上一节创建的 myApp 目录中的代码，将发现一些基本的 AngularJS 控制器和服务。文件 myApp/www/index.html 中含有上一节中看到的 Android 应用的基本超文本标记语言 (HTML)。下面的 JavaScript 文件将被包含在该页面中：

```
<!-- ionic/angularjs js -->
<script src="lib/ionic/js/ionic.bundle.js"></script>

<!-- cordova 脚本 (在开发过程中将会产生 404) -->
<script src="cordova.js"></script>

<!--应用的 js -->
<script src="js/app.js"></script>
<script src="js/controllers.js"></script>
<script src="js/services.js"></script>
```

文件 ionic.bundle.js 中包含了核心 angular.js 以及各种模块，例如 angular-animate.js。文件 js/app.js 包含了模块定义和客户端路由设置。文件 js/controllers.js 和 js/services.js 包含了对应于客户端路由的控制器和服务。因为这是一个样例应用，所以控制器和服务都是存根，而且不会太复杂。该应用最复杂的部分在 js/app.js 文件中。

你可能已经注意到 js/app.js 文件将在客户端路由中使用 Angular-UI Router 模块，而不是 ngRoute 模块。下面是定义了路由的代码：

```
config(function($stateProvider, $urlRouterProvider) {

  // Ionic 将使用 AngularUI Router，而 AngularUI Router 将使用状态的概念
  // 在网址 https:// github.com/angular-ui/ui-router 中可以了解更多相关概念
  // 创建应用可能处于的各种状态
  // 每个状态的控制器都可以在 controllers.js 中找到
  $stateProvider

    // 为 tab 指令创建抽象状态
    .state('tab', {
      url: "/tab",
      abstract: true,
      templateUrl: "templates/tabs.html"
    })

    // 每个 tab 都有自己的导航历史栈：

    .state('tab.dash', {
      url: '/dash',
      views: {
        'tab-dash': {
          templateUrl: 'templates/tab-dash.html',
        controller: 'DashCtrl'
      }
    }
  })
})
```

Angular-UI Router 模块实际上是 ngRoute 一个更加复杂的版本。不过 Angular-UI Router 不使用“路由”，而是使用“状态”，这类似于路由，但它允许我们处理更加复杂的导航。例如，在 myApp 标签式应用中，如果在 friends 详细视图中切换到 dash 标签页，然后再切换回 friends 标签页，会发生什么事情呢？在使用 ngRoute 模块时，所有的状态都将在改变路由时销毁，所以当返回到 friends 标签页时，将看到 friends 的主列表，而不是正在查看的某个 friends。在移动应用中，这不是一个好的 UX 决定。Angular-UI Router 提供了一个框架，通过该框架可以根据应用的需求，选择显示朋友的主列表还是保留用户正在查看的某个朋友(myApp 标签式应用默认将保留用户正在查看的朋友)。不过，Angular-UI Router 的总体结构与 ngRoute 模块非常类似：将 URL 映射到模板和控制器对。

Ionic 框架还有一个重要的细节需要记住：所有$http 请求都是跨域的，因为 Ionic 框架应用将通过启动浏览器，并使用 file:// 将自己导航至 HTML 内容的方式进行操作。例如，如果在 myApp 应用的仪表盘上记录$window.location.href 的值，那么看到的将是 file:///android asset/www/index.html。因此，需要保证 AngularJS 代码中发出的所有$http 请求都含有一个完全限定 URL，包括域名。还需要保证请求发送到的所有服务器都被设置为接受

跨域资源共享(CORS)请求。CORS 请求来自不同域的 HTTP 请求。

现在你已经了解了为Ionic框架编写AngularJS和为标准桌面浏览器环境编写AngularJS的一些关键区别，接下来要让myApp应用做一些有用的事情。尤其是，采用第 7 章使用的Google股票价格报价服务，将它插入到仪表盘视图中，从而使我们的应用可以显示当前Google股票的价格。下面是$googleStock服务的实现：

```
factory('$googleStock', function($http) {
  var BASE = 'http://query.yahooapis.com/v1/public/yql'

  var query = encodeURIComponent('select * from yahoo.finance.quotes ' +
    'where symbol in (\'GOOG\')');
  var url = BASE + '?' + 'q=' + query + '&format=json&diagnostics=true&' +
    'env=http://datatables.org/alltables.env';

  var service = {};
  service.get = function() {
    $http.jsonp(url + '&callback=JSON_CALLBACK').
      success(function(data) {
        if (data.query.count) {
          var quotes = data.query.count > 1 ?
            data.query.results.quote :
          service.quotes = quotes;
        }
      }).
      error(function(data) {
        console.log(data);
      });
  };

  service.get();
  return service;
});
```

可将该服务添加到 myApp/www/js/services.js 文件中。为将该服务插入到 myApp 应用中，应该把它添加到 myApp/www/js/controllers.js 文件的 DashCtrl 中：

```
.controller('DashCtrl', function($scope, $googleStock) {
  $scope.googleStock = $googleStock;
})
```

还应该将它添加到真正的仪表盘模板中，在 myApp/www/templates/tab-dash.html 中：

```
<ion-view title="Dashboard">
 <ion-content class="padding">
   <h1>Dash</h1>
   <h3>Current Google Stock Price: {{googleStock.quotes[0].Ask}}</h3>
 </ion-content>
</ion-view>
```

现在当运行ionic emulate android命令时，应该在仪表盘中看到当前Google股票的价格。

10.2.3 为生产使用 Yeoman 工作流和构建

另外值得一提的是：因为 Ionic 框架应用是使用前端技术构建的，所以它们的开发过程可以从本书之前描述的相同工作流自动化工具中受益。尤其是，通过使用 generator-ionic Yeoman 插件，由 Yeoman 创建的工作流还可以协助 Ionic 应用的开发和生产压缩。为了开始使用 Ionic Yeoman Generator，请在命令行中运行下面的命令：

```
npm install -g generator-ionic
mkdir myApp && cd myApp
yo ionic
```

在新创建的目录中运行 yo ionic 命令之后，将看到一组类似的提示，如前第 1 章"构建简单的 AngularJS 应用"开始搭建 StockDog 应用时看到的提示一样。不过，此次除了从命令行中选择一个启动模板之外，还可以选择一个流行 Cordova 插件的列表进行安装，用于帮助搭建一个智能的应用基础。Grunt 支持由 Yeoman 生成器创建的这个工作流，所以可以通过修改关联的 Gruntfile.js 文件实现任何改动，下面是一些可用的命令：

- grunt serve[:compress]
- grunt platform:add:<platform>
- grunt plugin:add:<plugin>
- grunt [emulate|run]:<target>
- grunt compress
- grunt build:<platform>

其中一些命令在顶层将使用官方的 ionic-cli，所以使用 generator-ionic 创建的项目可以很好地与 ionic 工具进行集成。运行 grunt serve 将为本地开发在浏览器中启动应用，而 grunt emulate:android——livereload 将使用内置的在线加载支持在模拟器中启动应用。这是非常有用的，因为测试 Cordova 插件集成的唯一方式就是在设备中运行应用，但是不断地为简单的前端改动重新构建和模拟会让人感到极其沮丧。目录 dist/被用于构建 StockDog 的压缩文件，该生成器将使用 grunt compress 命令把应用编译到 www/目录中，意识到这一点非常重要。因为 Corvoda 将从该位置读取文件，并将 AngularJS 应用打包为本地应用。可以在 https://github.com/diegonetto/generator-ionic 中找到 Ionic Yeoman Generator 的更多相关信息。

图标、启动画面和 Cordova 挂钩

使用 Cordova 和 Ionic 的一个常见问题是设置应用图标和启动画面。要想正确地设置与 Cordova 一起工作的应用图标和启动画面是非常麻烦的事情，所以生成器都包含了一个 Cordova after_prepare 挂钩，用于负责将合适的资源文件复制到平台目标的正确位置。为了开始使用它，首先必须通过 grunt platform:add:android 添加一个平台。添加平台后，打包的 icons_and_ splashscreens.js 挂钩将 Cordova 生成的所有的占位符图表和启动画面复制到项目中一个新创建的顶级目录 resources/中。简单地使用自己的资源替换这些文件(但保持相同的文件名和目录结构)，让挂钩的魔法自动将它们复制到每个 Cordova 平台的合适位置，所

以不需要打断现有的工作流。为了学习关于挂钩的更多内容，请查看 Ionic 框架项目 hooks/目录中的 README.md 文件。

这就是 Ionic 框架了。Ionic 框架是一个很深入的话题，本节只提供了 Ionic 框架如何工作的一个简洁的高级概述。官方的 Ionic 框架网站 http://ionicframework.com 包含了更复杂的指南和文档。

10.3 集成开源 JavaScript 和 AngularJS

JavaScript 最强大的特性之一就是它生机勃勃的开源社区。NodeJS 包管理器 npm 目前实际上是最大的包生态系统，到 2014 年 10 月为止大概包含了 10 万个包。这只是 JavaScript 的包管理器之一。有无数的其他包管理器，例如 NuGet 和 Bower，以及一些可以通过普通 JavaScript 文件格式使用的包。如果正在寻找一些很难使用 JavaScript 实现的东西，那么通常会有开源模块可以解决你的问题。在本节，将学习使用两个常见的包与 AngularJS 进行集成——Moment 和 Mongoose——它们解决了 JavaScript 的两个弱点：日期处理和模式验证。

10.3.1 使用 Moment 操作日期和时区

你可能已经注意到JavaScript的原生Date对象有点麻烦，而且缺少其他语言(例如Python)所含有的功能。确实，原生JavaScript日期有一些重要的限制：浏览器兼容性糟糕、日期算法有限，而且不支持时区。默认情况下，原生JavaScript日期将由浏览器的本地时间指定，但是有一些方便的方法可以修改通用协调时间(UTC)格式的日期。尽管这对于许多用例来说都是足够的，但是你可能发现自己需要以更加复杂的方式操作日期，包括以不同的时区显示日期。Moment(www.momentjs.com)是JavaScript中最流行的开源日期辅助模块。Moment和它的扩展moment-timezone有一些极其复杂的日期操作功能，这对于编写区分时区的AngularJS应用是不可缺少的。

为方便起见，moment.js 和 moment-timezone.js 文件已经被包含到了本章的样例代码中。Moment 公开了一个函数 moment()，用于实例化 Moment 对象，通常被称为"时刻"。本章样例代码中的 moment_examples.html 文件包含了一些在 AngularJS 之外使用 Moment 操作日期的常见用例：

```
<script type="text/javascript" src="moment.js">
</script>
<script type="text/javascript" src="moment-timezone.js">
</script>
<script type="text/javascript">
  // Moment 代表了当前日期
  moment();

  // Moment 也可将 JavaScript 日期作为参数
  moment(new Date());

  // 或者使用 UNIX 时间戳
```

```
moment((new Date()).getTime());

// GMT2011 年 6 月 1 日午夜，使用浏览器的时区
moment('2011-06-01T00:00:00.000Z');

// GMT2011 年 6 月 1 日午夜,使用 UTC 格式
moment('2011-06-01T00:00:00.000Z').utc();

// 格式：表示使用了浏览器时区的 June 1, 2011 12:00am GMT 日期的字符串
// 例如，如果在 New York 运行该代码，将会输出'May 31, 2011 8:00pm'
moment('2011-06-01T:00:00:00.000Z').
  format('MMMM D, YYYY h:ma');

// 格式：由于使用 UTC 格式，这里将输出'June 1, 2011 12:00am'
moment('2011-06-01T00:00:00.000Z').
  utc().
  format('MMMM D, YYYY h:mma');

// 在 2011-06-01 (2011-07-13) 日期上增加 42 天
moment('2011-06-01T00:00:00.000Z').
  utc().
  add(42, 'days').
  format('MMMM D, YYYY h:mma');

// 在 Los Angeles 时间的 June 1, 2011 12:00am GMT (May 31, 2011 5:00pm)
moment('2011-06-01T00:00:00.000Z').
  tz('America/Los_Angeles').
  format('MMMM D, YYYY h:mma');

// 代表时刻的普通 JavaScript 日期对象
moment('2011-06-01T00:00:00.000Z').toDate();

// 当前 UNIX 时间戳(自 Jan 1, 197012:00am UTC 开始的毫秒数)
moment().unix();
</script>
```

除了提供日期算法、格式化和复杂的时区支持(需要 moment-timezone.js 文件)，Moment 还支持流式语法，通过它可以使用简洁的方式编写复杂的日期操作。实际上，Moment 实现了 JavaScript 日期没有做好的所有功能。不过，Moment 与普通的 JavaScript 日期，尤其是 AngularJS 日期过滤器不是很兼容。

为了学习如何集成 AngularJS 和 Moment，将使用 Moment 的时区功能显示一个国际事件的列表。例如，假设应用将显示一个欧洲的会议列表。如果使用原生的 JavaScript 日期，那么在 Paris 显示为 8：00 p.m.的日期在 Tokyo 将显示为 5:00 a.m.，在 New York 则显示为 3:00 p.m.。某个在遥远的时区浏览应用的人将难以分辨清楚会议的实际时间。在本例中，最合理的方式就是以包含时区的格式显示事件将要发生的会议时间，这样用户不论是在 Paris、Tokyo 还是 NewYork 都将看到"8:00 p.m. in Paris"。

集成 Moment 和 AngularJS 的主要问题是：在 AngularJS 表达式(例如 ngBind 特性的右侧)中默认是无法访问 moment()函数的。这意味着要么需要在控制器或者服务的 JavaScript 数据中的所有日期上调用 moment()函数，要么需要使 AngularJS 表达式可以访问 moment()函数。前者非常简单，因为可以在表达式中使用 Moment 的链式语法。不过，这样做通常是不实际的，因为一旦加载数据的 API 发生了改变，就需要修改控制器以及 HTML。另外，因为 moment()函数可以正确地解析许多输入，包括 UNIX 时间戳、JavaScript 日期和国际标准化组织(ISO)日期字符串，所以通常在表达式中将服务器日期转换成时刻(movement)是非常方便的。

将 moment()函数集成到 AngularJS 表达式中的一个常见方式是使用过滤器：

```
app.filter('formatTz', function() {
    return function(input, timezone, format) {
        return moment(input).tz(timezone).format(format);
    };
});
```

通过使用 formatTz 过滤器，可以采用标准的 AngularJS 过滤器语法和 Moment 的格式化库，用于将日期格式化为合适的时区。例如，请看下面的会议列表样例：

```
app.controller('ConcertsController', function($scope) {
    $scope.concerts = [
        {
            // GMT +1 => 9pm
            when: '2014-06-01T20:00:00.000Z',
            where: 'Europe/London'
        },
        {
            // GMT +2 => 6pm
            when: '2014-06-04T16:00:00.000Z',
            where: 'Europe/Oslo'
        },
        {
            // GMT +4 => 11pm
            when: '2014-06-22T19:00:00.000Z',
            where: 'Europe/Moscow'
        }
    ];
});
```

在 HTML 中，可以使用 formatTz 过滤器渲染该列表：

```
<div ng-controller="ConcertsController">
    <div ng-repeat="concert in concerts">
        Concert #{{$index + 1}}:
        {{concert.when | formatTz:concert.where:'MMMM D, YYYY h:mma'}}
    </div>
</div>
```

这将生成目标输出：

```
Concert #1: June 1, 2014 9:00pm
Concert #2: June 4, 2014 6:00pm
Concert #3: June 22, 2014 11:00pm
```

实现这个目标的另一种方式可以让我们使用 Moment 的链式语法：使用第 7 章介绍的改写$rootScopeProvider.$get 技巧。这将把 moment()函数添加到页面的根作用域中，从而使可以从页面的任何(非隔离的)作用域中访问它。下面是在配置时将 moment()函数添加到页面根作用域的 JavaScript 实现。可以在本章样例代码的 moment_provider.html 文件中找到下面的脚本片段：

```
app.config(function($rootScopeProvider) {
    var oldGet = $rootScopeProvider.$get;
    $rootScopeProvider.$get = function($injector) {
        var rootScope = $injector.invoke(oldGet);

        rootScope.moment = window.moment;

        return rootScope;
    };
});
```

这个 JavaScript 代码将保证页面的根作用域总是包含 moment()函数。如果有兴趣了解提供者和为什么之前的代码可以工作的原因，第 7 章包含了对提供者更详细的讨论。使用了之前的配置块之后，就可以在 AngularJS 表达式中使用 moment()函数了：

```
<div ng-controller="ConcertsController">
    <div ng-repeat="concert in concerts">
        Concert #{{$index + 1}}:
        {{moment(concert.when).
            tz(concert.where).
            format('MMMM D, YYYY h:mma')}}
    </div>
</div>
>
```

这两种方式——使用过滤器和将 moment()函数附加到根作用域——有一些重要的权衡。如果将 moment()函数附加到根作用域中，就无法在隔离作用域中访问 moment()函数，这将限制我们使用指令的能力。另一面，过滤器语法也有限制的：如果希望使用日期算法，就需要编写另一个过滤器。另一个可以改善这两个问题的方式(但语法有点不太优雅)就是使用过滤器简单地返回一个 moment 对象：

```
app.filter('moment', function() {
    return function(input) {
        return moment(input);
    };
```

```
        });
```

然后就可以使用该过滤器构造 moment 了，即使是在隔离作用域中也是如此：

```
<div ng-controller="ConcertsController">
    <div ng-repeat="concert in concerts">
        Concert #{{$index + 1}}:
        {{(concert.when | moment).
            tz(concert.where).
            format('MMMM D, YYYY h:mma')}}
    </div>
</div>
```

这种方式还避免了 formatTz 过滤器固有的限制：可以通过使用 moment 的链式语法利用像日期算法这样的功能，而不是简单地格式化日期。不过，这种方式不利的一面在于在模板中增加了复杂性。尽管可以使用括号在过滤器的结果上串联额外的操作，但是这将使代码不太容易阅读，也不太容易理解。不过，所有这三种方式都产生了相同的输出，在开发实践中选择哪种方式取决于个人的偏好。

10.3.2 使用 Mongoose 实现模式验证和深度对象

Mongoose是一个NodeJS和MongoDB中流行的对象文档映射器(ODM)。尽管它主要是一个服务器端JavaScript模块，但是目前的实验版本3.9中包含了在浏览器中运行Mongoose模式验证和安全导航工具的能力。AngularJS的表单验证代码是非常强大的，但是它是受限的，因为验证规则将在HTML中指定。这意味着需要在两种不同的语言中维护两套不同的验证规则：一个在服务器中，一个在客户端中。如果服务器使用了NodeJS和MongoDB，那么Mongoose将允许我们在服务器验证和客户端表单验证中使用相同的模式。即使服务器端并未使用NodeJS和MongoDB，Mongoose的模式验证工具和其他对象工具对象也是非常强大和可扩展的。

为方便起见，本章的样例代码在 mongoose.js 文件中包含了 Mongoose 客户端模块(版本 3.9.3)。Mongoose 是通过 NodeJS 包管理器 npm 分发的。如果通过 npm 安装 Mongoose，那么可以在 node modules/mongoose/bin/mongoose.js 中找到 mongoose.js 文件。另外，如果使用 Browserify 编译客户端 JavaScript，那么可以使用 require('mongoose')包含 Mongoose 的客户端模块。

Mongoose 的客户端模块包含了两种数据类型，它们将是我们主要使用的类型：模式和文档。文档可能是一个包含数据的嵌套对象。模式是文档应该拥有什么字段、字段应该包含什么类型以及每个字段的自定义规则的一组规则。文档只应该有一个模式，可用于验证。下面是在浏览器中使用 Mongoose 模式验证和安全导航的几个样例。可以在本章样例的 mongoose_examples.html 文件中找到这些样例：

```
<script type="text/javascript" src="mongoose.js">
</script>
<script type="text/javascript">
    // 创建一个新的 Mongoose 模式
```

```
    var schema = new mongoose.Schema({
      name: {
        first: String,
        last: String
      },
      email: {
        type: String,
        // E-mail 需要匹配指定的 RegExp
        match: /.+@.+\..+/,
        // 必须指定 E-mail
        required: true
      },
      favoriteColor: {
        type: String,
        // 最喜爱的颜色必须是枚举值之一
        enum: ['Red', 'Green', 'Blue']
      },
      age: {
        type: Number,
        // 年龄至少必须是 21
        min: 21
      }
    });

    // 使用模式创建一个新的空白文档
    var doc1 = new mongoose.Document({}, schema);

    doc1.validate(function(err) {
      // 'ValidatorError: Path 'email is required''
      console.log(err.errors['email']);
    });

    doc1.name = {
      first: 'James',
      last: 'Madison'
    };

    // 'James Madison'
    console.log(doc1.fullName);

    doc1.fullName = 'Thomas Jefferson';
    // 'Thomas'
    console.log(doc1.name.first);

    var doc2 = new mongoose.Document({}, schema);
    doc2.email = 'a@b.c';
    doc2.age = 20;
    doc2.validate(function(err) {
      // 'ValidatorError: Path 'age' (20) is less than minimum
```

```
      // allowed value (21)'
      console.log(err.errors['age']);
    });

    // 安全导航
    console.log(doc2.name.first); // Undefined
  </script>
```

最后一个样例演示了真正的 Mongoose 安全导航。实际上，doc2.name 是未定义的，所以尝试访问 doc2.name.first 通常将触发可怕的 JavaScript 错误：TypeError: cannot read property 'name' of undefined。不过，Mongoose 在底层完成了一些工作，用于保证在其中一个父对象是 null 或者未定义时返回 undefined。

另外，模式可以定义虚拟属性，这是通过其他属性计算得到的伪属性。可以使用点语法访问它们，甚至可以设置修改虚拟属性的规则。例如，可以分别为姓和名存储两个不同的变量，并为用户的全名使用一个虚拟属性。当设置用户的全名时，可以配置虚拟属性用于设置用户的姓和名。下面是真正 Mongoose 虚拟属性的一些样例，可以在本章样例代码的 mongoose_examples_virtuals.html 文件中找到它们：

```
<script type="text/javascript">
  // 创建一个新的 Mongoose 模式
  var schema = new mongoose.Schema({
    name: {
      first: String,
      last: String
    },
    email: {
      type: String,
      // E-mail 需要匹配指定的 RegExp
      match: /.+@.+\..+/,
      // 必须指定 E-mail
      required: true
    },
    favoriteColor: {
      type: String,
      // 最喜爱的颜色必须是枚举值之一
      enum: ['Red', 'Green', 'Blue']
    },
    age: {
      type: Number,
      // 年龄至少必须是 21
      min: 21
    }
  });

  // 'fullName'是一个虚拟属性：由其他属性组成的伪属性。
  // 当把值赋给'fullName'属性时，它将会把该值分割，并分别赋给 name.first 和
  // name.last
```

```
schema.
  virtual('fullName').
  get(function() {
    return this.name.first + ' ' + this.name.last;
  }).
  set(function(v) {
    var s = v.split(' ');
    this.set('name.first', s[0]);
    this.set('name.last', s[1]);
  });

// 使用模式创建一个新的空白文档
var doc1 = new mongoose.Document({}, schema);

doc1.name = {
  first: 'James',
  last: 'Madison'
};

// 'James Madison'
console.log(doc1.fullName);

doc1.fullName = 'Thomas Jefferson';
// 'Thomas'
console.log(doc1.name.first);
</script>
```

如你所见，在设置 fullName 属性时，Mongoose 将应用虚拟属性的 setter 函数，并相应地更新 name.first 和 name.last 属性。当然，我们不需要定义.set()函数，这将使 fullName 属性变成只读的。实际上，与读/写虚拟属性相比，只读虚拟属性更常见，因为能够读取计算属性(使用底层数据保持虚拟属性的更新)是相当有用的。

Mongoose 依赖于 ECMAScript 5 中原生的 defineProperty()函数，这是最近被接受的 JavaScript 语言标准，用于实现安全导航和创建虚拟属性。尤其是，defineProperty()函数将允许我们在对象上定义可配置的属性。通常，JavaScript 不允许将属性设置为只读的、不允许让属性对 Object.keys()函数不可见，也不允许创建自定义设置器和读取器。通过函数 defineProperty()可以调整指定属性的所有这些参数，它将使安全导航和虚拟属性这样的语法糖变成可能。不过，不利的一面在于 Mongoose 只能在支持 ECMAScript 5 的浏览器中工作。这意味着，Mongoose 不支持 Internet Explorer 8 或者 Safari 4。

现在我们已经了解了 Mongoose 的浏览器组件是如何工作的，接下来将学习如何集成 Mongoose 和 AngularJS。AngularJS 将与使用 defineProperty()函数创建的属性进行无缝交互，所以我们应该能够从 AngularJS 指令中读取和操作 Mongoose 文档(至少在支持 ES5 的浏览器中是这样的)。记住这一点，可以使用 Mongoose 浏览器组件实现复杂的验证功能，它们已经成为了许多 NodeJS 服务器不可缺少的一部分。可以在本章样例的 mongoose_validation.html 文件中找到下面的样例。首先，在 script 标记中包含 angular.js 和 mongoose.js，并定义模式。该代码中使用的模式类似于之前样例中使用的模式，但是它更适合于真正的 HTML 表单。它包含了 4 个字段：name.first、name.last、包含了单词"Holy Grail"的 quest 字符串和必须是 Red、Green 或者 Blue 之一的 favoriteColor 字符串。

```html
<script type="text/javascript" src="mongoose.js">
</script>
<script type="text/javascript"
        src="angular.js">
</script>
<script type="text/javascript">
  var schema = new mongoose.Schema({
    name: {
      first: { type: String, default: '' },
      last: { type: String, default: '' }
    },
    quest: {
      type: String,
      match: /Holy Grail/i,
      required: true
    },
    favoriteColor: {
      type: String,
      enum: ['Red', 'Green', 'Blue'],
      required: true
    }
  });

schema.
  virtual('fullName').
  get(function() {
    return this.name.first +
      (this.name.last ? ' ' + this.name.last : '');
  }).
  set(function(v) {
    var sp = v.indexOf(' ');
    if (sp === -1) {
      this.name.first = v;
      this.name.last = '';
    } else {
      this.name.first = v.substring(0, sp);
      this.name.last = v.substring(sp + 1);
    }
  });

  var app = angular.module('myApp', []);

  app.controller('MyController', function($scope) {
    $scope.doc = new mongoose.Document({}, schema);
    $scope.validating = false;
```

```
        $scope.err;
        $scope.validate = function() {
          $scope.validating = true;
          $scope.doc.validate(function(err) {
            $scope.validating = false;
            $scope.err = err;
            $scope.$apply();
          });
        };
      });
    </script>
```

注意fullName虚拟属性的实现改变了。之前样例中看到的简单实现是一个标准的Mongoose样例，但是在插入ngModel指令中时，它的表现不是很好。尤其是，当我们希望把Mongoose虚拟属性插入ngModel指令中时，通常需要平滑地处理边界情况，例如当输入字段是空或者用户只输入了姓时。这是因为AngularJS将在用户输入时调用设置器更新值，然后调用获取器获得写入的值。要注意，对于常见的边界情况，虚拟属性将返回用户输入的值；否则，输入值可能在用户输入时改变。

另外注意，Mongoose 浏览器组件在版本 3.9.3 中只包含了一个异步的 validate() 函数。如果希望在验证逻辑中使用 HTTP 调用或者其他异步操作，那么这是一个优点，但是它增加了额外的操作，我们必须在 validate() 函数的回调中调用$scope.$apply()。否则，AngularJS不知道作用域中的变量发生了改变。

现在已介绍了 mongoose_validation.html 文件的 JavaScript，接下来是 HTML 模板：

```html
<body ng-controller="MyController">
  <h1>My Form</h1>
  <form ng-submit="validate()">
    <h3>What is your name?</h3>
    <input type="text" ng-model="doc.fullName" placeholder="Full Name">
    <div>
      <em>First: {{doc.name.first}}</em>
    </div>
    <div>
      <em>Last: {{doc.name.last}}</em>
    </div>
    <h3>What is your quest?</h3>
    <input type="text" ng-model="doc.quest">
    <h3>What is your favorite color?</h3>
    <input type="text" ng-model="doc.favoriteColor">
    <hr>
    <input type="submit" value="Validate">
    <br><br>
    <div ng-show="!validating && !!err">
      <div ng-repeat="(key, err) in err.errors">
        <b>Error validating path {{key}}:</b>
         {{err.message}}
      </div>
```

```
      </div>
      <div ng-show="!validation && !err">
       <h2>No Errors</h2>
      </div>
     </form>
   </body>
```

之前的代码中有一些重要的细节值得一提。第一，可以插入 Mongoose 值(甚至是虚拟属性)到 ngModel 指令中。再次，在将读/写虚拟属性添加到 ngModel 指令中时，需要保证虚拟属性的获取器总是返回最后一个设置器调用所设置的值。在虚拟属性中我们通常无法保证这个行为，所以就需要保证在用户输入时，值不会出现意外改变。

另一个要注意的重要细节是，validate()函数只在表单验证时调用。核心 AngularJS 验证指令，例如 ngRequired，将在每次输入模型改变时运行验证，这并不是所有应用的最佳选择。Mongoose 的 validate()函数对何时验证什么字段提供了更细粒度的控制。例如，可以在 favoriteColor 路径中添加 ngChange 验证。该代码可以在本章样例代码的 mongoose_validation fine.html 文件中找到。首先，需要在模式路径上使用 doValidate()函数，在单个路径中执行(潜在的)异步验证：

```
      $scope.validatePath = function(path) {
        $scope.validating = true;
        var schemaPath = $scope.doc.schema.path(path);
        schemaPath.doValidate($scope.doc.get(path), function(err) {
          $scope.validating = false;
          if (err) {
            if (!$scope.err) {
              $scope.err = { errors: {} };
            }
            $scope.err.errors[path] = err;
          } else {
            if ($scope.err && $scope.err.errors[path]) {
              delete $scope.err.errors[path];
            }
          }
        });
      };
```

该函数就绪后，将显式地告诉Mongoose在输入字段改变时，只验证favoriteColor路径：

```
      <h3>What is your favorite color?</h3>
      <input type="text"
             ng-model="doc.favoriteColor"
             ng-change="validatePath('favoriteColor')">
```

最后，注意这两个样例中都没有使用 AngularJS 验证指令，例如 ngRequired。Mongoose 的目标是取代 AngularJS 表单验证指令，而不是作为它们的补充。AngularJS 的表单验证指令被内嵌在文档对象模型(DOM)中，它们更加难以测试和维护。不过使用哪种技术完全取决于个人偏好和应用的需求。对于简单的表单和原型来说，AngularJS 的表单验证可能是非常有用的。不过，Mongoose 的表单验证有一些重要的优点：它提供了 AngularJS 表单验证所缺少的无比复杂的功能，它独立于 DOM(因此易于测试和重用)，如果正在使用 NodeJS 和 MongoDB 的话，它还可以被重用。

10.4 AngularJS 和 ECMAScript 6

在本书撰写时，JavaScript 语言标准的下一版本 ECMAScript 6 仍然在进行中。不过，越来越多的开发者开始使用 ECMAScript 6 定义的强大语言功能。尽管 ECMAScript 6 尚未最终定稿。Chrome 和 Firefox 已经提供了对一些 ES6 功能的支持，所以可以为了试验开发和研究目的在 AngularJS 中使用它们。不过，在生产 AngularJS 应用中使用 ES6 不是一个好主意，因为在本书撰写时，InternetExplorer 或者 Safari 尚且没有支持本章将要讨论的话题的正式发行版本。因此，出于本节的目的，需要使用 Chrome (版本 37 或者更高版本)或者 Mozilla Firefox (版本 31 或者更高版本)来查看样例代码。另外，还需要在 Chrome 中启用 ES6 支持(Firefox 默认是启用的)。为在 Google Chrome 38 中启用 ES6，请在浏览器中访问 chrome:// flags/，找到并启用 Enable Experimental JavaScript 标志，然后重启 Chrome。

为异步调用使用 yield

ES6 的一个令人激动的功能(它席卷了整个 NodeJS 社区)是生成器函数和 yield 关键字。JavaScript 的生成器非常类似于 Python 的生成器，所以如果熟悉 Python 的话，那么 ES6 生成器看起来应该非常熟悉。在 JavaScript 中，yield 关键字在管理异步函数调用时提供了一些极其优雅的功能。

有经验的 JavaScript 工程师可能听说过术语“callback hell”，用于描述在其他回调的回调中含有回调的代码。但你在意识到自己有一个 HTTP 调用需要使用另一个 HTTP 调用的结果时，可能就已经经历过这个痛苦。通过回调组织代码可能会导致复杂的代码。生成器提供了一种可用的方式，本节稍后将进行讲解。

可在 http_yield.html 文件中找到本节的样例代码。该文件包含了一个称为 co 的开源模块，它为运行生成器函数提供了一个方便的封装器。

那么如何使用 yield 关键字从 Yahoo Finance API 加载 Google 股票价格呢？下面是具体的实现：

```
function convertToAPlusPromise($q, promise) {
  var deferred = $q.defer();
  promise.
    success(function(data) {
      deferred.resolve(data);
    }).
    error(function(err) {
      deferred.reject(err);
    });

  return deferred.promise;
```

```
  }

  function MyController($scope, $http, $q) {
    var BASE = 'http://query.yahooapis.com/v1/public/yql';
    var query = 'select * from yahoo.finance.quotes ' +
      'where symbol in (\'GOOG\')';
    var url = BASE + '?' +
      'q=' + encodeURIComponent(query) +
      '&format=json&diagnostics=true' +
      '&env=http://datatables.org/alltables.env' +
      '&callback=JSON_CALLBACK';

    co(function*() { // *不是一个输入错误，这将把该函数标记为生成器
      var result;
      try {
        result = yield convertToAPlusPromise($q, $http.jsonp(url));
        $scope.result = result;
      } catch(e) {
        console.log('Error occurred: ' + e);
      }
    })();
```

关于之前的代码有两个重要的细节需要注意。第一，yield 关键字将操作约定。约定是一个围绕异步操作提供语法糖的对象。yield 关键字期望得到一个与 Promises/A+标准一致的约定，不幸的是，它与$http 服务返回的约定完全不兼容。不过，AngularJS 核心包含了流行约定库的一个轻量级实现：$q 服务，它符合 Promises/A+标准。之前所示的 convertToAPlusPromise()将把$http 服务返回的约定转换成由$q 服务返回的约定——也就是可以与 yield 一起使用的约定。

第二，之前的代码中没有回调。关键字 yield 足够聪明，它可以在异步调用结束时将上面 promise.resolve()返回的值写入到结果变量中。通过使用 co 库，可通过类似于同步的方式执行 JavaScript 的基本异步 HTTP 调用。

但是当错误发生时(例如 Yahoo Finance API 不可访问)会出现什么情况呢？。这就是使用 try/catch 块的原因了！yield 关键字在对应的约定被拒绝(当约定产生错误时，Promises/A+标准所使用的术语)时将抛出一个错误。这意味着可以使用简洁的 try/catch 语法捕捉 HTTP 错误，而不是必须指定错误处理程序函数。

10.5 小结

在本章，我们学习了 AngularJS 核心之外的几个项目，它们可以帮助以新的方式使用 AngularJS。尤其是，我们学习了如何使用 Ionic 框架通过 AngularJS 构建原生的移动应用，如何使用 MomentJS 处理复杂的日期功能，以及如何为模式驱动的表单验证集成 MongooseJS。还有许多其他 JavaScript 模块可以扩展 AngularJS：在 www.npmjs.org 或者 www.bower.io/search 中搜索 "AngularJS" 可以找到更多相关信息。

附录

资　　源

许多网站都可有助于学习关于 AngularJS 的更多知识，并连接到 AngularJS 社区。AngularJS 的流行已经激励了大量在线内容的产生，从简单的博客到复杂的视频，它们可以提供大多数 AngularJS 疑问和问题的答案。另外，通过下面这几个 JavaScript 模块库可以查找和安装 AngularJS 的扩展：

- AngularJS(http://www.angularjs.org)——官方 AngularJS 网站提供了下载、教程、论坛、开发者指南、应用编程接口(API)参考以及更多相关内容。这是获得 AngularJS 基本信息并连接到大型社区的理想网站。

- Egghead.io(http://egghead.io)——Egghead.io 是目前 AngularJS 视频教程的起源。这些教程都是简短视频(通常在 5 分钟左右)，通过展示一个开发者在集成开发环境(IDE)中编写代码的方式演示 AngularJS 概念。Egghead.io 教程是快速解决关于 AngularJS 特性特定问题的理想网站。

- Bower(http://bower.io)——Bower 是为客户端 JavaScript 和层叠样式表(CSS)构建的包管理器。Bower 托管了众多 AngularJS 包，而且 bower.io 有一个方便的搜索引擎，所以我们可以轻松找到特定的 AngularJS 扩展。

- npm(http://www.npmjs.org)——npm 开始是作为 NodeJS 的包管理器，但是多亏了像 Browserify(关于 Browserify 的更多信息参见第 3 章 "架构")这样的模块，npm 现在也是客户端模块的一个流行的仓库。正式的 npm 网站包含了一个方便的搜索引擎，可以帮助找到有用的 AngularJS 模块。

- Thinkster(http://www.thinkster.io)——类似于 Egghead.io，Thinkster 提供了视频教程。不过，Thinkster 教程通常被组织为完整的课程，而不是简单的独立视频，它更加专注于全栈开发，而不是单独面向 AngularJS。如果你有兴趣了解使用 AngularJS 和 Django, Ruby on Rails, Ionic 或者作为 MEAN 栈的一部分，Thinkster 是一个完美的资源。

- AngularJS‐Learning(http://github.com/jmcunningham/AngularJS-Learning)——含有 AngularJS 内容的最流行社区的列表，这些内容包括众多高质量的 AngularJS 文章、样例应用和学习资源。

- angular/angular.js(http://github.com/angular/angular.js)——官方 AngularJS 代码库，其中包含了报告问题的机制，并且可以通过 GitHub 的 Pull Requests 特性向 AngularJS 核心中贡献代码。

- AngularJS Code(http://code.angularjs.org)——该页面包含了所有版本 AngularJS 的下载链接，包括像 angular-sanitize 这样的非核心模块。如果想深入学习 AngularJS 代码或者只是希望下载特定的模块，那么这是查找目标文件的理想位置。